UP応用数学選書
8

UP
Applied
Mathematics
Series

ジョルダン標準形

《新装版》

韓　太舜
伊理正夫
［著］

東京大学出版会

はしがき

線形代数，あるいは行列と行列式の理論，において，“ジョルダンの標準形”は一つのクライマックスであるとされてきた．そして，それは初学者にとってともすると敬遠すべき対象とされがちでもあった．しかし，システム的思考，システム的方法がますます重要視されてくる将来の社会において，線形代数は皆がわきまえておくべき常識となるであろう．そのとき，ジョルダンの標準形の本質を何らかの形で理解しているのといないのとでは世界観がまったく異なるにちがいない．

ごく初等的なものを除いて，たいていの線形代数の教科書，参考書にはジョルダンの標準形についての記述がある．しかし，それは何となく面倒なもの，避けられれば避けて通りたいもの，あるいは附録，といったような扱いを受けている場合もないではない．

これに対して，本書では「線形代数を理解することはジョルダンの標準形を理解することである」という立場に立って，とにかく最短距離でジョルダンの標準形という頂上に到達する道を拓くことを試みた．一旦頂上に登ればそこに広大な視界が開けるものである．ジョルダンの標準形を通して各種の線形システム論的問題を眺めるといかに見透しがよくなるかを次に示した．応用的観点から大切なことは，世の中は雑音に満ちているという認識である．行列の要素が測定値であったり，あるいは計算により定められる値であったりするときには，測定誤差，計算誤差によりその値は汚されていることを覚悟しなければならない．そのような環境のもとでのジョルダンの標準形の役割というものは，応用的観点から特に重要な主題であるが，標準的な教科書，参考書にはそういう形では今まで取り上げられていないので，本書では特にその点を強調するための章を設けた．

本書全体を通じて，数学的な厳密さを致命的に損わない限り，なるべく直観的にわかり易く記述するように努めた.

1982年5月

著　者

目　　次

第1章　行列とベクトル空間に関する基礎事項

本章で述べる事項はほとんどの線形代数の教科書に詳しく述べられているので，証明等は原則として省略する[1]．

§1.1　行　　列

mn 個の複素数 a_{ij} $(i=1,\cdots,m;j=1,\cdots,n)$ を縦に m 行，横に n 列長方形に並べたもの

$$\begin{bmatrix} a_{11} & a_{12} \cdots a_{1n} \\ a_{21} & a_{22} \cdots a_{2n} \\ \vdots & \vdots \quad\; \vdots \\ a_{m1} & a_{m2} \cdots a_{mn} \end{bmatrix}$$

を $m\times n$ 型の**行列**(あるいは単に $m\times n$ 行列)といい，a_{ij} の核文字 a に対応する大文字 A で表わす．より形式的には，行列 A は写像 $A:\{1,\cdots,m\}\times\{1,\cdots,n\}\to\boldsymbol{C}$ であるともいえる($\boldsymbol{C}$ は複素数体)．数 a_{ij} を行列 A の (i,j) **成分**といい，上から第 i 番目の横の並び $a_{i1},a_{i2},\cdots,a_{in}$ を**第 i 行ベクトル**，左から第 j 番目の縦の並び $a_{1j},a_{2j},\cdots,a_{mj}$ を**第 j 列ベクトル**という．(i,j)成分が a_{ij} である行列 A を $A=[a_{ij}]$ と略記することがある．二つの行列 $A=[a_{ij}]$ と $B=[b_{ij}]$ はその型が同じですべての i,j に対して $a_{ij}=b_{ij}$ であるとき，**等しい**といい，$A=B$ と記す．$n\times n$ 型の行列を n 次の**正方行列**とよぶ．

注意 1.1　成分がすべて実数である行列のことを**実数行列**という．単に行列といえば成分がすべて複素数である行列，すなわち**複素行列**，を指すものとする．

---

1)　たとえば，伊理・韓著『線形代数―行列とその標準形』教育出版社(1977)を見よ．

二つの $m\times n$ 行列 $A=[a_{ij}]$，$B=[b_{ij}]$ に対して，$a_{ij}+b_{ij}$ を (i,j) 成分とする $m\times n$ 行列を A と B の**和**といい $A+B$ で表わす．

複素数 c と $m\times n$ 行列 $A=[a_{ij}]$ に対して，ca_{ij} を (i,j) 成分とする $m\times n$ 行列を A の c による**スカラー倍**(あるいは単に**c 倍**)といい cA で表わす．とくに，$(-1)A$ を $-A$ と書き，$A+(-1)B$ を $A-B$ と書き A と B の**差**とよぶことがある．成分がすべて0である行列を大文字 O で(型を明示する必要があるときには $O_{m,n}$ 等で)表わし**零行列**とよぶ．

和とスカラー倍に関して次の性質が成り立つ(ただし，A,B,C,O は同一の型の行列とする)．

1) $1A=A,\ 0A=O,\ A-A=O,$

2) $(cd)A=c(dA)=d(cA),$

3) $(A+B)+C=A+(B+C),$

4) $A+B=B+A,$

5) $(c+d)A=cA+dA,$

6) $c(A+B)=cA+cB.$

$l\times m$ 行列 $A=[a_{ij}]$，$m\times n$ 行列 $B=[b_{ij}]$ に対して，**積** AB は

$$c_{ij}=\sum_{k=1}^{m}a_{ik}b_{kj}=a_{i1}b_{1j}+a_{i2}b_{2j}+\cdots+a_{im}b_{mj}$$

を (i,j) 成分としてもつ $l\times n$ 行列のことである．積 AB が定義されても BA が定義されるとは限らないし，また，AB,BA が定義されても一般には $AB\neq BA$ である．

行列の積に関して次の性質が成り立つ(行列の型はそれぞれの式が意味をもつように揃っているとする．特に式7)において，左辺と右辺の零行列は一般には型が異なる)．

7) $OA=O,\ AO=O,$

8) $c(AB)=(cA)B=A(cB),$

9) $A(BC)=(AB)C,$

10) $A(B+C)=AB+AC,$

11) $(A+B)C=AC+BC.$

n 次正方行列 $A=[a_{ij}]$ の成分 $a_{11},a_{22},\cdots,a_{nn}$ を**対角成分**といい，それ以外の

成分 $a_{ij}\,(i\neq j)$ を**非対角成分**とよぶ．非対角成分がすべて 0 の行列を**対角行列**とよぶ．とくに，対角成分がすべて 1 である対角行列を**単位行列**とよび E で(次数を明示する必要があるときには E_n 等で)表わす．

任意の行列は単位行列を右から掛けても左から掛けても不変である．すなわち，

12)　$$EA=A,\ \ AE=A.$$

正方行列 A に対して積 AA はつねに定義されるが，一般に A の n 個の積 $A\cdot A\cdot\cdots\cdot A$ を A^n と書く(積の結合律 9)により，こう書くことが許される)．とくに $A^0=E$(単位行列)と約束する．任意の 1 変数多項式 $f(x)=c_mx^m+\cdots+c_1x_1+c_0$ に対して，$f(A)$ を

$$f(A)=c_mA^m+\cdots+c_1A+c_0E$$

と定義し，**行列多項式**とよぶ．

例 1.1　行列多項式は 1 変数の多項式の間に成立する性質と類似の性質をもつ．たとえば，恒等式 $(x+1)^2=x^2+2x+1$ に対して $(A+E)^2=A^2+2A+E$ が成り立つ．一般に，多項式 $f(x)$ が $f(x)=g(x)h(x)$ と二つの多項式因子 $g(x)$, $h(x)$ に分解されるならば $f(A)=g(A)h(A)$ が成り立つ．▌

例 1.2　2 変数の恒等式 $(x+y)^n=\sum_{i=0}^{n}\binom{n}{i}x^iy^{n-i}$ に対して，A と B が同一次数の交換可能な正方行列 $(AB=BA)$ であれば，等式

$$(A+B)^n=\sum_{i=0}^{n}\binom{n}{i}A^iB^{n-i}$$

が成り立つ．▌

a_{ij} を (i,j) 成分とする $m\times n$ 行列 $A=[a_{ij}]$ に対して，a_{ji} を (i,j) 成分としてもつ $n\times m$ 行列を A の**転置行列**といい A^T と記す．また，a_{ij} の共役複素数 $\bar{a}_{ij}$ を (i,j) 成分とする $m\times n$ 行列を A の**複素共役行列**といい $\bar{A}$ と記す．さらに，$\bar{A}$ の転置行列を A の**共役転置行列**といい A^* と書く．

例 1.3　$A=A^T$ なる正方行列を**対称行列**，$A=A^*$ なる正方行列を**エルミート行列**，$A^TA=E$ なる正方な実数行列を**直交行列**，$A^*A=E$ なる正方行列を**ユニタリ行列**という．▌

例 1.4　各行各列に成分 1 が丁度 1 個ずつあり他の成分はすべて 0 であるよ

うな n 次正方行列を n 次の**置換行列**という．たとえば，

$$\begin{bmatrix} 0 & 0 & 1 \\ 1 & 0 & 0 \\ 0 & 1 & 0 \end{bmatrix}$$

は3次の置換行列である．任意の置換行列 P は $P^TP=E$ を満足するので直交行列の一種である．▌

正方行列 $A=[a_{ij}]$ の成分が $i>j$ に対して $a_{ij}=0$ であるとき A を**右上三角行列**とよび，$i<j$ に対して $a_{ij}=0$ であるとき A を**左下三角行列**とよぶ．これらをまとめて**三角行列**とよぶ．

n 次の正方行列 $A=[a_{ij}]$ に対して，対角成分の和 $a_{11}+\cdots+a_{nn}$ を A の**トレース**とよび $\mathrm{tr}\,A$ で表わす．

$A_1, A_2, \cdots, A_r$ をそれぞれ $n_1, n_2, \cdots, n_r$ 次の正方行列とする．これらの行列を，$(1,1)$成分が A_1 の$(1,1)$成分に，(n_1+1, n_1+1)成分が A_2 の$(1,1)$成分に，$\cdots$, $(n_1+\cdots+n_{r-1}+1,\ n_1+\cdots+n_{r-1}+1)$成分が A_r の$(1,1)$成分にそれぞれ一致するように対角形に並べ，さらに $A_1, \cdots, A_r$ が並べられた所以外の成分はすべて0としてできる $n_1+\cdots+n_r$ 次の正方行列

$$A=\begin{bmatrix} A_1 & & & O \\ & A_2 & & \\ & & \ddots & \\ O & & & A_r \end{bmatrix}$$

を $A_1, A_2, \cdots, A_r$ の**直和**といい，$A=A_1\oplus A_2\oplus\cdots\oplus A_r$ と書く．この形の行列 A を**ブロック対角行列**といい各 A_i を A の**ブロック**とよぶ．二つの直和 $A=A_1\oplus A_2\oplus\cdots\oplus A_r$, $B=B_1\oplus B_2\oplus\cdots\oplus B_r$ に対して，対応するブロック A_i, B_i の次数がすべて等しければ，$AB=A_1B_1\oplus A_2B_2\oplus\cdots\oplus A_rB_r$, $A+B=(A_1+B_1)\oplus(A_2+B_2)\oplus\cdots\oplus(A_r+B_r)$ となる．

正方行列 A に対して

$$XA=E \qquad \text{あるいは} \qquad AY=E$$

となる正方行列 X, Y が存在するとき，X, Y をそれぞれ A の左逆行列，右逆行列という．左逆行列あるいは右逆行列はどちらか一方が存在すれば他方も存

在し，両者は一致するので，それを単に A の**逆行列**と呼び A^{-1} で表わす．A^{-1} は存在すれば一意に定まる．逆行列をもつ行列を**正則**であるといい，そうでない行列を**特異**であるという．A, B を同じ次数の正則行列とすれば，積 AB も正則で

13)
$$(AB)^{-1} = B^{-1}A^{-1}$$

が成立する．この他に

14)
$$(A^{-1})^{-1} = A,$$

15)
$$(A^T)^{-1} = (A^{-1})^T,\quad (A^*)^{-1} = (A^{-1})^*$$

などの性質もある．

§1.2　行列の基本変形

$m\times n$ 行列 A に対する次の三つの操作を**列に関する基本変形**という．

⟨1⟩　第 k 列と第 l 列とを入れかえる $(k\neq l)$．

⟨2⟩　第 k 列を c 倍 $(c\neq 0)$ する．

⟨3⟩　第 l 列に第 k 列の c 倍を加える $(k\neq l)$．

これらの操作は，それぞれ下記のような n 次正則行列を A に"右から"掛けることと等価である．

⟨1⟩　単位行列の第 k 列と第 l 列 $(k\neq l)$ とを入れかえてできる置換行列 P_{kl}:

$$P_{kl} = \begin{array}{r} \\ \text{第}\,k\,\text{行)} \\ \text{第}\,l\,\text{行)} \\ \\ \end{array}\left[\begin{array}{ccccc} 1 & & \vdots & \vdots & O \\ & \ddots & \vdots & \vdots & \\ \cdots\cdots & & 0 & \cdots\ 1 & \\ & & \vdots & \ddots\ \vdots & \\ \cdots\cdots & & 1 & \cdots\ 0 & \\ O & & & & \ddots \quad 1 \end{array}\right] \qquad (k\neq l).$$

（第 k 列，第 l 列）

⟨2⟩　単位行列の (k, k) 成分を c でおきかえてできる行列 $T_k(c)$:

$$T_k(c) = \text{第}\,k\,\text{行)}\left[\begin{array}{ccccc} 1 & & \vdots & & O \\ & \ddots & \vdots & & \\ & & 1\ \vdots & & \\ \cdots\cdots & \cdots & c & & \\ & & & 1 & \\ O & & & & \ddots\quad 1 \end{array}\right] \qquad (c\neq 0).$$

（第 k 列）

〈3〉　単位行列の (k, l) 成分 $(k \neq l)$ を c でおきかえてできる行列 $S_{kl}(c)$:

$$
S_{kl}(c) = \begin{array}{r} \\ \text{第}k\text{行)} \\ \\ \text{第}l\text{行)} \\ \\ \end{array}
\begin{array}{c} \text{第}k\text{列} \quad \text{第}l\text{列} \\ \begin{bmatrix} 1 & & & & & O \\ & \ddots & \vdots & & \vdots & \\ \cdots & \cdots & 1 & \cdots & c & \\ & & & \ddots & \vdots & \\ \cdots & \cdots & \cdots & \cdots & 1 & \\ O & & & & & \ddots \quad 1 \end{bmatrix} \end{array}
\qquad (k \neq l).
$$

$P_{kl}, T_k(c), S_{kl}(c)$ の形の行列を**基本変形行列**とよぶ．これらの逆行列はそれぞれ $P_{kl}, T_k(c^{-1}), S_{kl}(-c)$ に等しいことが容易に確かめられる．したがって，基本変形行列はすべて正則行列であり，基本変形の“逆”の操作も基本変形になっている．

列に関する基本変形に対して，列と行の役割を入れかえて，次のように**行に関する基本変形**を定義することができる．

〈1′〉　第 k 行と第 l 行を入れかえる $(k \neq l)$.

〈2′〉　第 k 行を c 倍する $(c \neq 0)$.

〈3′〉　第 l 行に第 k 行の c 倍を加える $(k \neq l)$.

これらの行に関する操作は基本変形行列 $P_{kl}, T_k(c), S_{lk}(c)$ を“左から”掛けることと等価である．すなわち，$P_{kl}A$ は A の第 k 行と第 l 行を入れかえた行列，$T_k(c)A$ は A の第 k 行を c 倍した行列，$S_{lk}(c)A$ は A の第 k 行の c 倍を第 l 行に加えた行列である．

列に関する基本変形と行に関する基本変形をあわせて単に**基本変形**という．

定理 1.1　任意の $m \times n$ 行列 A は，基本変形を適当な回数施すことによって

$$
A' = \begin{bmatrix} \overbrace{\begin{matrix} 1 & & & \\ & 1 & & \\ & & \ddots & \\ & & & 1 \end{matrix}}^{r} & & & O \\ & 0 & & \\ O & & \ddots & \\ & & & 0 \end{bmatrix} \tag{1.1}
$$

という形の行列に変形することができる（これを A の**階数標準形**という）．また，(1.1) における 1 の個数 r は基本変形の施し方によらずに A に対して一意的に定まる．▌

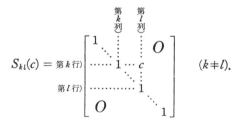

この定理で定められる数 r を A の**階数**とよび rank A で表わす.

定理 1.2　n 次正方行列 A が正則であるのは，A が基本変形によって単位行列に変形されるとき，すなわち，rank $A=n$ であるとき，そしてそのときに限る. ▌

注意 1.2　定理 1.1 の A' を得るために行に関して施した基本変形行列と列に関して施した基本変形行列を順にそれぞれ $P_1, \cdots, P_s$ と $Q_1, \cdots, Q_t$ であるとし $P=P_s\cdots P_1$, $Q=Q_1\cdots Q_t$ とおけば，A' と A の関係は

$$A' = PAQ \tag{1.2}$$

と書かれる. 一般に正則行列 P, Q を用いて行列 A から行列 $A'=PAQ$ を作る操作を**同値変換**とよび，A' は A に**同値**であるという. 同値な行列の階数は等しい. (1.2) において $A'=E$ なら $A^{-1}=QP$ である.

定理 1.3　任意の正則行列はいくつかの基本変形行列の積として表わすことができる. ▌

§1.3 行　列　式

n 個の数 $1, 2, \cdots, n$ を任意の順序に並べかえたもの $(i_1 i_2 \cdots i_n)$ を**順列**という (順列の総数は $n!$ である). 順列 $(i_1 \cdots p \cdots q \cdots i_n)$ から二つの数 p と q を入れかえて順列 $(i_1 \cdots q \cdots p \cdots i_n)$ を作る操作を**互換**という. 任意の二つの順列はいくつかの互換を適当に繰返し施すことによって一方から他方に移ることができる. そこで，順列 $(12\cdots n)$ から順列 $(i_1 i_2 \cdots i_n)$ に移るために必要な互換の数が偶数であるとき $(i_1 i_2 \cdots i_n)$ は**偶順列**といい，奇数のとき**奇順列**という (必要な互換の数は一意的には定まらないが，偶数であるか奇数であるかは定まる). $(1, 2, \cdots, n)$ から作られる偶順列の個数と奇順列の個数は等しい. 順列の**符号** $\varepsilon(i_1 i_2 \cdots i_n)$ を，$(i_1 i_2 \cdots i_n)$ が偶順列のとき $+1$，奇順列のとき -1 と定める.

n 次の正方行列 $A=[a_{ij}]$ に対して

$$\sum_{(i_1 \cdots i_n)} \varepsilon(i_1 \cdots i_n) a_{i_1 1} a_{i_2 2} \cdots a_{i_n n} \tag{1.3}$$

なる積和を A の**行列式**といい，$|A|$，det A あるいは

$$\begin{vmatrix} a_{11} & a_{12} \cdots a_{1n} \\ a_{21} & a_{22} \cdots a_{2n} \\ \vdots & \vdots \ddots \vdots \\ a_{n1} & a_{n2} \cdots a_{nn} \end{vmatrix} \tag{1.4}$$

と記す．ここで，(1.3)における総和は $1, 2, \cdots, n$ のすべての順列 $(i_1 \cdots i_n)$ について取るものとする．したがって，総和(1.3)は $n!$ の項の和であり，そのうちの半分が＋の符号(偶順列)をつけて加えられ，残りの半分が－の符号(奇順列)をつけて加えられる．

n 次正方行列 A の第1列を $\boldsymbol{a}_1, \cdots$，第 n 列を $\boldsymbol{a}_n$ としたとき，$\det A$ は列ベクトル $\boldsymbol{a}_1, \cdots, \boldsymbol{a}_n$ の関数とみなすことができる．そこで，

$$D(\boldsymbol{a}_1, \cdots, \boldsymbol{a}_n) = \det A \tag{1.5}$$

とおけば，$D(\boldsymbol{a}_1, \cdots, \boldsymbol{a}_n)$ は次の性質をもつ．

1) $$D(\boldsymbol{a}_1, \cdots, c\boldsymbol{a}_k, \cdots, \boldsymbol{a}_n) = cD(\boldsymbol{a}_1, \cdots, \boldsymbol{a}_k, \cdots, \boldsymbol{a}_n), \tag{1.6}$$

2) $$D(\boldsymbol{a}_1, \cdots, \boldsymbol{a}_k + \boldsymbol{a}_k', \cdots, \boldsymbol{a}_n) = D(\boldsymbol{a}_1, \cdots, \boldsymbol{a}_k, \cdots, \boldsymbol{a}_n) + D(\boldsymbol{a}_1, \cdots, \boldsymbol{a}_k', \cdots, \boldsymbol{a}_n), \tag{1.7}$$

3) $$D(\boldsymbol{a}_1, \cdots, \underset{k}{\boldsymbol{a}_k}, \cdots, \underset{l}{\boldsymbol{a}_l}, \cdots, \boldsymbol{a}_n) = -D(\boldsymbol{a}_1, \cdots, \underset{k}{\boldsymbol{a}_l}, \cdots, \underset{l}{\boldsymbol{a}_k}, \cdots, \boldsymbol{a}_n), \tag{1.8}$$

4) $$\boldsymbol{e}_i = i)\begin{bmatrix} 0 \\ \vdots \\ 0 \\ 1 \\ 0 \\ \vdots \\ 0 \end{bmatrix} \text{ に対して，} D(\boldsymbol{e}_1, \cdots, \boldsymbol{e}_n) = 1. \tag{1.9}$$

注意 1.3 上記の性質は行列式を列 $\boldsymbol{a}_1, \cdots, \boldsymbol{a}_n$ の関数として完全に特徴づけるものである．いいかえれば，これらの性質1)～4)を有する行列 A の関数は $\det A$ に一致する．

性質1),2),3)から容易に導き出せる関係式

5) $$D(\boldsymbol{a}_1, \cdots, \boldsymbol{a}_{k-1}, \boldsymbol{a}_k + c\boldsymbol{a}_l, \boldsymbol{a}_{k+1}, \cdots, \boldsymbol{a}_l, \cdots \boldsymbol{a}_n) = D(\boldsymbol{a}_1, \cdots, \boldsymbol{a}_{k-1}, \boldsymbol{a}_k, \boldsymbol{a}_{k+1}, \cdots, \boldsymbol{a}_l, \cdots \boldsymbol{a}_n)$$

は行列式の値を計算するとき便利に使える．

例 1.5 三角行列 $A = [a_{ij}]$ の行列式は対角成分の積に等しい： $\det A = a_{11}a_{22}\cdots a_{nn}$．とくに対角行列に対しても $\det A = a_{11}a_{22}\cdots a_{nn}$． ▮

例 1.6　$A=A_1\oplus\cdots\oplus A_r$ のとき，$\det A=(\det A_1)\cdot\cdots\cdot(\det A_r)$. ▌

定理 1.4　$\det A^T=\det A$. ▌　(1.10)

定理 1.5　$\det(AB)=\det A\cdot\det B$.　(1.11)

(A, B は共に n 次正方行列) ▌

注意 1.4　定理 1.4 により，行列式の性質(1.6)～(1.9)は列ベクトルと行ベクトルの役割を入れかえても成立することがわかる.

$m\times n$ 行列 $A=[a_{ij}]$ から p 個の行 $i_1,\cdots,i_p$ と p 個の列 $j_1,\cdots,j_p$ を抜き出して作った行列

$$\begin{bmatrix} a_{i_1j_1} & \cdots & a_{i_1j_p} \\ \vdots & \ddots & \vdots \\ a_{i_pj_1} & \cdots & a_{i_pj_p} \end{bmatrix}$$

を A の **p 次の小行列**といい，その行列式を p 次の**小行列式**という．とくに，n 次の正方行列 A の第 i 行と第 j 行を除いてできる $n-1$ 次の小行列式に符号 $(-1)^{i+j}$ を掛けたものを A の **(i,j) 余因子**といい Δ_{ij} で表わす．余因子を利用すると，n 次の行列式の計算を次数の一つ低い $n-1$ 次の行列式の計算に帰着させることができる．すなわち

定理 1.6　**(余因子展開)**　n 次の正方行列 $A=[a_{ij}]$ の (i,j) 余因子を Δ_{ij} とすれば，任意の $p\,(=1,\cdots,n)$，$q\,(=1,\cdots,n)$ に対して次式が成り立つ.

$$\det A=a_{1p}\Delta_{1p}+\cdots+a_{np}\Delta_{np}, \tag{1.12}$$

$$\det A=a_{q1}\Delta_{q1}+\cdots+a_{qn}\Delta_{qn}. \tag{1.13}$$

また，$p\neq p'$，$q\neq q'$ ならば，

$$0=a_{1p}\Delta_{1p'}+\cdots+a_{np}\Delta_{np'}, \tag{1.14}$$

$$0=a_{q1}\Delta_{q'1}+\cdots+a_{qn}\Delta_{q'n}. \tag{1.15}$$

定理 1.7　$\operatorname{rank} A$ は A の 0 でない小行列式の最大次数に等しい. ▌

定理 1.8　正方行列 A が正則であるためには $\det A$ が 0 でないことが必要十分である. ▌

正方行列 A の (j,i) 余因子 Δ_{ji} を (i,j) 成分とする行列を A の**余因子行列**(あるいは**随伴行列**)といい $\operatorname{adj} A$ で表わす．定理 1.6 の内容を $\operatorname{adj} A$ を用いて書

きかえれば

$$(\mathrm{adj}\ A)\cdot A = (\det A)E, \tag{1.16}$$

$$A\cdot(\mathrm{adj}\ A) = (\det A)E \tag{1.17}$$

となる．したがって，A が正則ならば

$$A^{-1}=(\det A)^{-1}\ \mathrm{adj}\ A \tag{1.18}$$

である．

§1.4 ベクトル空間

集合 V が次の条件(A),(B)を満足するとき，V を**ベクトル空間**(または**線形空間**)とよびその要素を**ベクトル**とよぶ．

(A) V の二つの要素 $\boldsymbol{a},\boldsymbol{b}$ に対して**和** $\boldsymbol{a}+\boldsymbol{b}$ が V の要素として一意に定まり，次の性質を満たす．

1° $(\boldsymbol{a}+\boldsymbol{b})+\boldsymbol{c} = \boldsymbol{a}+(\boldsymbol{b}+\boldsymbol{c})$ (**結合則**).

2° $\boldsymbol{a}+\boldsymbol{b} = \boldsymbol{b}+\boldsymbol{a}$ (**交換則**).

3° **零ベクトル**とよばれる V の要素 $\boldsymbol{o}$ が存在し，V の任意の要素 $\boldsymbol{a}$ に対して $\boldsymbol{a}+\boldsymbol{o}=\boldsymbol{a}$.

4° V の任意の要素 $\boldsymbol{a}$ に対して，$\boldsymbol{a}+\boldsymbol{b}=\boldsymbol{o}$ となる V の要素 $\boldsymbol{b}$ がただ一つ存在する．この $\boldsymbol{b}$ を **$\boldsymbol{a}$ のマイナス**と呼び，$-\boldsymbol{a}$ で表わす．

(B) V の任意の要素 $\boldsymbol{a}$ と任意の複素数 c に対して，$\boldsymbol{a}$ の c 倍 $c\boldsymbol{a}$ が V の要素として一意に定まり，次の性質を満たす(**スカラー倍**).

5° $c(\boldsymbol{a}+\boldsymbol{b}) = c\boldsymbol{a}+c\boldsymbol{b}$ (**ベクトル分配則**).

6° $(c+d)\boldsymbol{a} = c\boldsymbol{a}+d\boldsymbol{a}$ (**スカラー分配則**).

7° $(cd)\boldsymbol{a} = c(d\boldsymbol{a})$.

8° $1\boldsymbol{a} = \boldsymbol{a}$.

注意 1.5 このようなベクトル空間を複素ベクトル空間と呼び，上の定義に現われる数 c,d が実数に限られるとき実ベクトル空間と呼ぶ(一般には c,d などが属する体 K を指定して“K の上のベクトル空間”という呼び方をする).

例 1.7 $m\times l$ 行列の全体 $K^{m\times l}$ は行列の和とスカラー倍に関してベクトル空

間をなす．このとき，零ベクトルは零行列 O である．▌

例 1.8 複素数に複素数を対応させる関数の全体を $F(\boldsymbol{C})$ とすると，$f, g \in F(\boldsymbol{C})$ の和 $f+g$ を $(f+g)(x)=f(x)+g(x)$ なる関数，$f \in F(\boldsymbol{C})$ のスカラー倍を $(cf)(x)=cf(x)$ なる関数と定義することによって $F(\boldsymbol{C})$ はベクトル空間をなす．このとき，零ベクトルは恒等的に 0 の値をとる関数である．▌

次のような"数ベクトル"の全体がなすベクトル空間を**数ベクトル空間**と呼ぶ．

n 個の複素数 $a_1, a_2, \cdots, a_n$ の組を縦にならべたもの $(n\times 1$ 行列)

$$\boldsymbol{a} = \begin{bmatrix} a_1 \\ a_2 \\ \vdots \\ a_n \end{bmatrix} \quad (=[a_1, a_2, \cdots, a_n]^T \text{ とも書く})$$

を n 次の**数ベクトル**と呼び，このような数ベクトルの全体を K^n と記すことにする．K^n における和，スカラー倍，零ベクトル，マイナス等を次のように定める．

(1) **和** $\boldsymbol{a} = \begin{bmatrix} a_1 \\ \vdots \\ a_n \end{bmatrix}$ と $\boldsymbol{b} = \begin{bmatrix} b_1 \\ \vdots \\ b_n \end{bmatrix}$ の和は $\boldsymbol{a}+\boldsymbol{b} = \begin{bmatrix} a_1+b_1 \\ \vdots \\ a_n+b_n \end{bmatrix}$.

(2) **スカラー倍** $\boldsymbol{a} = \begin{bmatrix} a_1 \\ \vdots \\ a_n \end{bmatrix}$ の c 倍は $c\boldsymbol{a} = \begin{bmatrix} ca_1 \\ \vdots \\ ca_n \end{bmatrix}$.

(3) **零ベクトル** $\boldsymbol{o} = \begin{bmatrix} 0 \\ \vdots \\ 0 \end{bmatrix}$ (成分がすべて 0 のベクトル).

(4) **マイナス** $\boldsymbol{a} = \begin{bmatrix} a_1 \\ \vdots \\ a_n \end{bmatrix}$ に対して $-\boldsymbol{a} = \begin{bmatrix} -a_1 \\ \vdots \\ -a_n \end{bmatrix}$.

以上の定義のもとで，K^n がベクトル空間の条件 (A), (B) を満足することは容易に確かめられる．

ベクトル空間 V の k 個のベクトル $\boldsymbol{a}_1, \cdots, \boldsymbol{a}_k$ と複素数 $c_1, \cdots, c_k$ とによって作られるベクトル

$$c_1\boldsymbol{a}_1 + \cdots + c_k\boldsymbol{a}_k \tag{1.19}$$

を $\boldsymbol{a}_1, \cdots, \boldsymbol{a}_k$ の**一次結合**といい $c_1, \cdots, c_k$ をその**係数**という．

すべてが 0 ではないある係数 $c_1, \cdots, c_k$ に対して

$$c_1\boldsymbol{a}_1+\cdots+c_k\boldsymbol{a}_k=\boldsymbol{o} \qquad (1.20)$$

となるとき，ベクトルの集合$\{\boldsymbol{a}_1, \cdots, \boldsymbol{a}_k\}$は**一次従属**であるという．そうでないとき，すなわち，(1.20)の成立するのが$c_1=\cdots=c_k=0$のときに限られるとき$\{\boldsymbol{a}_1, \cdots, \boldsymbol{a}_k\}$は**一次独立**であるという．

$\boldsymbol{b}$が$\boldsymbol{a}_1, \cdots, \boldsymbol{a}_k$の一次結合として$\boldsymbol{b}=c_1\boldsymbol{a}_1+\cdots+c_k\boldsymbol{a}_k$と表わされるとき，$\boldsymbol{b}$は$\{\boldsymbol{a}_1, \cdots, \boldsymbol{a}_k\}$**に一次従属**であるという．

例 1.9 $\{\boldsymbol{a}_1, \cdots, \boldsymbol{a}_k\}$が一次独立で$\{\boldsymbol{a}_1, \cdots, \boldsymbol{a}_k, \boldsymbol{b}\}$が一次従属なら$\boldsymbol{b}$は$\{\boldsymbol{a}_1, \cdots, \boldsymbol{a}_k\}$に一次従属である．▌

Sをベクトル空間Vの任意の部分集合とする．Sに含まれる一次独立なベクトルの組$\{\boldsymbol{a}_1, \cdots, \boldsymbol{a}_k\}$は，$S$の任意のベクトル$\boldsymbol{b}$に対して$\{\boldsymbol{a}_1, \cdots, \boldsymbol{a}_k, \boldsymbol{b}\}$が一次従属であるとき，$S$において**極大**であるといわれる．

定理 1.9 $\{\boldsymbol{a}_1, \cdots, \boldsymbol{a}_k\}$と$\{\boldsymbol{b}_1, \cdots, \boldsymbol{b}_l\}$が共に$S$において極大な一次独立なベクトルの組であれば，$k=l$である．▌

この定理によって，Sにおける一次独立なベクトルの極大個数が実は“最大”個数であることがわかる．

定理 1.10 $m\times n$行列Aに対して次の四つの数は互いに等しい．

1) rank A;

2) Aの0でない小行列式の最大次数；

3) Aを列(数)ベクトルの集まりとみなしたときの一次独立なベクトルの最大個数；

4) Aを行(数)ベクトルの集まりとみなしたときの一次独立なベクトルの最大個数．▌

ベクトルの集合Sとしてとくにベクトル空間Vそのものをとったとき，Vで極大な一次独立のベクトルの組をベクトル空間V**の基底**とよぶ．Vの基底を構成するベクトルの個数をVの**次元**と呼び，$\dim V$と書く．次元が有限のときVは有限次元であるといい，そうでないとき無限次元であるという．以下で扱うベクトル空間はすべて有限次元であるとする．

定理 1.11 $\{\boldsymbol{u}_1, \cdots, \boldsymbol{u}_n\}$を$n$次元ベクトル空間$V_n$の任意の基底とする．$V_n$の任意のベクトル$\boldsymbol{a}$は$\boldsymbol{u}_1, \cdots, \boldsymbol{u}_n$の一次結合として$\boldsymbol{a}=a_1\boldsymbol{u}_1+\cdots+a_n\boldsymbol{u}_n$のように一意的に表わされる．▌

定理 1.11 によって定まる n 個の数 $a_1, \cdots, a_n$ を基底 $\boldsymbol{u}_1, \cdots, \boldsymbol{u}_n$ に関する $\boldsymbol{a}$ の**成分**という．零ベクトル $\boldsymbol{o}$ の成分は $0, \cdots, 0$ である．

基底を固定しておけば，ベクトル $\boldsymbol{a}$ とその成分 $a_1, \cdots, a_n$ とは一対一に対応する．この一対一対応を

$$\varphi : \boldsymbol{a} \longmapsto [a_1, \cdots, a_n]^T$$

のように，V_n から数ベクトル空間 K^n の上への対応として表わせば φ は次の性質を満たす．

1) $\boldsymbol{a}, \boldsymbol{b} \in V_n$ に対して　$\varphi(\boldsymbol{a}+\boldsymbol{b}) = \varphi(\boldsymbol{a})+\varphi(\boldsymbol{b})$,

2) 複素数 c と $\boldsymbol{a} \in V_n$ に対して　$\varphi(c\boldsymbol{a}) = c\varphi(\boldsymbol{a})$.

一般に，この性質をもつ一対一対応 φ を**同型対応**といい，同型対応によって結ばれる二つのベクトル空間は**同型**であるという．同型対応のもとでは，一次独立なベクトルは一次独立なベクトルに移り，一次従属なベクトルは一次従属なベクトルに移る．

定理 1.12　同型な二つのベクトル空間の次元は等しい．▌

定理 1.13　n 次元ベクトル空間 V_n の一次独立なベクトルの組 $\{\boldsymbol{u}_1, \cdots, \boldsymbol{u}_k\}$ は，$k=n$ ならば V_n の基底であり，$k<n$ ならば $\{\boldsymbol{u}_1, \cdots, \boldsymbol{u}_k\}$ を含む V_n の基底が存在する．また，$l>n$ ならば $\{\boldsymbol{u}_1, \cdots, \boldsymbol{u}_l\}$ $(\boldsymbol{u}_i \in V_n)$ は常に一次従属である．▌

例 1.10　数ベクトル空間 K^n において

$$\boldsymbol{e}_1 = \begin{bmatrix} 1 \\ 0 \\ \vdots \\ 0 \end{bmatrix},\ \boldsymbol{e}_2 = \begin{bmatrix} 0 \\ 1 \\ 0 \\ \vdots \\ 0 \end{bmatrix}, \cdots, \boldsymbol{e}_n = \begin{bmatrix} 0 \\ \vdots \\ 0 \\ 1 \end{bmatrix} \tag{1.21}$$

なる n 個のベクトル $\{\boldsymbol{e}_1, \cdots, \boldsymbol{e}_n\}$ は一つの基底をなす．K^n の任意のベクトル

$$\boldsymbol{a} = \begin{bmatrix} a_1 \\ \vdots \\ a_n \end{bmatrix}$$

は，$\boldsymbol{a}=a_1\boldsymbol{e}_1+\cdots+a_n\boldsymbol{e}_n$ と表わされる；すなわち，この基底に関する $\boldsymbol{a}=[a_1, \cdots, a_n]^T \in K^n$ の成分は $[a_1, \cdots, a_n]^T$ 自身である．したがって，K^n は“n 次元”である．$\{\boldsymbol{e}_1, \cdots, \boldsymbol{e}_n\}$ を K^n の**自然基底**という．▌

ベクトル空間 V の部分集合 L は，次の条件 1), 2) を満たすとき V の**部分(ベクトル)空間**とよばれる．

1) $\boldsymbol{a}, \boldsymbol{b} \in L$ ならば　$\boldsymbol{a}+\boldsymbol{b} \in L$,

2) $\boldsymbol{a} \in L$,　c が複素数　ならば　$c\boldsymbol{a} \in L$.

部分空間 L はそれ自身また一つのベクトル空間である.

例 1.11　$\{\boldsymbol{o}\}$ および V 自身は V の部分空間である. とくに $\dim\{\boldsymbol{o}\}=0$ である. ▌

ベクトル空間 V のベクトルの組 $\{\boldsymbol{a}_1, \cdots, \boldsymbol{a}_k\}$ が与えられたとき, その一次結合 $c_1\boldsymbol{a}_1+\cdots+c_k\boldsymbol{a}_k$ として表わされるベクトルの全体を $L(\boldsymbol{a}_1, \cdots, \boldsymbol{a}_k)$ と記し $\boldsymbol{a}_1, \cdots, \boldsymbol{a}_k$ が**張る(ベクトル)空間**という. $L(\boldsymbol{a}_1, \cdots, \boldsymbol{a}_k)$ が実際にベクトル空間をなすことは容易に確かめられる. $L(\boldsymbol{a}_1, \cdots, \boldsymbol{a}_k)$ は $\{\boldsymbol{a}_1, \cdots, \boldsymbol{a}_k\}$ の極大な一次独立な部分集合のベクトルが張る空間と一致する.

定理 1.14　$L(\boldsymbol{a}_1, \cdots, \boldsymbol{a}_k)$ の次元は, $\{\boldsymbol{a}_1, \cdots, \boldsymbol{a}_k\}$ に含まれる一次独立なベクトルの最大個数に等しい. ▌

ベクトル空間 V の部分空間 U, W に対して, $\boldsymbol{a} \in U$ かつ $\boldsymbol{a} \in W$ であるようなベクトル $\boldsymbol{a}$ の全体を U と W の**共通部分**とよび $U \cap W$ で表わす. また, U のベクトル $\boldsymbol{a}$ と W のベクトル $\boldsymbol{b}$ との和 $\boldsymbol{a}+\boldsymbol{b}$ の形に表わされるベクトルの全体を U と W の**和**とよび $U+W$ で表わす(3個以上の部分空間の共通部分, 和も同様に定義される).

定理 1.15　$U \cap W$ と $U+W$ は共に V の部分ベクトル空間である. ▌

定理 1.16　U, W がベクトル空間 V の部分ベクトル空間であるとき

$$\dim(U \cap W)+\dim(U+W) = \dim U+\dim W \tag{1.22}$$

である. ▌

§1.5　ベクトル空間の直和

ベクトル空間 V の部分空間 $U_1, \cdots, U_k$ ($\dim U_i \geqq 1$ とする)の和を

$$U = U_1+\cdots+U_k \tag{1.23}$$

とおく. U の任意のベクトル $\boldsymbol{a}$ は定義により

$$\boldsymbol{a} = \boldsymbol{a}_1+\cdots+\boldsymbol{a}_k, \quad \boldsymbol{a}_1 \in U_1, \cdots, \boldsymbol{a}_k \in U_k \tag{1.24}$$

と表わされるが, この表わし方は一意的であるとは限らない. 任意の $\boldsymbol{a} \in U$ を (1.24) のように表わす表わし方が一意的である場合, すなわち

$$\boldsymbol{a}_1+\cdots+\boldsymbol{a}_k = \boldsymbol{b}_1+\cdots+\boldsymbol{b}_k, \qquad \boldsymbol{a}_i, \boldsymbol{b}_i \in U_i$$

となるのが $\boldsymbol{a}_1=\boldsymbol{b}_1, \cdots, \boldsymbol{a}_k=\boldsymbol{b}_k$ のときに限られるとき，和(1.23)は $U_1, \cdots, U_k$ の**直和**であるといい

$$U = U_1 \oplus \cdots \oplus U_k$$

と書く．

定理 1.17　和 $U=U_1+\cdots+U_k$ が直和であるのは，$\boldsymbol{a}_1+\cdots+\boldsymbol{a}_k=\boldsymbol{o}\,(\boldsymbol{a}_i \in U_i)$ であれば $\boldsymbol{a}_1=\boldsymbol{o}, \cdots, \boldsymbol{a}_k=\boldsymbol{o}$ となるときそしてそのときに限られる．▌

定理 1.18　和 $U=U_1+U_2$ が直和であるためには $U_1 \cap U_2=\{\boldsymbol{o}\}$ であることが必要十分である．▌

$U=U_1 \oplus U_2$ であるとき U_2 を(U における)U_1 の**補空間**であるという．一般に，同一の U_1 に対してその補空間は一意的には定まらない．

定理 1.19　U_1 が U の部分空間ならば，U における U_1 の補空間 U_2 が少なくとも一つ存在する．(特に，$U_1=\{\boldsymbol{o}\}$ のときは $U_2=U$，$U_1=U$ のときには $U_2=\{\boldsymbol{o}\}$ であるとする．) ▌

定理 1.20　$U=U_1+\cdots+U_k$ のとき次の三つの条件は等価である．

1)　$U = U_1 \oplus \cdots \oplus U_k$;

2)　$\dim U = \dim U_1+\cdots+\dim U_k$;

3)　$(U_1+\cdots+U_i) \cap U_{i+1} = \{\boldsymbol{o}\} \qquad (i=1, \cdots, k-1)$. ▌

例 1.12　n 次元ベクトル空間 V_n の基底 $\{\boldsymbol{u}_1, \cdots, \boldsymbol{u}_n\}$ に対して，$U_1=L(\boldsymbol{u}_1), \cdots, U_n=L(\boldsymbol{u}_n)$ とおけば $V_n=U_1 \oplus \cdots \oplus U_n$．また，$\dim U_i=1$ であるから $\dim V_n =\dim U_1+\cdots+\dim U_n$ となる．▌

例 1.13　$U=U_1 \oplus U_2$ のとき，U_1 の任意の基底 $\{\boldsymbol{u}_1, \cdots, \boldsymbol{u}_r\}$，$U_2$ の任意の基底 $\{\boldsymbol{v}_1, \cdots, \boldsymbol{v}_s\}$ に対して，$\{\boldsymbol{u}_1, \cdots, \boldsymbol{u}_r, \boldsymbol{v}_1, \cdots, \boldsymbol{v}_s\}$ は U の一つの基底である．▌

§1.6　内　　積

$G=[g_{ij}]$ を n 次のエルミート行列とする($G=G^*$)．n 次元数ベクトル空間 K^n の任意のベクトル $\boldsymbol{x}=[x_1, \cdots, x_n]^T$ に対して**二次形式**

$$\boldsymbol{x}^*G\boldsymbol{x} = \sum_{i=1}^{n}\sum_{j=1}^{n} g_{ij}\bar{x}_i x_j$$

が非負であるとき，G を**非負定値**なエルミート行列であるという．さらに，$\boldsymbol{x} \neq \boldsymbol{o}$ に対して $\boldsymbol{x}^*G\boldsymbol{x}>0$ となる非負定値なエルミート行列を**正定値**であるという．

例 1.14 行列 B が正則であれば，$G=B^*B$ は正定値エルミート行列である．▌

正定値エルミート行列 G が与えられたとき，二つのベクトル $\boldsymbol{x}=[x_1,\cdots,x_n]^T \in K^n$，$\boldsymbol{y}=[y_1,\cdots,y_n]^T \in K^n$ に対して，

$$\boldsymbol{x}^*G\boldsymbol{y} = \sum_{i=1}^{n}\sum_{j=1}^{n} g_{ij}\bar{x}_i y_j$$

なる**双一次形式**を $(\boldsymbol{x},\boldsymbol{y})_G$ で表わし，G を**計量**とする $\boldsymbol{x},\boldsymbol{y}$ の**内積**という（とくに，$G=E$(単位行列)なら $(\boldsymbol{x},\boldsymbol{y})_E=\boldsymbol{x}^*\boldsymbol{y}$ となる）．また，ベクトル $\boldsymbol{x} \in K^n$ の**ノルム** $\|\boldsymbol{x}\|_G$ を $\|\boldsymbol{x}\|_G=\sqrt{(\boldsymbol{x},\boldsymbol{x})_G}$ で定義する．内積は次の性質をもつ．

1) $(\boldsymbol{x},\boldsymbol{x})_G \geq 0$.

2) $(\boldsymbol{x},\boldsymbol{x})_G = 0 \Longleftrightarrow \boldsymbol{x} = \boldsymbol{o}$.

3) $(\boldsymbol{y},\boldsymbol{x})_G = \overline{(\boldsymbol{x},\boldsymbol{y})_G}$.

4) $(c\boldsymbol{x},\boldsymbol{y})_G = \bar{c}(\boldsymbol{x},\boldsymbol{y})_G$，$(\boldsymbol{x},c\boldsymbol{y})_G = c(\boldsymbol{x},\boldsymbol{y})_G$.

$(\boldsymbol{x},\boldsymbol{y})_G=0$ であるとき，$\boldsymbol{x}$ と $\boldsymbol{y}$ は（G に関して）**直交**するという．数ベクトル $\boldsymbol{a}_1,\cdots,\boldsymbol{a}_k$ が互いに直交するノルム1のベクトルであるとき，これらのベクトルは**正規直交系**をなすという．基底をなす正規直交系を**正規直交基底**という．

定理 1.21 $\{\boldsymbol{a}_1,\cdots,\boldsymbol{a}_k\}$ がベクトル空間 V の正規直交系であれば $\{\boldsymbol{a}_1,\cdots,\boldsymbol{a}_k\}$ を含む V の正規直交基底が存在する．▌

V の部分空間 U の任意のベクトルと部分空間 W の任意のベクトルとが直交するとき，U と W は直交するという．部分空間 $U_1,\cdots,U_k$ ($\dim U_i \geqq 1$) が互いに直交すればその和 $U_1+\cdots+U_k$ は直和 $U_1 \oplus\cdots\oplus U_k$ である（**直交直和**という）．

例 1.15 $V_n=U_1\oplus\cdots\oplus U_s$ が直交直和ならば，各 U_i の正規直交基底をすべてあわせたものは V_n の正規直交基底である．▌

第2章　一次変換と行列

§2.1　一 次 変 換

V_n, V_m をそれぞれ n 次元，m 次元のベクトル空間とする．V_n の各要素 $\boldsymbol{x}$ を V_m の要素 $\boldsymbol{A}(\boldsymbol{x})$ に対応させる写像 $\boldsymbol{A}: V_n \to V_m$ が次の二つの条件(**線形性**)を満たすとき，$\boldsymbol{A}$ を V_n から V_m への**一次変換**とよぶ．

1)　$$\boldsymbol{A}(\boldsymbol{x}_1+\boldsymbol{x}_2) = \boldsymbol{A}(\boldsymbol{x}_1)+\boldsymbol{A}(\boldsymbol{x}_2), \qquad \boldsymbol{x}_1, \boldsymbol{x}_2 \in V_n. \tag{2.1}$$

2)　$$\boldsymbol{A}(c\boldsymbol{x}) = c\boldsymbol{A}(\boldsymbol{x}), \qquad \boldsymbol{x} \in V_n,\ c \in \boldsymbol{C}. \tag{2.2}$$

一次変換は零ベクトルを零ベクトルに移す((2.2)において $c=0$ とおけ)．条件(2.1), (2.2)を繰返し用いれば，$c_1, \cdots, c_k \in \boldsymbol{C}$，$\boldsymbol{x}_1, \cdots, \boldsymbol{x}_k \in V_n$ に対して

$$\boldsymbol{A}(c_1\boldsymbol{x}_1+\cdots+c_k\boldsymbol{x}_k) = c_1\boldsymbol{A}(\boldsymbol{x}_1)+\cdots+c_k\boldsymbol{A}(\boldsymbol{x}_k) \tag{2.3}$$

となることが導かれる．

定理2.1　$\boldsymbol{A}$ が V_n から V_m への一次変換で

$$\boldsymbol{v}_i = \boldsymbol{A}(\boldsymbol{u}_i) \qquad (i=1, \cdots, l)$$

であるとき，$\{\boldsymbol{v}_1, \cdots, \boldsymbol{v}_l\}$ が V_m において一次独立なら $\{\boldsymbol{u}_1, \cdots, \boldsymbol{u}_l\}$ は V_n において一次独立である．

証明　(2.3)により $\{\boldsymbol{u}_i\}$ が一次従属なら $\{\boldsymbol{v}_i\}$ が一次従属である．▌

V_n から V_m への一次変換の全体を $V_{n,m}$ で表わす．$\boldsymbol{A}, \boldsymbol{B} \in V_{n,m}$ の和 $\boldsymbol{A}+\boldsymbol{B}$ を

$$(\boldsymbol{A}+\boldsymbol{B})(\boldsymbol{x}) = \boldsymbol{A}(\boldsymbol{x})+\boldsymbol{B}(\boldsymbol{x}), \qquad \boldsymbol{x} \in V_n \tag{2.4}$$

なる変換として定義し，$\boldsymbol{A} \in V_{n,m}$ の c 倍 $c\boldsymbol{A}$ を

$$(c\boldsymbol{A})(\boldsymbol{x}) = c\boldsymbol{A}(\boldsymbol{x}), \qquad \boldsymbol{x} \in V_n \tag{2.5}$$

なる変換として定義すると，$\boldsymbol{A}+\boldsymbol{B} \in V_{n,m}$，$c\boldsymbol{A} \in V_{n,m}$ である．

すべての $\boldsymbol{x} \in V_n$ に対して V_m の零ベクトルを対応させる変換を**零変換**と呼び，$\boldsymbol{O}$ で表わす．

V_n, V_m, V_l がそれぞれ n 次元，m 次元，l 次元のベクトル空間であるとき，一次変換 $\boldsymbol{A}: V_n \to V_m$，$\boldsymbol{B}: V_m \to V_l$ を考えると，$\boldsymbol{x} \in V_n$ に対して $\boldsymbol{A}(\boldsymbol{x}) \in V_m$ であるから $\boldsymbol{B}(\boldsymbol{A}(\boldsymbol{x}))$ が意味をもち $\boldsymbol{B}(\boldsymbol{A}(\boldsymbol{x})) \in V_l$．そこで，$\boldsymbol{x}$ に直接 $\boldsymbol{B}(\boldsymbol{A}(\boldsymbol{x}))$ を対応させる変換を $\boldsymbol{A}$ と $\boldsymbol{B}$ の**積**といい $\boldsymbol{BA}: V_n \to V_l$ で表わす．積 $\boldsymbol{BA}$ は一次変換 $(\in V_{n,l})$ である．

V_n から V_m への一次変換 $\boldsymbol{A}$ に対して，$\mathrm{Im}\,\boldsymbol{A} = \{\boldsymbol{A}(\boldsymbol{x}) \mid \boldsymbol{x} \in V_n\}$ を $\boldsymbol{A}$ による V_n の**像**という．また，$\mathrm{Ker}\,\boldsymbol{A} = \{\boldsymbol{x} \in V_n \mid \boldsymbol{A}(\boldsymbol{x}) = \boldsymbol{o}\}$ を $\boldsymbol{A}$ の**核**という．

定理 2.2 $\mathrm{Im}\,\boldsymbol{A}$ と $\mathrm{Ker}\,\boldsymbol{A}$ はそれぞれ V_m と V_n の部分空間である．

証 $\boldsymbol{y}_1, \boldsymbol{y}_2 \in \mathrm{Im}\,\boldsymbol{A}$ であれば，ある $\boldsymbol{x}_1, \boldsymbol{x}_2 \in V_n$ に対して $\boldsymbol{y}_1 = \boldsymbol{A}(\boldsymbol{x}_1)$, $\boldsymbol{y}_2 = \boldsymbol{A}(\boldsymbol{x}_2)$ となるので $\boldsymbol{A}$ の線形性により $c_1\boldsymbol{y}_1 + c_2\boldsymbol{y}_2 = \boldsymbol{A}(c_1\boldsymbol{x}_1 + c_2\boldsymbol{x}_2)$．ゆえに $c_1\boldsymbol{y}_1 + c_2\boldsymbol{y}_2 \in \mathrm{Im}\,\boldsymbol{A}$．また，$\boldsymbol{x}_1, \boldsymbol{x}_2 \in \mathrm{Ker}\,\boldsymbol{A}$ ならば $\boldsymbol{A}(c_1\boldsymbol{x}_1 + c_2\boldsymbol{x}_2) = c_1\boldsymbol{A}(\boldsymbol{x}_1) + c_2\boldsymbol{A}(\boldsymbol{x}_2) = \boldsymbol{o}$．ゆえに $c_1\boldsymbol{x}_1 + c_2\boldsymbol{x}_2 \in \mathrm{Ker}\,\boldsymbol{A}$． ▌

$\mathrm{Im}\,\boldsymbol{A}$ の次元 $\dim(\mathrm{Im}\,\boldsymbol{A})$ のことを $\boldsymbol{A}$ の**階数**とよび $\mathrm{rank}\,\boldsymbol{A}$ で表わす．また，$\mathrm{Ker}\,\boldsymbol{A}$ の次元 $\dim(\mathrm{Ker}\,\boldsymbol{A})$ のことを $\boldsymbol{A}$ の**零度**とよび $\mathrm{null}\,\boldsymbol{A}$ で表わす．次の定理は重要である．

定理 2.3 一次変換 $\boldsymbol{A}: V_n \to V_m$ に対して

$$\mathrm{rank}\,\boldsymbol{A} + \mathrm{null}\,\boldsymbol{A} = n \tag{2.6}$$

である．

証 V_n における $\mathrm{Ker}\,\boldsymbol{A}$ の補空間の一つを W とする(定理 1.19)．V_n の任意のベクトル $\boldsymbol{z}$ は $\boldsymbol{z} = \boldsymbol{x} + \boldsymbol{y}$ $(\boldsymbol{x} \in \mathrm{Ker}\,\boldsymbol{A}, \boldsymbol{y} \in W)$ と表わせる．$\boldsymbol{A}(\boldsymbol{z}) = \boldsymbol{A}(\boldsymbol{x}) + \boldsymbol{A}(\boldsymbol{y}) = \boldsymbol{A}(\boldsymbol{y})$ であるから，$\mathrm{Im}\,\boldsymbol{A} = \{\boldsymbol{A}(\boldsymbol{y}) \mid \boldsymbol{y} \in W\}$．定理 1.20 により，$\dim W + \dim \mathrm{Ker}\,\boldsymbol{A} = \dim W + \mathrm{null}\,\boldsymbol{A} = n$．そこで $\dim W = \dim \mathrm{Im}\,\boldsymbol{A} = \mathrm{rank}\,\boldsymbol{A}$ であることをいえばよい．$\mathrm{Im}\,\boldsymbol{A}$ の基底 $\{\boldsymbol{v}_1, \cdots, \boldsymbol{v}_l\}$ に対して $\boldsymbol{v}_i = \boldsymbol{A}(\boldsymbol{u}_i)$ となるような W のベクトルの組 $\{\boldsymbol{u}_1, \cdots, \boldsymbol{u}_l\}$ を定めると，それは V_n において一次独立である(定理 2.1)．W の任意のベクトル $\boldsymbol{w}$ に対して $\boldsymbol{A}(\boldsymbol{w}) = c_1\boldsymbol{v}_1 + \cdots + c_l\boldsymbol{v}_l$ なる $c_1, \cdots, c_l$ を定め $\tilde{\boldsymbol{w}} = \boldsymbol{w} - (c_1\boldsymbol{u}_1 + \cdots + c_l\boldsymbol{u}_l)$ とおくと，$\boldsymbol{A}(\tilde{\boldsymbol{w}}) = \boldsymbol{o}$ すなわち $\tilde{\boldsymbol{w}} \in \mathrm{Ker}\,\boldsymbol{A}$．$\tilde{\boldsymbol{w}} \in W$ でもあるから，$\tilde{\boldsymbol{w}} = \boldsymbol{o}$．したがって，$\{\boldsymbol{u}_1, \cdots, \boldsymbol{u}_l\}$ は W の基底である．ゆえに，$l = \dim W = \mathrm{rank}\,\boldsymbol{A}$． ▌

§2.2　一次変換の行列表現

一次変換 $\boldsymbol{A}: V_n \to V_m$ において，$B_n=\{\boldsymbol{u}_1, \cdots, \boldsymbol{u}_n\}$，$B_m=\{\boldsymbol{v}_1, \cdots, \boldsymbol{v}_m\}$ をそれぞれ，V_n, V_m の一つの基底とする．$\boldsymbol{A}(\boldsymbol{u}_1), \cdots, \boldsymbol{A}(\boldsymbol{u}_n)$ を $\boldsymbol{v}_1, \cdots, \boldsymbol{v}_m$ の一次結合として表わす式

$$\boldsymbol{A}(\boldsymbol{u}_j) = \sum_{i=1}^{m} a_{ij}\boldsymbol{v}_i \qquad (j=1, \cdots, n) \tag{2.7}$$

の係数行列

$$A = \begin{bmatrix} a_{11} & a_{12} \cdots a_{1n} \\ a_{21} & a_{22} \cdots a_{2n} \\ \vdots & \vdots \quad\ \ \vdots \\ a_{m1} & a_{m2} \cdots a_{mn} \end{bmatrix} \tag{2.8}$$

が与えられれば，$\boldsymbol{A}$ の線形性により，任意の $\boldsymbol{x} \in V_n$ に対する $\boldsymbol{A}(\boldsymbol{x})$ が定められる(すなわち $\boldsymbol{A}$ が定められる)．A を $\boldsymbol{A}$ の基底 B_n, B_m に関する**表現行列**という．$[\boldsymbol{v}_1, \cdots, \boldsymbol{v}_m]$ を形式的に $\boldsymbol{v}_1, \cdots, \boldsymbol{v}_m$ を成分とする $1\times m$ 行列とみなせば(2.7)は

$$[\boldsymbol{A}(\boldsymbol{u}_1), \cdots, \boldsymbol{A}(\boldsymbol{u}_n)] = [\boldsymbol{v}_1, \cdots, \boldsymbol{v}_m]A \tag{2.9}$$

とも表わせる．一般に，表現行列 A は基底 B_n, B_m のとり方に依存する．

$\boldsymbol{x} \in V_n$ の $B_n=\{\boldsymbol{u}_1, \cdots, \boldsymbol{u}_n\}$ に関する成分を $x_1, \cdots, x_n$，$A(\boldsymbol{x})$ の $B_m=\{\boldsymbol{v}_1, \cdots, \boldsymbol{v}_m\}$ に関する成分を $y_1, \cdots, y_m$ とすれば，$\boldsymbol{x}=x_1\boldsymbol{u}_1+\cdots+x_n\boldsymbol{u}_n$，$\boldsymbol{y}=y_1\boldsymbol{v}_1+\cdots+y_m\boldsymbol{v}_m$ であるから，

$$\begin{aligned} \boldsymbol{y} &= \boldsymbol{A}(\boldsymbol{x}) = x_1\boldsymbol{A}(\boldsymbol{u}_1)+\cdots+x_n\boldsymbol{A}(\boldsymbol{u}_n) \\ &= \sum_{j=1}^{n} x_j\left(\sum_{i=1}^{m} a_{ij}\boldsymbol{v}_i\right) = \sum_{i=1}^{m}\left(\sum_{j=1}^{n} a_{ij}x_j\right)\boldsymbol{v}_i \\ &= \sum_{i=1}^{m} y_i\boldsymbol{v}_i. \end{aligned}$$

$\boldsymbol{y}$ を基底ベクトル $\boldsymbol{v}_1, \cdots, \boldsymbol{v}_m$ の一次結合として表わす表わし方は一意的であるから，

$$y_i = \sum_{j=1}^{n} a_{ij}x_j \qquad (i=1, \cdots, m) \tag{2.10}$$

を得る．(2.10)を行列表示すれば

$$\begin{bmatrix} y_1 \\ \vdots \\ y_m \end{bmatrix} = A\begin{bmatrix} x_1 \\ \vdots \\ x_n \end{bmatrix} \tag{2.11}$$

を得る．このように，すべての一次変換 $\boldsymbol{A}: V_n \to V_m$ は，基底 B_n, B_m を固定することにより，その成分の間の対応(2.11)として表現することができる．逆に，任意に与えられた $m\times n$ 行列 A に対して，V_n と V_m にあらかじめ選んだ基底 B_n, B_m に関して，(2.11)により一つの一次変換 $\boldsymbol{A}: V_n \to V_m$ が定められる．したがって，ベクトル空間の基底をあらかじめ決めておきさえすれば一次変換とその表現行列 A とが一対一に対応する．この対応を $\boldsymbol{A}\leftrightarrow A$ で表わす．

注意 2.1 行列表示(2.11)を，数ベクトル $\boldsymbol{x}=[x_1, \cdots, x_n]^T \in K^n$ に数ベクトル $\boldsymbol{y}=[y_1, \cdots, y_m]^T \in K^m$ を対応させる変換 $\boldsymbol{x}\mapsto A\boldsymbol{x}=\boldsymbol{y}$ とみなせば，この変換は数ベクトル空間 K^n から数ベクトル空間 K^m への“一次”変換である(§1.1の行列積の性質をみよ)．このように，すべての一次変換は数ベクトル空間の間の一次変換として表現されるので，一次変換に関する議論はすべて行列に関する議論に引きなおすことができる．

注意 2.2 数ベクトル空間だけを考えているときには，自然基底 $\boldsymbol{e}_i$(§1.4 例1.10)に関する表現行列が $m\times n$ 行列 A であるような一次変換 $\boldsymbol{A}: K^n \to K^m$(すなわち，$\boldsymbol{A}: \boldsymbol{x}\mapsto A\boldsymbol{x}$)をもとの行列 A と同じ記号で表わすことが慣用的に行なわれている．この慣用に従えば $\mathrm{Im}\, A$, $\mathrm{Ker}\, A$ などの書き方も許される．詳しく書けば，A の第 j 列ベクトルを $\boldsymbol{a}_j$ と書いたとき $\mathrm{Im}\, A=L(\boldsymbol{a}_1, \cdots, \boldsymbol{a}_n)$, $\mathrm{Ker}\, A=\{\boldsymbol{x}\in K^n | A\boldsymbol{x}=\boldsymbol{o}\}$ である．

定理 2.4 上記の一次変換と表現行列との対応 $\boldsymbol{A}\leftrightarrow A$ は次の性質をもっている．

1) $\boldsymbol{A}\leftrightarrow A$ ならば $c\boldsymbol{A}\leftrightarrow cA$.

2) $\boldsymbol{A}\leftrightarrow A$, $\boldsymbol{B}\leftrightarrow B$ ならば $\boldsymbol{A}+\boldsymbol{B}\leftrightarrow A+B$.

3) $\boldsymbol{A}\leftrightarrow A$, $\boldsymbol{B}\leftrightarrow B$ ならば $\boldsymbol{BA}\leftrightarrow BA$.

4) $\boldsymbol{O}\leftrightarrow O$ (零変換には零行列が対応する)．

証 これらの性質を確かめるには関連する変換をベクトルの成分の間の変換式として具体的に書き下せばよい．ここでは3)だけを証明しておこう．$\boldsymbol{y}=\boldsymbol{A}(\boldsymbol{x})$, $\boldsymbol{z}=\boldsymbol{B}(\boldsymbol{y})$, $\boldsymbol{A}\leftrightarrow A=[a_{ij}]$, $\boldsymbol{B}\leftrightarrow B=[b_{ki}]$ とし，$\boldsymbol{x}, \boldsymbol{y}, \boldsymbol{z}$ の成分をそれぞれ $[x_j], [y_i], [z_k]$ とすれば，$z_k=\sum_i b_{ki}y_i=\sum_i b_{ki}(\sum_j a_{ij}x_j)=\sum_j(\sum_i b_{ki}a_{ij})x_j$. ∎

定理 2.5 $\boldsymbol{A}$ を V_n から V_m への一次変換とするとき，$\boldsymbol{A}\leftrightarrow A$ ならば $\mathrm{rank}\, \boldsymbol{A} = \mathrm{rank}\, A$ である．

証 V_n の基底を $\boldsymbol{u}_1, \cdots, \boldsymbol{u}_n$, V_m の基底を $\boldsymbol{v}_1, \cdots, \boldsymbol{v}_m$ とする．この基底に関し

て $\boldsymbol{x}\in V_n$ にその成分 $[x_1,\cdots,x_n]^T\in K^n$ を対応させる写像を φ, $\boldsymbol{y}\in V_m$ にその成分 $[y_1,\cdots,y_m]^T\in K^m$ を対応させる写像を ψ とすれば, $\varphi(\boldsymbol{u}_j)=\boldsymbol{e}_j$(第 j 成分が 1 で他の成分は 0 の数ベクトル)であるから $\psi(\boldsymbol{A}(\boldsymbol{u}_j))=A\boldsymbol{e}_j=\boldsymbol{a}_j$($A$ の第 j 列ベクトル). したがって, ψ のもとで $\mathrm{Im}\,\boldsymbol{A}$ は $L(\boldsymbol{a}_1,\cdots,\boldsymbol{a}_n)$ の上に移される. ψ は同型対応であるから定理 1.12 により $\dim(\mathrm{Im}\,\boldsymbol{A})=\dim L(\boldsymbol{a}_1,\cdots,\boldsymbol{a}_n)$. ゆえに, 定理 1.10 および定理 1.14 により $\mathrm{rank}\,\boldsymbol{A}=\mathrm{rank}\,A$ を得る. ▌

例 2.1 $m\times n$ 行列 A に対して $\boldsymbol{x}=[x_1,\cdots,x_n]^T\in K^n$ を未知数とする連立一次方程式 $A\boldsymbol{x}=\boldsymbol{o}$ を考える($\boldsymbol{o}=[0,\cdots,0]^T\in K^m$). 解 $\boldsymbol{x}$ の全体(**解空間**という)は定義により $\mathrm{Ker}\,A$ である. 解空間の次元は定理 2.3 により, $\mathrm{null}\,A=n-\mathrm{rank}\,A$ で与えられる. したがって, $A\boldsymbol{x}=\boldsymbol{o}$ が自明な解 $\boldsymbol{o}=[0,\cdots,0]^T$ 以外の解をもつための必要十分条件は $\mathrm{rank}\,A<n$ である. ▌

例 2.2 連立一次方程式 $A\boldsymbol{x}=\boldsymbol{b}$($A$ は $n\times m$ 行列, $\boldsymbol{b}\in K^m$)が少なくとも一つの解をもつための必要十分条件は $\boldsymbol{b}\in\mathrm{Im}\,A$ である. 実際, 解 $\boldsymbol{x}=[x_1,\cdots,x_n]^T$ が存在するとすれば, $A\boldsymbol{x}=\boldsymbol{b}$ を書きかえて $\boldsymbol{b}=x_1\boldsymbol{a}_1+\cdots+x_n\boldsymbol{a}_n$($\boldsymbol{a}_j$ は A の第 j 列ベクトル)であるから $\boldsymbol{b}\in\mathrm{Im}\,A$. この議論は逆にたどることができるので, $\boldsymbol{b}\in\mathrm{Im}\,A$ ならば $A\boldsymbol{x}=\boldsymbol{b}$ が解をもつこともわかる. 一方, 明らかに $\boldsymbol{b}\in\mathrm{Im}\,A\Leftrightarrow$「$L(\boldsymbol{a}_1,\cdots,\boldsymbol{a}_n)=L(\boldsymbol{a}_1,\cdots,\boldsymbol{a}_n,\boldsymbol{b})$」であるが, 後者の条件が成立すれば定理 1.10 と定理 1.14 によって $\mathrm{rank}\,A=\mathrm{rank}[A,\boldsymbol{b}]$. 逆にこの条件が成立すれば, $\{\boldsymbol{a}_1,\cdots,\boldsymbol{a}_n\}$ に含まれる極大な一次独立のベクトルの組は $\{\boldsymbol{a}_1,\cdots,\boldsymbol{a}_n,\boldsymbol{b}\}$ においても極大でなければならない. したがって $L(\boldsymbol{a}_1,\cdots,\boldsymbol{a}_n)=L(\boldsymbol{a}_1,\cdots,\boldsymbol{a}_n,\boldsymbol{b})$ となり, 結局 $\boldsymbol{b}\in\mathrm{Im}\,A$ と $\mathrm{rank}\,A=\mathrm{rank}[A,\boldsymbol{b}]$ とが等価であることがわかる. ▌

§2.3 ベクトル空間の中の一次変換

一次写像 $\boldsymbol{A}:V_n\to V_m$ において, V_n と V_m が同一のベクトル空間である場合($V_n=V_m$)には, $\boldsymbol{A}$ はベクトル空間 V_n の**中の一次変換**とよばれる.

V_n の中の一次変換 $\boldsymbol{A}:V_n\to V_n$ の表現行列 A は n 次の正方行列であるが, 前節の場合と異なり, A を定めるには V_n の基底一つを固定すればよい. $\{\boldsymbol{u}_1,\cdots,\boldsymbol{u}_n\}$ を V_n の一つの基底とすると, 表現行列 A を定めるための関係式(2.9)は, この場合には

$$[\boldsymbol{A}(\boldsymbol{u}_1),\cdots,\boldsymbol{A}(\boldsymbol{u}_n)]=[\boldsymbol{u}_1,\cdots,\boldsymbol{u}_n]A \tag{2.12}$$

となる.

V_n の**恒等変換** $\boldsymbol{E}: V_n \to V_n$ を $\boldsymbol{E}(\boldsymbol{x})=\boldsymbol{x}$, $\boldsymbol{x} \in V_n$ なる変換と定義する. これが“一次”変換であることは明らか. $\boldsymbol{E}$ の表現行列は基底のとり方によらずつねに単位行列 E となる((2.12)より明らか).

$$\boldsymbol{E} \leftrightarrow E. \tag{2.13}$$

さて, ベクトル空間 V_n の基底を $B_n=\{\boldsymbol{u}_1, \cdots, \boldsymbol{u}_n\}$ から $B_n'=\{\boldsymbol{u}_1', \cdots, \boldsymbol{u}_n'\}$ に変えるとき一次変換 $\boldsymbol{A}: V_n \to V_n$ の表現行列 A は次のように変わる. 基底 B_n と B_n' の間の関係は

$$\boldsymbol{u}_j' = \sum_{i=1}^{n} s_{ij}\boldsymbol{u}_i, \quad j=1, \cdots, n, \tag{2.14}$$

あるいは, 行列表示で,

$$[\boldsymbol{u}_1', \cdots, \boldsymbol{u}_n'] = [\boldsymbol{u}_1, \cdots, \boldsymbol{u}_n]S \tag{2.15}$$

という形に表わされる. ここで, S は s_{ij} を (i,j) 成分とする正方行列で, B_n から B_n' への基底変換の**変換行列**とよばれる. B_n' から B_n への変換行列を T とすれば, $ST=TS=E$ となるので, S の逆行列 T が存在するから, 変換行列 S は正則である.

いま, $\boldsymbol{A}: V_n \to V_n$ の基底 B_n に関する表現行列を A, 基底 B_n' に関する表現行列を A' とすると, 定義により

$$[\boldsymbol{A}(\boldsymbol{u}_1), \cdots, \boldsymbol{A}(\boldsymbol{u}_n)] = [\boldsymbol{u}_1, \cdots, \boldsymbol{u}_n]A, \tag{2.16}$$

$$[\boldsymbol{A}(\boldsymbol{u}_1'), \cdots, \boldsymbol{A}(\boldsymbol{u}_n')] = [\boldsymbol{u}_1', \cdots, \boldsymbol{u}_n']A' \tag{2.17}$$

である. 式(2.16)の両辺に右から S を掛けると

$$[\boldsymbol{A}(\boldsymbol{u}_1), \cdots, \boldsymbol{A}(\boldsymbol{u}_n)]S = [\boldsymbol{u}_1, \cdots, \boldsymbol{u}_n]AS.$$

左辺は(2.15)と $\boldsymbol{A}$ の線形性により $[\boldsymbol{A}(\boldsymbol{u}_1'), \cdots, \boldsymbol{A}(\boldsymbol{u}_n')]$ に等しいので, 右辺に $[\boldsymbol{u}_1, \cdots, \boldsymbol{u}_n]=[\boldsymbol{u}_1', \cdots, \boldsymbol{u}_n']S^{-1}$ を代入すれば

$$[\boldsymbol{A}(\boldsymbol{u}_1'), \cdots, \boldsymbol{A}(\boldsymbol{u}_n')] = [\boldsymbol{u}_1', \cdots, \boldsymbol{u}_n']S^{-1}AS$$

を得る. この式と(2.17)の両辺を比べて

$$A' = S^{-1}AS \tag{2.18}$$

を得る.

一般に, 正則行列 S を用いて行列 A を(2.18)の行列 A' に変換することを**相似変換**といい, 相似変換で移り得る二つの行列を互いに**相似**であるという.

注意 2.3 同一のベクトル $\boldsymbol{x}\in V_n$ の成分が基底の変更によってどう変わるかを示す関係式は次のようになる．$\boldsymbol{x}$ の基底 B_n に関する成分を $x_1, \cdots, x_n$，基底 B_n' に関する成分を $x_1', \cdots, x_n'$ として(2.15)の両辺に右から$[x_1', \cdots, x_n']^T$ を掛けると，$[\boldsymbol{u}_1', \cdots, \boldsymbol{u}_n']\cdot[x_1', \cdots, x_n']^T=\boldsymbol{x}=[\boldsymbol{u}_1, \cdots, \boldsymbol{u}_n][x_1, \cdots, x_n]^T$ であるので，

$$[\boldsymbol{u}_1, \cdots, \boldsymbol{u}_n]\begin{bmatrix} x_1 \\ \vdots \\ x_n \end{bmatrix} = [\boldsymbol{u}_1, \cdots, \boldsymbol{u}_n]S\begin{bmatrix} x_1' \\ \vdots \\ x_n' \end{bmatrix}$$

となる．$\{\boldsymbol{u}_1, \cdots, \boldsymbol{u}_n\}$ が一次独立であることに注意すれば

$$\begin{bmatrix} x_1 \\ \vdots \\ x_n \end{bmatrix} = S\begin{bmatrix} x_1' \\ \vdots \\ x_n' \end{bmatrix} \tag{2.19}$$

を得る．この式はベクトルの**成分の変換式**とよばれる．基底の変換(2.15)と成分の変換(2.19)との関係に注意すること．

V_n の中の一次変換 $\boldsymbol{A}: V_n\to V_n$ を p 回繰返す変換 $\boldsymbol{A}\cdot\boldsymbol{A}\cdot\cdots\cdot\boldsymbol{A}$ を $\boldsymbol{A}^p$ と書く．とくに $\boldsymbol{A}^0=\boldsymbol{E}$(恒等変換)と約束する．多項式 $f(x)=a_mx^m+\cdots+a_1x+a_0$ に対して，一次変換 $\boldsymbol{A}$ の多項式 $f(\boldsymbol{A})$ を

$$f(\boldsymbol{A}) = a_m\boldsymbol{A}^m+\cdots+a_1\boldsymbol{A}+a_0\boldsymbol{E}$$

と定義すると，定理 2.4 と(2.13)により，$\boldsymbol{A}\leftrightarrow A$ のとき $f(\boldsymbol{A})\leftrightarrow f(A)$ である．

V_n の中の一次変換 $\boldsymbol{A}$ に対して

$$\boldsymbol{XA} = \boldsymbol{E}, \quad \text{あるいは} \quad \boldsymbol{AX} = \boldsymbol{E}$$

となる V_n の中の変換 $\boldsymbol{X}$ が存在するとき，$\boldsymbol{X}$ を $\boldsymbol{A}$ の**左**あるいは**右逆変換**と呼ぶ．左あるいは右逆変換は，一方が存在すれば他方も存在し，両者は一致し，かつ一意的に定まる(群の一般論が教えるところである)ので，単に**逆変換**と呼ぶ．$\boldsymbol{A}$ の逆変換を $\boldsymbol{A}^{-1}$ と記す．逆変換をもつ変換を**正則**な変換とよぶ．一次変換の逆変換はやはり一次変換である．

正則な一次変換 $\boldsymbol{A}: V_n\to V_n$ とその逆変換 $\boldsymbol{A}^{-1}$ の表現行列をそれぞれ A, B とすれば，$\boldsymbol{AA}^{-1}=\boldsymbol{A}^{-1}\boldsymbol{A}=\boldsymbol{E}$ と定理 2.4 により，$AB=BA=E$ である．すなわち，$\boldsymbol{A}\leftrightarrow A$ のとき $\boldsymbol{A}^{-1}\leftrightarrow A^{-1}$ である．また，$\boldsymbol{A}, \boldsymbol{B}$ が正則であれば，$(\boldsymbol{AB})(\boldsymbol{B}^{-1}\boldsymbol{A}^{-1})=\boldsymbol{A}(\boldsymbol{BB}^{-1})\boldsymbol{A}^{-1}=\boldsymbol{AEA}^{-1}=\boldsymbol{AA}^{-1}=\boldsymbol{E}$ であるから，積 $\boldsymbol{AB}$ も正則で $(\boldsymbol{AB})^{-1}=\boldsymbol{B}^{-1}\boldsymbol{A}^{-1}$ である．

定理 2.6 $\boldsymbol{A}: V_n \to V_n$ に対して，次の五つの条件は等価である．

1) $\boldsymbol{A}$ は正則である．

2) $\mathrm{Im}\,\boldsymbol{A} = V_n$.

3) $\mathrm{Ker}\,\boldsymbol{A} = \{\boldsymbol{o}\}$.

4) $\mathrm{rank}\,\boldsymbol{A} = n$.

5) $\boldsymbol{A}$ は V_n から V_n の上への一対一対応である．

証 1)⇒2): 任意の $\boldsymbol{y} \in V_n$ に対して $\boldsymbol{x}=\boldsymbol{A}^{-1}(\boldsymbol{y})$ とおけば $\boldsymbol{y}=\boldsymbol{A}\boldsymbol{x}$. 2)⇔3)⇔4): 定理 2.3 によって $\mathrm{Im}\,\boldsymbol{A}=V_n \Leftrightarrow \mathrm{Ker}\,\boldsymbol{A}=\{\boldsymbol{o}\} \Leftrightarrow \mathrm{rank}\,\boldsymbol{A}=n$. 2), 3)⇒5): $\boldsymbol{A}$ が一対一対応でないとするとある $\boldsymbol{x}_1 \neq \boldsymbol{x}_2$ に対して $\boldsymbol{A}(\boldsymbol{x}_1)=\boldsymbol{A}(\boldsymbol{x}_2)$. ゆえに $\boldsymbol{A}(\boldsymbol{x}_1-\boldsymbol{x}_2)=\boldsymbol{o}$, $\boldsymbol{x}_1-\boldsymbol{x}_2 \neq \boldsymbol{o}$. これは $\mathrm{Ker}\,\boldsymbol{A}=\{\boldsymbol{o}\}$ であることすなわち 3) に反する．V_n の上への写像でないとすると 2) に反する．5)⇒1): $\boldsymbol{A}$ が V_n の上への一対一対応ならば，任意の $\boldsymbol{y} \in V_n$ に対して $\boldsymbol{y}=\boldsymbol{A}(\boldsymbol{x})$ なる $\boldsymbol{x} \in V_n$ がただ一つ存在するので，$\boldsymbol{y}$ にそのような $\boldsymbol{x}$ を対応させる変換を $\boldsymbol{X}$ とすれば $(\boldsymbol{X}\boldsymbol{A})(\boldsymbol{y})=(\boldsymbol{A}\boldsymbol{X})(\boldsymbol{y})=\boldsymbol{y}$ $(\forall \boldsymbol{y} \in V_n)$ が成り立つ．したがって，$\boldsymbol{X}\boldsymbol{A}=\boldsymbol{A}\boldsymbol{X}=\boldsymbol{E}$ となり $\boldsymbol{A}$ は正則である．▌

§2.4 射影と直和分解

n 次元ベクトル空間 V_n が部分空間 U, W の直和

$$V_n = U \oplus W \tag{2.20}$$

に分解されているとき，V_n の任意のベクトル $\boldsymbol{x}$ に対して

$$\boldsymbol{x} = \boldsymbol{y} + \boldsymbol{z} \tag{2.21}$$

となるような $\boldsymbol{y} \in U$ と $\boldsymbol{z} \in W$ が一意的に定まる(§1.5)．このとき，$\boldsymbol{x}$ に $\boldsymbol{y}$ を対応させる変換を $\boldsymbol{P}$ と書き，**W に沿っての U への射影子**とよぶ：$\boldsymbol{y}=\boldsymbol{P}(\boldsymbol{x})$. 式(2.21)においてとくに $\boldsymbol{x} \in U$ なる任意の $\boldsymbol{x}$ を選べば，直和分解の一意性により $\boldsymbol{y}=\boldsymbol{x}$, $\boldsymbol{z}=\boldsymbol{o}$ となる．すなわち，

$$\boldsymbol{x} = \boldsymbol{P}(\boldsymbol{x}), \qquad \forall \boldsymbol{x} \in U. \tag{2.22}$$

である．一方，任意の $\boldsymbol{x} \in V_n$ に対して $\boldsymbol{P}(\boldsymbol{x}) \in U$ であるので，(2.22)の $\boldsymbol{x}$ の代りに $\boldsymbol{P}(\boldsymbol{x})$ を代入すれば，$\boldsymbol{P}(\boldsymbol{x})=\boldsymbol{P}^2(\boldsymbol{x})$ $(\forall \boldsymbol{x} \in V_n)$ となるから，射影子が満たすべき関係式

$$\boldsymbol{P}^2 = \boldsymbol{P} \tag{2.23}$$

が導かれる．同様に，$P^2=P$ を満たす正方行列を**射影行列**という．射影子 $\boldsymbol{P}$ の表現行列が射影行列であることは明らかであろう．

注意 2.4 射影子 $\boldsymbol{P}$ は"一次"変換である．実際，任意のベクトル $\boldsymbol{x}_1, \boldsymbol{x}_2 \in V_n$ に対して $\boldsymbol{y}_1=\boldsymbol{P}(\boldsymbol{x}_1)$, $\boldsymbol{y}_2=\boldsymbol{P}(\boldsymbol{x}_2)$ とおけば，ある $\boldsymbol{z}_1, \boldsymbol{z}_2 \in W$ が存在して $\boldsymbol{x}_1=\boldsymbol{y}_1+\boldsymbol{z}_1$, $\boldsymbol{x}_2=\boldsymbol{y}_2+\boldsymbol{z}_2$. したがって，$c_1\boldsymbol{x}_1+c_2\boldsymbol{x}_2=(c_1\boldsymbol{y}_1+c_2\boldsymbol{y}_2)+(c_1\boldsymbol{z}_1+c_2\boldsymbol{z}_2)$. ところが，$\boldsymbol{y}_1, \boldsymbol{y}_2 \in U$ なので $c_1\boldsymbol{y}_1+c_2\boldsymbol{y}_2 \in U$; $\boldsymbol{z}_1, \boldsymbol{z}_2 \in W$ なので $c_1\boldsymbol{z}_1+c_2\boldsymbol{z}_2 \in W$. よって直和分解の一意性により $c_1\boldsymbol{y}_1+c_2\boldsymbol{y}_2=\boldsymbol{P}(c_1\boldsymbol{x}_1+c_2\boldsymbol{x}_2)$. これに $\boldsymbol{y}_1=\boldsymbol{P}(\boldsymbol{x}_1)$, $\boldsymbol{y}_2=\boldsymbol{P}(\boldsymbol{x}_2)$ を代入すれば $c_1\boldsymbol{P}(\boldsymbol{x}_1)+c_2\boldsymbol{P}(\boldsymbol{x}_2)=\boldsymbol{P}(c_1\boldsymbol{x}_1+c_2\boldsymbol{x}_2)$ となる．

例 2.3 対角成分が 1 と 0 だけからなる対角行列

$$P=\begin{bmatrix} \overbrace{1 \quad \ddots \quad 1}^{r} & & & O \\ & & 0 & \\ O & & & \ddots \quad 0 \end{bmatrix}$$

は射影行列の最も簡単な場合である．$P[x_1, \cdots, x_n]^T=[x_1, \cdots, x_r, 0, \cdots, 0]^T$ であるから，この P は数ベクトル $[x_1, \cdots, x_n]^T$ の成分 $x_{r+1}, \cdots, x_n$ を 0 でおきかえる操作を表わしている．▌

例 2.4 数ベクトル空間 K^n において，任意の基底 $\boldsymbol{u}_1, \cdots, \boldsymbol{u}_r$, $\boldsymbol{u}_{r+1}, \cdots, \boldsymbol{u}_n$ を一つ定めるとき，$L(\boldsymbol{u}_{r+1}, \cdots, \boldsymbol{u}_n)$ に沿っての $L(\boldsymbol{u}_1, \cdots, \boldsymbol{u}_r)$ への射影子 P の具体的な形を求めてみよう．n 個の列ベクトル $\boldsymbol{u}_1, \cdots, \boldsymbol{u}_n$ からなる n 次の正方行列を U とすると，$\{\boldsymbol{u}_1, \cdots, \boldsymbol{u}_n\}$ は一次独立であるから定理 1.8 と定理 1.10 により U は正則である．そこで，U^{-1} の第 i 列ベクトルを $\boldsymbol{v}_i\,(i=1, \cdots, n)$ として $P=\boldsymbol{u}_1\boldsymbol{v}_1{}^T+\cdots+\boldsymbol{u}_r\boldsymbol{v}_r{}^T$ とおけば，$\boldsymbol{v}_i{}^T\boldsymbol{u}_j=0\,(i\neq j), =1\,(i=j)$ であるので，任意の $\boldsymbol{x}=x_1\boldsymbol{u}_1+\cdots+x_n\boldsymbol{u}_n \in K^n$ に対して $P\boldsymbol{x}=x_1\boldsymbol{u}_1+\cdots+x_r\boldsymbol{u}_r$ となり，P は $L(\boldsymbol{u}_{r+1}, \cdots, \boldsymbol{u}_n)$ に沿っての $L(\boldsymbol{u}_1, \cdots, \boldsymbol{u}_r)$ への射影を表わしていることがわかる．▌

定理 2.7 V_n の中の一次変換 $\boldsymbol{P}$ が射影子であるための必要十分条件は，$\boldsymbol{P}^2=\boldsymbol{P}$ となることである．このとき，$\boldsymbol{P}$ は $\mathrm{Ker}\,\boldsymbol{P}$ に沿っての $\mathrm{Im}\,\boldsymbol{P}$ への射影子である．

証 $\boldsymbol{P}$ が射影子ならば $\boldsymbol{P}^2=\boldsymbol{P}$ が成立することはすでに示した．逆に，$\boldsymbol{P}^2=\boldsymbol{P}$ であれば，$\boldsymbol{P}$ は $W=\mathrm{Ker}\,\boldsymbol{P}$ に沿っての $U=\mathrm{Im}\,\boldsymbol{P}$ への射影子であることを示そう．任意の $\boldsymbol{x}\in U\cap W$ を考えると，$\boldsymbol{x}\in U$ であることから $\boldsymbol{x}=\boldsymbol{P}(\boldsymbol{y})$ となる $\boldsymbol{y}\in V_n$ が存在し，$\boldsymbol{x}\in W$ であることから $\boldsymbol{o}=\boldsymbol{P}(\boldsymbol{x})$．そこで，$\boldsymbol{o}=\boldsymbol{P}(\boldsymbol{P}(\boldsymbol{y}))=\boldsymbol{P}^2(\boldsymbol{y})=\boldsymbol{P}(\boldsymbol{y})=\boldsymbol{x}$．すなわち，$\boldsymbol{x}=\boldsymbol{o}$，ゆえに，$U\cap W=\{\boldsymbol{o}\}$．ところで，定理 2.3 により $\dim U+\dim W=n$ であるが，定理 1.16 と $U\cap W=\{\boldsymbol{o}\}$ によって，$\dim(U+W)=n$ すなわち $V_n=U+W$．ゆえに，定理 1.18 により $V_n=U\oplus W$．したがって，任意の $\boldsymbol{x}\in V_n$ は $\boldsymbol{x}=\boldsymbol{y}+\boldsymbol{z}$ ($\boldsymbol{y}\in U$, $\boldsymbol{z}\in W$) と一意的に分解される．いま $\boldsymbol{x}=\boldsymbol{y}+\boldsymbol{z}$ の両辺に $\boldsymbol{P}$ を施した $\boldsymbol{P}(\boldsymbol{x})=\boldsymbol{P}(\boldsymbol{y})+\boldsymbol{P}(\boldsymbol{z})$ において，$\boldsymbol{P}(\boldsymbol{z})=\boldsymbol{o}$ であり ($W=\mathrm{Ker}\,\boldsymbol{P}$ だから) かつ $\boldsymbol{y}=\boldsymbol{P}(\boldsymbol{y}_0)$ なる $\boldsymbol{y}_0\in V_n$ が存在すること ($U=\mathrm{Im}\,\boldsymbol{P}$ だから) を用いれば，$\boldsymbol{P}(\boldsymbol{x})=\boldsymbol{P}^2(\boldsymbol{y}_0)=\boldsymbol{P}(\boldsymbol{y}_0)=\boldsymbol{y}$ となる．すなわち，$\boldsymbol{P}$ は W に沿っての U への射影子である．▌

定理 2.8 n 次元ベクトル空間 V_n の直和分解

$$V_n = U_1\oplus\cdots\oplus U_s \tag{2.24}$$

が与えられたとき，$W_i=U_1\oplus\cdots\oplus U_{i-1}\oplus U_{i+1}\oplus\cdots\oplus U_s$ に沿っての U_i への射影子を $\boldsymbol{P}_i$ と書けば

$$\boldsymbol{E} = \boldsymbol{P}_1+\cdots+\boldsymbol{P}_s, \tag{2.25}$$

$$\boldsymbol{P}_j\boldsymbol{P}_i = \boldsymbol{O} \qquad (i\neq j) \tag{2.26}$$

である ($\boldsymbol{E}$ は恒等変換，$\boldsymbol{O}$ は零変換)．逆に，一次変換 $\boldsymbol{P}_1,\cdots,\boldsymbol{P}_s$ が (2.25) と (2.26) を満足するならば，$U_i=\mathrm{Im}\,\boldsymbol{P}_i$ とおけば (2.24) が成り立ち，$\boldsymbol{P}_i$ は W_i に沿っての U_i への射影子である．

証 (前半) (2.24) により，任意の $\boldsymbol{x}\in V_n$ は $\boldsymbol{x}=\boldsymbol{x}_1+\cdots+\boldsymbol{x}_s$ ($\boldsymbol{x}_i\in U_i$) と分解される．$\boldsymbol{x}_i=\boldsymbol{P}_i(\boldsymbol{x})$ なる変換 $\boldsymbol{P}_i$ は定義により $W_i=U_1\oplus\cdots\oplus U_{i-1}\oplus U_{i+1}\oplus\cdots\oplus U_s$ に沿っての U_i への射影子である．$\boldsymbol{x}=\boldsymbol{x}_1+\cdots+\boldsymbol{x}_s=\boldsymbol{P}_1(\boldsymbol{x})+\cdots+\boldsymbol{P}_s(\boldsymbol{x})$ ($\forall\boldsymbol{x}\in V_n$) は (2.25) を意味している．さらに，任意の $\boldsymbol{x}\in V_n$ に対して $\boldsymbol{P}_i(\boldsymbol{x})\in U_i$ であるから，$\boldsymbol{P}_i(\boldsymbol{x})=\boldsymbol{y}_1+\cdots+\boldsymbol{y}_s$ ($\boldsymbol{y}_i\in U_i$) と表わしたとき，$\boldsymbol{y}_j=\boldsymbol{o}$ ($j\neq i$)，すなわち，$\boldsymbol{P}_j\boldsymbol{P}_i(\boldsymbol{x})=\boldsymbol{o}$ ($\forall\boldsymbol{x}\in V_n$)．したがって，(2.26) が成り立つ．

(後半) 逆に，$\boldsymbol{P}_1,\cdots,\boldsymbol{P}_s$ が (2.25), (2.26) を満足するとする．(2.25) の両辺に $\boldsymbol{P}_i$ を掛けて (2.26) を用いれば $\boldsymbol{P}_i{}^2=\boldsymbol{P}_i$．ゆえに，$\boldsymbol{P}_i$ は射影子である．$U_i=\mathrm{Im}\,\boldsymbol{P}_i$ とおけば，(2.25) により任意の $\boldsymbol{x}\in V_n$ に対して $\boldsymbol{x}=\boldsymbol{P}_1(\boldsymbol{x})+\cdots+\boldsymbol{P}_s(\boldsymbol{x})$

であるから $V_n=U_1+\cdots+U_s$. そこで，$\boldsymbol{o}=\boldsymbol{x}_1+\cdots+\boldsymbol{x}_s\ (\boldsymbol{x}_i\in U_i)$ として両辺に $\boldsymbol{P}_j$ を施せば $\boldsymbol{o}=\boldsymbol{P}_j(\boldsymbol{x}_1)+\cdots+\boldsymbol{P}_j(\boldsymbol{x}_s)$. ところが，$\boldsymbol{x}_i\in U_i=\mathrm{Im}\,\boldsymbol{P}_i$ であるので，ある $\boldsymbol{y}_i\in V_n$ に対して $\boldsymbol{x}_i=\boldsymbol{P}_i(\boldsymbol{y}_i)$. ゆえに，(2.26)により $\boldsymbol{o}=\boldsymbol{P}_j\boldsymbol{P}_1(\boldsymbol{y}_1)+\cdots+\boldsymbol{P}_j\boldsymbol{P}_s(\boldsymbol{y}_s)=\boldsymbol{P}_j\boldsymbol{P}_j(\boldsymbol{y}_j)=\boldsymbol{P}_j(\boldsymbol{y}_j)=\boldsymbol{x}_j$ すなわち，$\boldsymbol{x}_1=\cdots=\boldsymbol{x}_s=\boldsymbol{o}$. したがって定理1.17により $U_1+\cdots+U_s$ は直和. ▮

§2.5 固有値と固有ベクトル

n 次元ベクトル空間 V_n の中の一次変換 $\boldsymbol{A}$ に対して，方程式

$$\boldsymbol{A}(\boldsymbol{x})=\lambda\boldsymbol{x} \tag{2.27}$$

を満たすような数 λ とベクトル $\boldsymbol{x}\,(\neq\boldsymbol{o})$ が存存するとき，λ を $\boldsymbol{A}$ の**固有値**といい，$\boldsymbol{x}$ を固有値 λ に属する**固有ベクトル**という. $\boldsymbol{A}$ の線形性から，$\boldsymbol{x}$ が λ に属する固有ベクトルなら $c\boldsymbol{x}\,(c\neq0)$ も λ に属する固有ベクトルである.

(2.27)を恒等変換 $\boldsymbol{E}$ を用いて

$$(\boldsymbol{A}-\lambda\boldsymbol{E})(\boldsymbol{x})=\boldsymbol{o}$$

と書きかえるとわかるように，λ が $\boldsymbol{A}$ の固有値であるための必要十分条件は $\mathrm{rank}\,(\boldsymbol{A}-\lambda\boldsymbol{E})<n$, すなわち，$\mathrm{Ker}\,(\boldsymbol{A}-\lambda\boldsymbol{E})\neq\{\boldsymbol{o}\}$ である.

V_n の中に基底を一つ定めて方程式(2.27)を成分で書けば

$$A\begin{bmatrix}x_1\\ \vdots\\ x_n\end{bmatrix}=\lambda\begin{bmatrix}x_1\\ \vdots\\ x_n\end{bmatrix} \tag{2.28}$$

となる. ただし，$A=[a_{ij}]$ は $\boldsymbol{A}$ を表現する n 次の正方行列，$x_1,\cdots,x_n$ は $\boldsymbol{x}$ の成分である. (このとき，条件 $\boldsymbol{x}\neq\boldsymbol{o}$ は「$x_1=\cdots=x_n=0$ ではない」ということになる.) 方程式(2.28)は数ベクトル空間 K^n における固有値 λ と固有ベクトル $[x_1,\cdots,x_n]^T$ の定義式である. これを"行列 A"の固有値と固有ベクトルと呼ぶことも多い.

一次変換 $\boldsymbol{A}$ の固有値と固有ベクトルを求めるためには，$\boldsymbol{A}$ の表現行列 A によってつくられる方程式(2.28)を解けばよい. そこで，(2.28)を

$$(A-\lambda E)\begin{bmatrix}x_1\\ \vdots\\ x_n\end{bmatrix}=\begin{bmatrix}0\\ \vdots\\ 0\end{bmatrix} \tag{2.29}$$

と書きかえて，$x_1,\cdots,x_n$ に関する連立一次方程式とみれば，これが自明な解

$x_1=\cdots=x_n=0$ 以外の解をもつための必要十分条件は，定理1.8，定理2.6と例2.1によって，$\varphi_A(\lambda)\equiv\det(A-\lambda E)=0$，すなわち

$$\varphi_A(\lambda)\equiv\begin{vmatrix} a_{11}-\lambda & a_{12} & \cdots & a_{1n} \\ a_{21} & a_{22}-\lambda & \cdots & a_{2n} \\ \vdots & \vdots & \ddots & \vdots \\ a_{n1} & a_{n2} & \cdots & a_{nn}-\lambda \end{vmatrix}=0 \tag{2.30}$$

と書かれる．(2.30)は行列 A の固有値 λ が満足すべき方程式で A の**特性方程式**とよばれ，$\varphi_A(\lambda)$ は A の**特性多項式**とよばれる．(式(2.30)を定義にしたがって直接展開することによって $\varphi_A(\lambda)$ が λ の n 次の多項式であることが確かめられる．)

一般に n 次の代数方程式の根は n 個(重根は重複して数える)あるので，n 次の正方行列 A の固有値は n 個あることになる．それらを $\lambda_1,\cdots,\lambda_n$ とする．固有値 λ_i が $\varphi_A(\lambda)=0$ の k_i 重根であるとき，k_i を固有値 λ_i の**重複度**という．

固有値 λ 値が求まると，λ に属する固有ベクトルは連立一次方程式(2.29)を解くことによって求められる．

例 2.5 零変換のすべての固有値は0であり，単位変換のすべての固有値は1である．▌

例 2.6 三角行列

$$A=\begin{bmatrix} a_{11} & a_{12} & \cdots & a_{1n} \\ & a_{22} & \cdots & a_{2n} \\ & & \ddots & \vdots \\ O & & & a_{nn} \end{bmatrix}$$

に対しては，$\varphi_A(\lambda)=(a_{11}-\lambda)(a_{22}-\lambda)\cdots(a_{nn}-\lambda)$ であるから固有値は $a_{11},a_{22},\cdots,a_{nn}$ である．▌

例 2.7 行列 A の固有値が $\lambda_1,\cdots,\lambda_n$ なら，転置 A^T の固有値も $\lambda_1,\cdots,\lambda_n$ であり，複素共役 $\bar{A}$ の固有値は $\bar{\lambda}_1,\cdots,\bar{\lambda}_n$ である．実際，$\varphi_{A^T}(\lambda)=\det(A^T-\lambda E)=\det(A-\lambda E)^T=\det(A-\lambda E)=\varphi_A(\lambda)$，$\varphi_{\bar{A}}(\lambda)=\det(\bar{A}-\lambda E)=\overline{\varphi_A(\bar{\lambda})}$．また，$A$ が正則なら，固有値0をもたない(もつとすると定理1.8に反する)．さらに，A^{-1} の固有値は $\lambda_1{}^{-1},\cdots,\lambda_n{}^{-1}$ である．実際，$\varphi_{A^{-1}}(\lambda)=\det(A^{-1}-\lambda E)=\det[(-\lambda A^{-1})(-\lambda^{-1}E+A)]=(-\lambda)^n\cdot\det A^{-1}\cdot\det(A-\lambda^{-1}E)=(-\lambda)^n(\det A)^{-1}\varphi_A(\lambda^{-1})$.

エルミート行列および対称な実数行列の固有値はすべて実数であり，ユニタリ行列および直交行列の固有値はすべて絶対値が1の複素数である．実際，A

の固有値を λ, λ に属する固有ベクトルを $\boldsymbol{x}\neq\boldsymbol{o}$ とすると, $A^*=A$ なら $\boldsymbol{x}^*A^*\boldsymbol{x}=(A\boldsymbol{x})^*\boldsymbol{x}=\bar{\lambda}\boldsymbol{x}^*\boldsymbol{x}$, $\boldsymbol{x}^*A^*\boldsymbol{x}=\boldsymbol{x}^*A\boldsymbol{x}=\lambda\boldsymbol{x}^*\boldsymbol{x}$. ゆえに, $\bar{\lambda}\boldsymbol{x}^*\boldsymbol{x}=\lambda\boldsymbol{x}^*\boldsymbol{x}$. $\boldsymbol{x}^*\boldsymbol{x}\neq\boldsymbol{o}$ であるから $\bar{\lambda}=\lambda$. また, $A^*A=E$ なら, $\boldsymbol{x}^*\boldsymbol{x}=\boldsymbol{x}^*A^*A\boldsymbol{x}=(A\boldsymbol{x})^*(A\boldsymbol{x})=\bar{\lambda}\lambda\boldsymbol{x}^*\boldsymbol{x}$. ゆえに, $\boldsymbol{x}^*\boldsymbol{x}\neq 0$ により $\bar{\lambda}\lambda=1$. ▌

例 2.8 ブロック対角行列 $A=A_1\oplus A_2$ (A_1 は r 次, A_2 は $n-r$ 次) を考えると, $A-\lambda E=(A_1-\lambda E_1)\oplus(A-\lambda E_2)$ である (E_1, E_2 はそれぞれ r 次, $n-r$ 次の単位行列). したがって, $\varphi_A(\lambda)=\varphi_{A_1}(\lambda)\cdot\varphi_{A_2}(\lambda)$. ▌

定理 2.9 行列 A の特性多項式と相似変換 $S^{-1}AS$ の特性多項式は一致する. したがって, 両者の固有値は一致する.

証 $\varphi_{S^{-1}AS}(\lambda)=\det(S^{-1}AS-\lambda E)=\det(S^{-1}(A-\lambda E)S)=\det S^{-1}\cdot\det(A-\lambda E)\cdot\det S=\det(A-\lambda E)\cdot(\det S^{-1}\cdot\det S)=\det(A-\lambda E)=\varphi_A(\lambda)$. ▌

例 2.9 行列 A の特性多項式 $\varphi_A(\lambda)$ を固有値 $\lambda_1,\cdots,\lambda_n$ を用いて表わせば

$$\varphi_A(\lambda)=(\lambda_1-\lambda)(\lambda_2-\lambda)\cdots(\lambda_n-\lambda) \tag{2.31}$$

となる. そこで, $\lambda=0$ とおけば $\varphi_A(0)=\lambda_1\lambda_2\cdots\lambda_n$. $\varphi_A(0)=\det A$ であるから,

1) $\det A=\lambda_1\lambda_2\cdots\lambda_n$

を得る. ゆえに「A が正則であるためには, A が固有値 0 をもたないことが必要十分である.」

(2.31) の両辺における λ^{n-1} の係数を計算してみると, 右辺からは $(-1)^{n-1}(\lambda_1+\cdots+\lambda_n)$, 左辺からは (2.30) を直接計算して $(-1)^{n-1}(a_{11}+\cdots+a_{nn})$ を得る. したがって,

2) $\mathrm{tr}\,A=\lambda_1+\cdots+\lambda_n$

を得る. よって, $\det A$ も $\mathrm{tr}\,A$ も相似変換によって不変である.

一般に, A の第 $p_1,\cdots,p_r$ 行, 第 $p_1,\cdots,p_r$ 列からなる小行列式(**主座小行列式**という)を $\Delta_{p_1\cdots p_r}$ と記すと,

3) $\sum_{p_1,\cdots,p_r}\Delta_{p_1\cdots p_r}=$ ($\lambda_1,\cdots\lambda_n$ の r 次の基本対称式)

となる. ここで $\sum_{p_1,\cdots,p_r}$ は $\{1,\cdots,n\}$ から r 個を選ぶすべての組合せにわたる. ▌

定理 2.10 互いに異なる固有値に属する固有ベクトルは一次独立である.

証 $\lambda_1,\cdots,\lambda_s$ を一次変換 $\boldsymbol{A}$ の互いに異なる固有値, $\boldsymbol{x}_1,\cdots,\boldsymbol{x}_s$ をそれぞれに

属する固有ベクトルとする．一般性を失わずに，$\boldsymbol{x}_1, \cdots, \boldsymbol{x}_s$ のうちで一次独立なベクトルの最大個数の組を $\{\boldsymbol{x}_1, \cdots, \boldsymbol{x}_r\}$ とする $(r \leqq s)$．もし $r<s$ であったとすると，$\boldsymbol{x}_{r+1}$ は $\boldsymbol{x}_1, \cdots, \boldsymbol{x}_r$ に一次従属であるから

$$\boldsymbol{x}_{r+1} = c_1\boldsymbol{x}_1 + \cdots + c_r\boldsymbol{x}_r. \tag{2.32}$$

両辺に $\boldsymbol{A}$ を施して，

$$\lambda_{r+1}\boldsymbol{x}_{r+1} = c_1\lambda_1\boldsymbol{x}_1 + \cdots + c_r\lambda_r\boldsymbol{x}_r. \tag{2.33}$$

(2.32) に λ_{r+1} を掛けて (2.33) から引いて，

$$\boldsymbol{o} = (\lambda_1 - \lambda_{r+1})c_1\boldsymbol{x}_1 + \cdots + (\lambda_r - \lambda_{r+1})c_r\boldsymbol{x}_r.$$

$\{\boldsymbol{x}_1, \cdots, \boldsymbol{x}_r\}$ の一次独立性から，$(\lambda_1-\lambda_{r+1})c_1=0, \cdots, (\lambda_r-\lambda_{r+1})c_r=0$．$\lambda_1-\lambda_{r+1} \neq 0, \cdots, \lambda_r-\lambda_{r+1} \neq 0$ であるので $c_1=\cdots=c_r=0$．(2.32) より $\boldsymbol{x}_{r+1}=\boldsymbol{o}$．これは $\boldsymbol{x}_{r+1}$ が固有ベクトルであることに反する． ▌

一次変換 $\boldsymbol{A}: V_n \to V_n$ のある固有値 λ に属する固有ベクトルの全体と零ベクトル $\boldsymbol{o}$ をあわせたものは一つのベクトル空間をなすので，これを $\boldsymbol{A}$ の固有値 λ に属する**固有ベクトル空間**とよぶ．

$\boldsymbol{A}$ のすべての異なる固有値を $\lambda_1, \cdots, \lambda_s$ とすれば，定理 2.10 によりそれらに属する固有ベクトル空間 $U_1, \cdots, U_s$ の和は直和である．この直和は必ずしも全空間 V_n に一致するわけではない．しかし，固有ベクトル空間の概念を少し一般化することによって，直和が全空間 V_n に一致するようにすることができる．これについては §2.8 で述べる．

§2.6 一次変換と不変部分空間

ベクトル空間 V_n の中の一次変換 $\boldsymbol{A}$ に対して，V_n の部分空間 U が

$$\boldsymbol{A}(U) \subseteq U$$

という性質をもつとき，すなわち，U の任意のベクトル $\boldsymbol{x}$ に対して $\boldsymbol{A}(\boldsymbol{x}) \in U$ であるとき，U は $\boldsymbol{A}$ に関して**不変**であるといわれる．明らかに，全空間 V_n と $\{\boldsymbol{o}\}$ はすべての一次変換に対して不変である．また，$f(x)$ を x の任意の多項式としたとき $f(\boldsymbol{A})(\boldsymbol{x})=\boldsymbol{o}$ なる $\boldsymbol{x} \in V_n$ の全体 V_f，すなわち $V_f=\{\boldsymbol{x} \in V_n \mid f(\boldsymbol{A})(\boldsymbol{x})=\boldsymbol{o}\}$，は V_n の部分空間をなすが，V_f は $\boldsymbol{A}$ に関して不変である．実際，$\boldsymbol{x} \in V_f$ であれば $f(\boldsymbol{A})(\boldsymbol{A}(\boldsymbol{x}))=(f(\boldsymbol{A})\boldsymbol{A})(\boldsymbol{x})=(\boldsymbol{A}f(\boldsymbol{A}))(\boldsymbol{x})=\boldsymbol{A}(f(\boldsymbol{A})(\boldsymbol{x}))=\boldsymbol{A}(\boldsymbol{o})$

$=\boldsymbol{o}$，すなわち $\boldsymbol{A}(\boldsymbol{x})\in V_f$ となるからである．とくに，$\boldsymbol{A}$ の固有値 λ_i に対して $f(x)=x-\lambda_i$ とおけば，$\boldsymbol{A}$ の固有ベクトル空間が $\boldsymbol{A}$ に関して不変であることがわかる．

重要な不変部分空間の例として“巡回部分空間”がある．あるベクトル $\boldsymbol{a}\in V_n$ に対してベクトルの系列 $\boldsymbol{a}, \boldsymbol{A}(\boldsymbol{a}), \boldsymbol{A}^2(\boldsymbol{a}), \cdots$ が定められるが，$\boldsymbol{a}$ に対してある自然数 p が存在し，$\{\boldsymbol{a}, \boldsymbol{A}(\boldsymbol{a}), \cdots, \boldsymbol{A}^{p-1}(\boldsymbol{a})\}$ は一次独立であって $\{\boldsymbol{a}, \boldsymbol{A}(\boldsymbol{a}), \cdots, \boldsymbol{A}^{p-1}(\boldsymbol{a}), \boldsymbol{A}^p(\boldsymbol{a})\}$ は一次従属であるというようになる．このとき，$\boldsymbol{a}, \boldsymbol{A}(\boldsymbol{a}), \cdots, \boldsymbol{A}^{p-1}(\boldsymbol{a})$ が張る p 次元の部分空間 $C(\boldsymbol{a})\equiv L(\boldsymbol{a}, \boldsymbol{A}(\boldsymbol{a}), \cdots, \boldsymbol{A}^{p-1}(\boldsymbol{a}))$ を $\boldsymbol{a}$ によって生成される**巡回部分空間**という．$C(\boldsymbol{a})$ は $\boldsymbol{A}$ に関して不変である．実際，$\boldsymbol{y}=c_0\boldsymbol{a}+c_1\boldsymbol{A}(\boldsymbol{a})+\cdots+c_{p-1}\boldsymbol{A}^{p-1}(\boldsymbol{a})\,(\in C(\boldsymbol{a}))$ に $\boldsymbol{A}$ を施すと，$\boldsymbol{A}(\boldsymbol{y})=c_0\boldsymbol{A}(\boldsymbol{a})+c_1\boldsymbol{A}^2(\boldsymbol{a})+\cdots+c_{p-1}\boldsymbol{A}^p(\boldsymbol{a})$ となるが，$\boldsymbol{A}^p(\boldsymbol{a})$ が p の定義により $\{\boldsymbol{a}, \boldsymbol{A}(\boldsymbol{a}), \cdots, \boldsymbol{A}^{p-1}(\boldsymbol{a})\}$ に一次従属であるので，$\boldsymbol{A}(\boldsymbol{y})\in C(\boldsymbol{a})$ となる．$C(\boldsymbol{a})$ の作り方から，$C(\boldsymbol{a})$ は $\boldsymbol{a}$ を含む“最小”の不変部分空間であることがわかる．

定理 2.11　二つの不変部分空間 U, W の共通部分 $U\cap W$ および和 $U+W$ はいずれもまた一つの不変部分空間である．

証　$\boldsymbol{x}\in U\cap W$ ならば $\boldsymbol{A}(\boldsymbol{x})\in U$，$\boldsymbol{A}(\boldsymbol{x})\in W$．ゆえに $\boldsymbol{A}(\boldsymbol{x})\in U\cap W$．また，$\boldsymbol{z}=\boldsymbol{x}+\boldsymbol{y}\,(\boldsymbol{x}\in U, \boldsymbol{y}\in W)$ ならば $\boldsymbol{A}(\boldsymbol{z})=\boldsymbol{A}(\boldsymbol{x})+\boldsymbol{A}(\boldsymbol{y})$ であるが，$\boldsymbol{A}(\boldsymbol{x})\in U$，$\boldsymbol{A}(\boldsymbol{y})\in W$ により $\boldsymbol{A}(\boldsymbol{z})\in U+W$．▌

n 次元ベクトル空間 V_n が $\boldsymbol{A}$ に関して不変な二つの部分空間 U_1, U_2 の直和 $V_n=U_1\oplus U_2$ に分解されているとする．このとき，$\dim U_1=r$，$\dim U_2=n-r$ として U_1, U_2 の中にそれぞれ任意に基底 $B_1=\{\boldsymbol{u}_1, \cdots, \boldsymbol{u}_r\}$，$B_2=\{\boldsymbol{u}_{r+1}, \cdots, \boldsymbol{u}_n\}$ を選ぶと，$B_1\cup B_2$ は V_n の基底になる(例 1.13)．U_1, U_2 の不変性から $\boldsymbol{A}(\boldsymbol{u}_i)$ $(i=1, \cdots, r)$ と $\boldsymbol{A}(\boldsymbol{u}_j)$ $(j=r+1, \cdots, n)$ はそれぞれ B_1, B_2 の一次結合で表わされるはずである．このことを，V_n の基底 $B_1\cup B_2$ に関する $\boldsymbol{A}$ の表現行列(2.9)を用いて表わすと，

$$[\boldsymbol{A}(\boldsymbol{u}_1), \cdots, \boldsymbol{A}(\boldsymbol{u}_n)] = [\boldsymbol{u}_1, \cdots, \boldsymbol{u}_n]\left[\begin{array}{c:c} A_1 & O_{r,n-r} \\ \hdashline O_{n-r,r} & A_2 \end{array}\right] \qquad (2.34)$$

となる．ただし，A_1, A_2 はそれぞれ r 次，$n-r$ 次の正方行列，$O_{r,n-r}$，$O_{n-r,r}$ は零行列である．

定理 2.12 V_n が $\boldsymbol{A}$ に関する不変部分空間 U_1(r 次元), U_2($n-r$ 次元)の直和であるとき, U_1, U_2 の基底 B_1, B_2 をあわせた $B=B_1\cup B_2$ を V_n の基底として選べば, B に関する $\boldsymbol{A}$ の表現行列 A はブロック対角行列

$$A = \begin{array}{c} r \\ n-r \end{array}\left[\begin{array}{c:c} A_1 & O \\ \hdashline O & A_2 \end{array}\right] \tag{2.35}$$

である. 逆に, $\boldsymbol{A}$ の表現行列 A がある基底 $B=\{\boldsymbol{u}_1, \cdots, \boldsymbol{u}_n\}$ に関して(2.35)の形になれば, $B_1=\{\boldsymbol{u}_1, \cdots, \boldsymbol{u}_r\}$, $B_2=\{\boldsymbol{u}_{r+1}, \cdots, \boldsymbol{u}_n\}$ が張る部分空間 $U_1=L(B_1)$, $U_2=L(B_2)$ は $\boldsymbol{A}$ に関して不変であり, V_n は U_1 と U_2 の直和である. ▌

注意 2.5 U を $\boldsymbol{A}: V_n\to V_n$ に関する V_n の不変部分空間とすると, $\boldsymbol{A}(U)\subseteq U$ であるから $\boldsymbol{A}$ の定義域をUに制限することによって, Uの中の一次変換 $\boldsymbol{A}_U: U\to U$ を考えることができる. $\boldsymbol{A}_U$ を $\boldsymbol{A}$ からUの上に**誘導された一次変換**という. $\boldsymbol{A}_1, \boldsymbol{A}_2$ をそれぞれ定理 2.12 における不変部分空間 U_1, U_2 上に $\boldsymbol{A}$ から誘導された一次変換とすると, (2.35)の A_1, A_2 はそれぞれ(基底 B_1, B_2 に関する) $\boldsymbol{A}_1, \boldsymbol{A}_2$ の表現行列にほかならない. このとき, 例 1.6 により $\varphi_A(\lambda)=\varphi_{A_1}(\lambda)\cdot\varphi_{A_2}(\lambda)$ である.

§2.7 最小多項式と最小消去多項式

一次変換 $\boldsymbol{A}: V_n\to V_n$ に対して $f(\boldsymbol{A})=\boldsymbol{O}$(零変換)となるような多項式 $f(x)$ の性質について考えてみよう.

$f(x)$ を x の多項式とするとき, ある数 a に対して $f(a)=0$ となるための必要十分条件は, $f(x)$ が 1 次因子 $x-a$ をもつ, すなわち, ある多項式 $g(x)$ を用いて $f(x)=(x-a)g(x)$ と表わされることであるが, これに対応して次の定理が成立する.

定理 2.13 $f(x)$ を x の多項式とする. 正方行列 A に対して $f(A)=O$(零行列)となるための必要十分条件は, 各成分が x の多項式である行列 $G(x)$ を用いて

$$f(x)E = (xE-A)G(x) \tag{2.36}$$

と表わされることである.

証 2変数の因数定理によって $f(x)-f(y)=(x-y)g(x, y)$ と書ける. ただ

し，$g(x,y)$ は2変数 x,y の多項式である．この式の x,y にそれぞれ xE,A を代入し $f(xE)=f(x)E$ であることに注意すれば，

$$f(x)E-f(A)=(xE-A)g(xE,A). \tag{2.37}$$

まず，$f(A)=O$ であれば，$f(x)E=(xE-A)g(xE,A)$ である．$g(xE,A)$ は x の多項式を成分とする行列であるから(2.36)の形が得られる．

逆に，(2.36)を仮定すると，(2.37)により

$$\begin{aligned}f(A)&=f(x)E-(xE-A)g(xE,A)\\&=(xE-A)(G(x)-g(xE,A))\end{aligned}$$

となる．ここで $G(x)-g(xE,A)=C_0x^m+C_1x^{m-1}+\cdots+C_m$ (C_i は x を含まない定数行列)とおけば

$$f(A)=C_0x^{m+1}+(-AC_0+C_1)x^m+\cdots+(-AC_{m-1}+C_m)x-AC_m.$$

左辺は x を含まないから，x^i の係数がみな零行列でなければならない ($i\geqq 1$)．ゆえに $C_0=O,\ -AC_0+C_1=O,\cdots,\ -AC_{m-1}+C_m=O$．ゆえに，$C_0=C_1=\cdots=C_m=O$ で $f(A)=O$ が結論される．∎

定理2.13から直ちに次の定理が導かれる．

定理2.14 **(Cayley-Hamilton の定理)** 正方行列 A の特性多項式を $\varphi_A(x)$ とすれば，$\varphi_A(A)=O$ である．

証 式(1.17)から得られる恒等式 $(A-xE)\,\mathrm{adj}\,(A-xE)=\det(A-xE)\cdot E=\varphi_A(x)E$ において，$f(x)=\varphi_A(x)$，$G(x)=-\mathrm{adj}\,(A-xE)$ とおけば $(xE-A)G(x)=f(x)E$．ゆえに，定理2.13より $\varphi_A(A)=O$．∎

注意2.6 V_n の中の一次変換 $\boldsymbol{A}$ に対して，その表現行列 A の特性多項式 $\varphi_A(x)$ は，定理2.9により，V_n の基底のとり方によらない．そこで，$\varphi_A(x)$ を一次変換 $\boldsymbol{A}$ の特性多項式 $\varphi_{\boldsymbol{A}}(x)$ と定義することができる．定理2.4により $\varphi_A(A)=O$ と $\varphi_{\boldsymbol{A}}(\boldsymbol{A})=\boldsymbol{O}$ とが対応するので，定理2.14から"一次変換に対する Cayley-Hamilton の定理" $\varphi_{\boldsymbol{A}}(\boldsymbol{A})=\boldsymbol{O}$ を得る．

一次変換 $\boldsymbol{A}: V_n\to V_n$ に対して，$f(\boldsymbol{A})=\boldsymbol{O}$ となるような多項式 $f(x)$ は特性多項式 $\varphi_{\boldsymbol{A}}(x)$ だけではない．そこで，$f(\boldsymbol{A})=\boldsymbol{O}$ となるような最小次数の多項式

(最高次項の係数は1とすれば一意的に定まる)を $\boldsymbol{A}$ の**最小多項式**とよび $\psi_A(x)$ と書く. 正方行列 A に対しても同じように, 最小多項式 $\psi_A(x)$ が $f(A)=O$(零行列)となる最小次数の多項式として定義される.

定理 2.15 $f(x)$ を $f(\boldsymbol{A})=\boldsymbol{O}$ なる任意の多項式とすれば, $f(x)$ は $\boldsymbol{A}$ の最小多項式 $\psi_A(x)$ によって割り切れる.

証 $\psi_A(x)$ を m 次の多項式として, $f(x)$ を $\psi_A(x)$ で割ったときの商を $q(x)$, 余りを $r(x)$ とすれば

$$f(x) = q(x)\psi_A(x)+r(x).$$

ここで, $r(x)$ の次数は m より小である. この式の x に $\boldsymbol{A}$ を代入すれば, $f(\boldsymbol{A})=q(\boldsymbol{A})\psi_A(\boldsymbol{A})+r(\boldsymbol{A})=r(\boldsymbol{A})$. ゆえに, $r(\boldsymbol{A})=\boldsymbol{O}$. いま, $r(x)\equiv 0$ でないとすると, $\psi_A(x)$ が $\psi_A(\boldsymbol{A})=\boldsymbol{O}$ となる最小次数の多項式であることに反するので $r(x)\equiv 0$ である. ▌

注意 2.7 定理 2.4により, $\boldsymbol{A}\leftrightarrow A$ のとき $\psi_{\boldsymbol{A}}(x)=\psi_A(x)$ である. そこで, 行列の最小多項式は相似変換によって不変である: $\psi_{S^{-1}AS}(x)=\psi_A(x)$.

系 2.1 最小多項式 $\psi_A(x)$ は特性多項式 $\varphi_A(\boldsymbol{x})$ を割り切る.

系 2.2 一次変換 $\boldsymbol{A}$ の固有値 $\lambda_1,\cdots,\lambda_n$ がすべて異なるならば, $\boldsymbol{A}$ の最小多項式 $\psi_A(x)$ は特性多項式 $\varphi_A(x)$ に一致する(符号を除いて).

証 $\boldsymbol{A}\leftrightarrow A$ とする. 定理 2.13 において $f(x)=\psi_A(x)$ とおき(2.36)の両辺の行列式をとると,

$$[\psi_A(x)]^n = (-1)^n\varphi_A(x)\det G(x)$$

となる. ここで $x=\lambda_i$ とおけば $\varphi_A(\lambda_i)=0$ より $\psi_A(\lambda_i)=0$. すなわち $\psi_A(\lambda)$ は $\lambda-\lambda_i$ を因子にもつ. λ_i がみな異るから, $\psi_A(\lambda)$ は $(\lambda-\lambda_1)\cdots(\lambda-\lambda_n)=(-1)^n\varphi_A(\lambda)$ で割り切れる. 一方, $\psi_A(\lambda)$ は $\varphi_A(\lambda)$ を割り切る(系 2.1)から, 結局 $\psi_A(\lambda)=\psi_A(\lambda)$ $=(-1)^n\varphi_A(\lambda)$. ▌

注意 2.8 上の証明により明らかなように, 一般に $\boldsymbol{A}$ の固有値がすべて異ならない(多重固有値がある)場合にも, $\boldsymbol{A}$ の特性多項式を

$$\varphi_A(x) = (\lambda_1-x)^{h_1}(\lambda_2-x)^{h_2}\cdots(\lambda_s-x)^{h_s} \qquad (h_i\geq 1)$$

と1次因子の積に分解したとき，$\boldsymbol{A}$ の最少多項式 $\psi_A(x)$ は小なくとも $(\lambda_1-x)(\lambda_2-x)\cdots\cdots(\lambda_s-x)$ によって割り切れなければならない．したがって，$\boldsymbol{A}$ の最小多項式の零点には——重複度を別にすれば——すべての固有値が含まれている．

定理 2.16 n 次正方行列 A に対して，A の特性多項式を $\varphi_A(x)$，行列 $A-xE$ の $n-1$ 次の小行列式（x の多項式）の最大公約多項式（最高次数項の係数は 1 とする）を $d_{n-1}(x)$ とすれば，A の最小多項式 $\psi_A(x)$ は

$$\psi_A(x)=(-1)^n\varphi_A(x)/d_{n-1}(x) \tag{2.38}$$

で与えられる．

証 定義により，$d_{n-1}(x)$ は $\mathrm{adj}\,(A-xE)$ のすべての成分（x の多項式）の最大公約多項式であるから，x の多項式を成分とするある行列 $C(x)$ を用いて

$$\mathrm{adj}\,(A-xE)=d_{n-1}(x)C(x) \tag{2.39}$$

と書くことができる．$C(x)$ の成分の最大公約多項式は定数である．恒等式 $(A-xE)\,\mathrm{adj}\,(A-xE)=\varphi_A(x)E$ に (2.39) を代入すると，$d_{n-1}(x)(A-xE)C(x)=\varphi_A(x)E$．この式の両辺の成分（たとえばその $(1,1)$ 成分）を比較すれば $d_{n-1}(x)$ が $\varphi_A(x)$ を割り切る，すなわち $\varphi_A(x)=d_{n-1}(x)g(x)$ とおけることがわかる．ゆえに，

$$(A-xE)C(x)=g(x)E. \tag{2.40}$$

そこで，定理 2.13 から $g(A)=O$．したがって，定理 2.15 により，$g(x)=h(x)\psi_A(x)$ と書ける．再び定理 2.13 によって $\psi_A(x)E=(A-xE)G(x)$ であるので，$g(x)E=h(x)\psi_A(x)E=h(x)(A-xE)G(x)$．これと (2.40) を比較して $C(x)=h(x)G(x)$．一方，$C(x)$ の成分の最大公約多項式は定数であったから，$h(x)$ も定数 $a\,(\neq 0)$ でなければならない．よって，$\psi_A(x)=g(x)/a=(\varphi_A(x)/d_{n-1}(x))/a$．両辺の最高次項の係数を比較すれば，$a=(-1)^n$．▌

例 2.10 n 次の正方行列（この形の行列を**ジョルダン細胞**という）

$$A=\begin{bmatrix} a & 1 & & & O \\ & a & 1 & & \\ & & \ddots & \ddots & \\ & & & \ddots & 1 \\ O & & & & a \end{bmatrix}$$

の特性多項式 $\varphi_A(x)$ は明らかに $\varphi_A(x)=(-1)^n(x-a)^n$ である．

$A-xE$ の第1列と第 n 行を除いて作った $n-1$ 次の小行列は対角成分がすべて1の左下三角行列であるからその行列式の値は1である．ゆえに，$d_{n-1}(x)=1$．したがって，定理 2.16 により $\psi_A(x)=(x-a)^n$．▌

例 2.11 n 次の正方行列

$$A=\begin{bmatrix} 0 & 0 & \cdots\cdots & 0 & a_0 \\ 1 & 0 & \cdots\cdots & 0 & a_1 \\ & 1 & \ddots & \vdots & \vdots \\ & & \ddots & 0 & a_{n-2} \\ & O & & 1 & a_{n-1} \end{bmatrix}$$

を多項式 $f(x)=x^n-a_{n-1}x^{n-1}-\cdots-a_1x-a_0$ の**コンパニオン行列**という（ただし，$x-a_0$ のコンパニオン行列は1次の行列 $[a_0]$ であると約束する）．この行列 A に対して，$A-xE$ の第1行と第 n 列を除いて作った $n-1$ 次の小行列は対角成分がすべて1の右上三角行列であるから，その行列式は1である．ゆえに，$d_{n-1}(x)=1$．したがって，定理 2.16 により，$\psi_A(x)=(-1)^n\varphi_A(x)$ である．さらに，$\varphi_A(x)=\det(A-xE)$ を第 n 列に関して余因子展開すると，$a_i\,(0\leq i\leq n-1)$ の係数は

$$(-1)^{n+i+1}\left[\begin{array}{ccc:ccc} -x & & O & & & \\ 1 & \ddots & & & O & \\ O & 1 & -x & & & \\ \hdashline & & & 1 & -x & O \\ & O & & & \ddots & -x \\ & & & O & & 1 \end{array}\right]\begin{array}{l} \Big\updownarrow i \\ \Big\updownarrow n-i-1 \end{array} =(-1)^{n+1}x^i$$

となり，その他に $(-1)^nx^n$ という項が出るので，

$$\varphi_A(x)=(-1)^nf(x),\quad \text{ゆえに}\quad \psi_A(x)=f(x)$$

であることがわかる．▌

V_n の中の一次変換 $\boldsymbol{A}$ が与えられたとき，ベクトル $\boldsymbol{a}\in V_n$ に対して $f(\boldsymbol{A})(\boldsymbol{a})=\boldsymbol{o}$ を満足する多項式 $f(x)$ は $\boldsymbol{a}$ を**消去する**といわれる．$\boldsymbol{a}$ を消去する最小次数の多項式（最高次項の係数は1とする）を $\boldsymbol{a}$ の**最小消去多項式**という．

定理 2.17 $f(x)$ を $f(\boldsymbol{A})(\boldsymbol{a})=\boldsymbol{o}$ なる多項式とすれば，$f(x)$ は $\boldsymbol{a}$ の最小消去多項式によって割り切られる．また，V_n のすべてのベクトル $\boldsymbol{x}$ を消去する最小次数の多項式(最高次項の係数は1)は $\boldsymbol{A}$ の最小多項式 $\psi_A(x)$ に一致する．

証明 前半は定理 2.15 と同様．また，$f(x)$ が V_n のすべてのベクトル $\boldsymbol{x}$ を消去するということは $f(\boldsymbol{A})=O$ ということであるから，後半も明らか． ▌

注意 2.9 定理 2.17 から，任意のベクトル $\boldsymbol{a}$ に対して，その最小消去多項式は $\boldsymbol{A}$ の最小多項式を割り切ることがわかる．

与えられたベクトル $\boldsymbol{a}\in V_n$ の最小消去多項式 $f(x)$ は次のようにして定められる．まず，列 $\boldsymbol{a}, \boldsymbol{A}(\boldsymbol{a}), \boldsymbol{A}^2(\boldsymbol{a}), \cdots$ を作り，$\{\boldsymbol{a}, \boldsymbol{A}(\boldsymbol{a}), \cdots, \boldsymbol{A}^{p-1}(\boldsymbol{a})\}$ は一次独立であるが $\boldsymbol{A}^p(\boldsymbol{a})$ はそれに一次従属になるような p を求める($p\leqq n$ であることは明らか)．そして

$$\boldsymbol{A}^p(\boldsymbol{a}) = c_0\boldsymbol{a}+c_1\boldsymbol{A}(\boldsymbol{a})+\cdots+c_{p-1}\boldsymbol{A}^{p-1}(\boldsymbol{a})$$

となる $c_0, \cdots, c_{p-1}$ を定め，$f(x)=x^p-c_{p-1}x^{p-1}-\cdots-c_1x-c_0$ とおけば，$f(x)$ は $\boldsymbol{a}$ の最小消去多項式である．(なぜならば，$f(\boldsymbol{A})(\boldsymbol{a})=\boldsymbol{o}$ であることは明らかであり，逆に，q 次 $(q<p)$ の多項式 $g(x)$ に対して $g(\boldsymbol{A})(\boldsymbol{a})=\boldsymbol{o}$ になったとすると，$\{\boldsymbol{a}, \boldsymbol{A}(\boldsymbol{a}), \cdots, \boldsymbol{A}^q(\boldsymbol{a})\}$ が一次従属であることになってしまうからである．) また，この構成法は，「$\boldsymbol{a}$ の最小消去多項式の次数は $\boldsymbol{a}$ が生成する巡回部分空間 $C(\boldsymbol{a})$ の次元に等しい」ことも示している．

次の定理は不変部分空間の直和に関する最も基本的な定理の一つである．

定理 2.18 互いに素な多項式 $\theta_1(x), \cdots, \theta_s(x)$ の積を

$$\theta_0(x) = \theta_1(x)\theta_2(x)\cdots\theta_s(x)$$

とおく．各 $i=0,1,2,\cdots,s$ に対して，$\theta_i(x)$ が消去するベクトルの全体がなす不変部分空間を $V_i=\{\boldsymbol{x}\,|\,\theta_i(\boldsymbol{A})(\boldsymbol{x})=\boldsymbol{o}\}$ とすれば，

1) $V_0=V_1\oplus V_2\oplus\cdots\oplus V_s$；

2) $\boldsymbol{x}_1\in V_1, \cdots, \boldsymbol{x}_s\in V_s$ のとき，$\boldsymbol{x}_1+\cdots+\boldsymbol{x}_s$ の最小消去多項式を $\psi_0(x)$ とし，$\boldsymbol{x}_1, \cdots, \boldsymbol{x}_s$ の最小消去多項式を $\psi_1(x), \cdots, \psi_s(x)$ とすると

$$\psi_0(x) = \psi_1(x)\psi_2(x)\cdots\psi_s(x). \quad ▌ \tag{2.41}$$

この定理の証明には次の補題を用いる．

補題 多項式 $g_1(x), \cdots, g_s(x)$ の最大公約多項式 $h(x)$ は，適当な多項式 $u_1(x), \cdots, u_s(x)$ を選べば

$$h(x) = u_1(x)g_1(x)+\cdots+u_s(x)g_s(x) \tag{2.42}$$

という形に表わされる．

証明 代数学でよく知られた定理であるが念のため証明を書いておく．初等的な帰納法による．1) $s=2$ のとき：g_2 の次数が g_1 の次数を越えないとして一般性を失わない．g_1 を g_2 で除した商を $a_2(x)$，余りを $g_3(x)$ とすれば $g_1=a_2g_2+g_3$ (g_2 の次数 $>g_3$ の次数)．ここで $g_3=0$ でなければ，さらに g_2 を g_3 で除した商を $a_3(x)$，余りを $g_4(x)$ とすると，$g_2=a_3g_3+g_4$．このような操作を続けていくと g_i の次数が次第にさがってくるので，ある m に対して

$$g_m = a_{m+1}g_{m+1} \tag{2.43}$$

となる(Euclid の互除法!)．一般に，

$$g_i = a_{i+1}g_{i+1}+g_{i+2} \qquad (i=1, 2, \cdots, m-1) \tag{2.44}$$

となっている．$g_m=a_{m+1}g_{m+1}$ から g_m と g_{m+1} の最大公約多項式が g_{m+1} に等しいことがわかる．(2.44)は g_i と g_{i+1} の最大公約多項式が g_{i+1} と g_{i+2} の最大公約多項式に等しいことを意味しているから，(2.43)から出発して上の式を逆にたどっていくことによって $h(x)=g_{m+1}(x)$ を得る．ところが，(2.44)を $g_{i+2}=g_i-a_{i+1}g_{i+1}$ と書きかえて次々に代入していくことによって，結局，$h=g_{m+1}=u_1g_1+u_2g_2$ という形の式が得られる．2) $s\leq k$ のとき(2.42)が成り立つと仮定して $s=k+1$ のときにも(2.42)が成り立つことを示す．$g_1(x), \cdots, g_k(x)$ の最大公約多項式を $h_k(x)$ とすれば，仮定により

$$h_k(x) = u_1(x)g_1(x)+\cdots+u_k(x)g_k(x). \tag{2.45}$$

一方，$h_k(x)$ と $g_{k+1}(x)$ の最大公約多項式が $g_1(x), \cdots, g_k(x), g_{k+1}(x)$ の最大公約多項式 $h_{k+1}(x)$ に等しいことに注意すれば，$s=2$ のときの(2.42)から，ある多項式 $v_1(x), v_2(x)$ に対して

$$h_{k+1}(x) = v_1(x)h_k(x)+v_2(x)g_{k+1}(x).$$

この式に(2.45)を代入すれば，$s=k+1$ のときの(2.42)を得る．▌

定理 2.18 の証明 1) $g_i(x)=\theta_1(x)\cdots\theta_{i-1}(x)\theta_{i+1}(x)\cdots\theta_s(x)$ とおく．$\theta_1(x), \cdots, \theta_s(x)$ が互いに素であれば $g_1(x), \cdots, g_s(x)$ の最大公約多項式は 1 に等しいから，補題により，ある多項式 $u_1(x), \cdots, u_s(x)$ が存在して

$$1 = u_1(x)g_1(x)+\cdots+u_s(x)g_s(x).$$

そこで，$\boldsymbol{A}$ により V_0 上に誘導される一次変換を $\boldsymbol{A}_0(=\boldsymbol{A}_{V_0})$ として $\boldsymbol{P}_i=u_i(\boldsymbol{A}_0)\cdot g_i(\boldsymbol{A}_0)$ とおけば

$$\boldsymbol{E}_0 = \boldsymbol{P}_1+\cdots+\boldsymbol{P}_s \tag{2.46}$$

を得る．ただし，$\boldsymbol{E}_0$ は V_0 の中の恒等変換である．また，$i\neq j$ のとき任意の $\boldsymbol{x}\in V_0$ に対して

$$\begin{aligned}(\boldsymbol{P}_j\boldsymbol{P}_i)(\boldsymbol{x}) &= ((u_j(\boldsymbol{A}_0)g_j(\boldsymbol{A}_0))(u_i(\boldsymbol{A}_0)g_i(\boldsymbol{A}_0)))(\boldsymbol{x})\\ &= ((u_j(\boldsymbol{A}_0)u_i(\boldsymbol{A}_0))((g_j(\boldsymbol{A}_0)g_i(\boldsymbol{A}_0))(\boldsymbol{x})))\end{aligned}$$

であるが，$g_j(x)g_i(x)$ は $\theta_0(x)=\theta_1(x)\cdots\theta_s(x)$ によって割り切れるので $(g_j(\boldsymbol{A}_0)g_i(\boldsymbol{A}_0))(\boldsymbol{x})=\boldsymbol{o}$．ゆえに，$\boldsymbol{P}_j\boldsymbol{P}_i=\boldsymbol{O}_0$（$V_0$ の中の零変換）．したがって，$U_i=\mathrm{Im}\,\boldsymbol{P}_i\ (i=1,\cdots,s)$ とおけば，定理 2.8 により，$U_0=U_1\oplus\cdots\oplus U_s$ であってしかも $\boldsymbol{P}_i$ は $U_1\oplus\cdots\oplus U_{i-1}\oplus U_{i+1}\oplus\cdots\oplus U_s$ に沿っての U_i への射影子である．したがって，$V_i=U_i\ (i=1,\cdots,s)$ であることを示せば 1) の証明は終る．$\boldsymbol{P}_i$ は U_i 上への射影子であるから，任意の $\boldsymbol{x}\in U_i$ に対して $\boldsymbol{x}=\boldsymbol{P}_i(\boldsymbol{x})$．$\boldsymbol{x}\in U_i\subseteq V_0$ であるから

$$\begin{aligned}\theta_i(\boldsymbol{A})(\boldsymbol{x}) = \theta_i(\boldsymbol{A}_0)(\boldsymbol{x}) &= (\theta_i(\boldsymbol{A}_0)\boldsymbol{P}_i)(\boldsymbol{x})\\ &= (u_i(\boldsymbol{A}_0)(g_i(\boldsymbol{A}_0)\theta_i(\boldsymbol{A}_0)(\boldsymbol{x})).\end{aligned}$$

$g_i(x)\theta_i(x)=\theta_0(x)$ であるから $(g_i(\boldsymbol{A}_0)\theta_i(\boldsymbol{A}_0))(\boldsymbol{x})=\boldsymbol{o}$．ゆえに，$\theta_i(\boldsymbol{A})(\boldsymbol{x})=\boldsymbol{o}$．すなわち，$U_i\subseteq V_i$．逆に，任意の $\boldsymbol{x}\in V_i$ に対して (2.46) を施すと $\boldsymbol{x}=\boldsymbol{P}_1(\boldsymbol{x})+\cdots+\boldsymbol{P}_s(\boldsymbol{x})$．一方，

$$\begin{aligned}\boldsymbol{P}_j(\boldsymbol{x}) &= (u_j(\boldsymbol{A}_0)g_j(\boldsymbol{A}_0))(\boldsymbol{x})\\ &= u_j(\boldsymbol{A}_0)(g_j(\boldsymbol{A}_0)(\boldsymbol{x})).\end{aligned}$$

$j\neq i$ ならば $g_j(x)$ は $\theta_i(x)$ によって割り切られるので $g_j(\boldsymbol{A}_0)(\boldsymbol{x})=\boldsymbol{o}$，ゆえに，$\boldsymbol{P}_j(\boldsymbol{x})=\boldsymbol{o}$．よって，$\boldsymbol{x}=\boldsymbol{P}_i(\boldsymbol{x})\in U_i$，すなわち $U_i\supseteq V_i$　したがって，$U_i=V_i$．

2)　$\boldsymbol{x}_0=\boldsymbol{x}_1+\cdots+\boldsymbol{x}_s\ (\boldsymbol{x}_0\in V_0, \boldsymbol{x}_1\in V_1, \cdots, \boldsymbol{x}_s\in V_s)$ とおく．$\phi_0(x)$ が $\boldsymbol{x}_0$ の最小消去多項式であるから，

$$\boldsymbol{o} = \phi_0(\boldsymbol{A})(\boldsymbol{x}_0) = \phi_0(\boldsymbol{A})(\boldsymbol{x}_1)+\cdots+\phi_0(\boldsymbol{A})(\boldsymbol{x}_s).$$

$\phi_0(\boldsymbol{A})(\boldsymbol{x}_1)\in V_1, \cdots, \phi_0(\boldsymbol{A})(\boldsymbol{x}_s)\in V_s$ であるから，1) と定理 1.17 により $\phi_0(\boldsymbol{A})(\boldsymbol{x}_1)=\boldsymbol{o}, \cdots, \phi_0(\boldsymbol{A})(\boldsymbol{x}_s)=\boldsymbol{o}$．ゆえに，$\phi_0(x)$ は $\phi_1(x), \cdots, \phi_s(x)$ によって割り切られなければならない．ところが，$\theta_i(\boldsymbol{A})(\boldsymbol{x}_i)=\boldsymbol{o}$ なので $\phi_1(x), \cdots, \phi_s(x)$ はそれぞれ $\theta_1(x), \cdots, \theta_s(x)$ を割り切る．これらの $\theta_i(x)$ は互いに素なので $\phi_1(x), \cdots, \phi_s(x)$ も

互いに素である．したがって，$\phi_0(x)$ は積 $\phi_1(x)\cdot\cdots\cdot\phi_s(x)$ によって割り切られる．一方，$(\phi_1(\boldsymbol{A})\cdot\cdots\cdot\phi_s(\boldsymbol{A}))(\boldsymbol{x}_0)=(\phi_1(\boldsymbol{A})\cdot\cdots\cdot\phi_s(\boldsymbol{A}))(\boldsymbol{x}_1)+\cdots+(\phi_1(\boldsymbol{A})\cdot\cdots\cdot\phi_s(\boldsymbol{A}))(\boldsymbol{x}_s)=\boldsymbol{o}+\cdots+\boldsymbol{o}=\boldsymbol{o}$ であるから，積 $\phi_1(x)\cdot\cdots\cdot\phi_s(x)$ は $\boldsymbol{x}_0$ の消去多項式であり，$\phi_0(x)$ によって割り切られる．よって，$\phi_0(x)=\phi_1(x)\cdot\cdots\cdot\phi_s(x)$．▌

定理 2.19 多項式 $f(x)\,(\neq 0)$ が $\boldsymbol{A}$ の最小多項式 $\phi_A(x)$ を割り切るならば，$f(x)$ を最小消去多項式としてもつベクトルが少なくとも一つ存在する．

証 $\phi_A(x)=f(x)h(x)$ とおく．$f(x)$ が定数 $(\neq 0)$ のときは零ベクトル $\boldsymbol{o}$ が求めるものである．そこで，$f(x)$ は定数でないとしよう．まず，$f(x)$ がただ一つの既約多項式 $g(x)$ のべき $f(x)=(g(x))^m$ である場合を考える．

$f_1(x)=(g(x))^{m-1}$ とおけば，$f_1(x)$ は $\phi_A(x)$ の真の約多項式であるから，$f_1(\boldsymbol{A})\neq\boldsymbol{O}$．ゆえに，あるベクトル $\boldsymbol{a}$ が存在して $f_1(\boldsymbol{A})(\boldsymbol{a})\neq\boldsymbol{o}$ である．$\boldsymbol{b}=h(\boldsymbol{A})(\boldsymbol{a})$ とおくと，$f(\boldsymbol{A})(\boldsymbol{b})=(g(\boldsymbol{A}))^m(\boldsymbol{b})=((g(\boldsymbol{A}))^m h(\boldsymbol{A}))(\boldsymbol{a})=\phi_A(\boldsymbol{A})(\boldsymbol{a})=\boldsymbol{o}$ となるので，$\boldsymbol{b}$ の最小消去多項式は $f(x)$ の約多項式である．一方，$f(x)$ の真の約多項式は $(g(x))^{m-l}\,(l\geqq 1)$ という形をしているが，$(g(\boldsymbol{A})^{m-1})(\boldsymbol{b})=f_1(\boldsymbol{A})(\boldsymbol{a})\neq\boldsymbol{o}$ なので，$f(x)$ の真の約多項式は $\boldsymbol{b}$ を消去しない．したがって $f(x)=(g(x))^m$ は $\boldsymbol{b}$ の最小消去多項式である．

次に，一般に $f(x)=(g_1(x))^{m_1}\cdot\cdots\cdot(g_t(x))^{m_t}$（$g_i(x)$ は互いに素な既約多項式）という形の場合には，$\theta_i(x)=(g_i(x))^{m_i}$ とおけば，上で示したように各 $\theta_i(x)$ を最小消去多項式としてもつベクトル $\boldsymbol{b}_i$ が存在する．$\boldsymbol{b}_0=\boldsymbol{b}_1+\cdots+\boldsymbol{b}_t$ とおけば，定理 2.18 により，$\boldsymbol{b}_0$ は $f(x)$ を最小消去多項式としてもつ．▌

§2.8 一般固有ベクトル空間

$\boldsymbol{A}$ を n 次元ベクトル空間 V_n の中の一次変換，λ をその一つの固有値とする．ある非負整数 h に対して

$$(\boldsymbol{A}-\lambda\boldsymbol{E})^h(\boldsymbol{x})=\boldsymbol{o} \tag{2.47}$$

を満足するベクトル $\boldsymbol{x}\,(\in V_n)$ を固有値 λ に属する**一般固有ベクトル**という．さらに，$(\boldsymbol{A}-\lambda\boldsymbol{E})^{h-1}(\boldsymbol{x})\neq\boldsymbol{o}$ であるときに $\boldsymbol{x}$ の**高さ**は h であるという．高さ h の一般固有ベクトル $\boldsymbol{x}$ の最小消去多項式は，明らかに $(x-\lambda)^h$ である．（固有ベクトルは高さ 1 の一般固有ベクトルである．また，零ベクトル $\boldsymbol{o}$ は高さ 0 の一般固有ベクトルであるとみなす．）

式(2.47)を $\boldsymbol{A}$ の表現行列 A を用いて書いた式

$$(A-\lambda E)^h\begin{bmatrix}x_1\\ \vdots\\ x_n\end{bmatrix}=\begin{bmatrix}0\\ \vdots\\ 0\end{bmatrix} \tag{2.48}$$

を満足する数ベクトル $[x_1, \cdots, x_n]^T$ は，行列 A の固有値 λ に属する一般固有ベクトルと呼ばれる．高さも同様に定義される．

ある一つの固有値 λ に属するあらゆる高さの一般固有ベクトルの全体 Ω_λ は V_n の部分空間をなす．実際，$\boldsymbol{x}_1, \boldsymbol{x}_2 \in \Omega_\lambda$ をそれぞれ高さ h_1, h_2 の一般固有ベクトルとすると，$h=\max(h_1, h_2)$ とおけば

$$(\boldsymbol{A}-\lambda\boldsymbol{E})^h(c_1\boldsymbol{x}_1+c_2\boldsymbol{x}_2) = c_1(\boldsymbol{A}-\lambda\boldsymbol{E})^h(\boldsymbol{x}_1)+c_2(\boldsymbol{A}-\lambda\boldsymbol{E})^h(\boldsymbol{x}_2) = \boldsymbol{o}+\boldsymbol{o} = \boldsymbol{o}.$$

Ω_λ を固有値 λ に属する**一般固有ベクトル空間**という．明らかに，Ω_λ は $\boldsymbol{A}$ に関する不変部分空間であり，λ に属する固有ベクトル空間はその部分空間である．

$\boldsymbol{A}$ のすべての相異なる固有値を $\lambda_1, \cdots, \lambda_s$ とし，$\boldsymbol{A}$ の最小多項式を

$$\phi_{\boldsymbol{A}}(x) = (x-\lambda_1)^{m_1}\cdot\cdots\cdot(x-\lambda_s)^{m_s}$$

とおく．λ_i に属する一般固有ベクトル空間 $\Omega_i \equiv \Omega_{\lambda_i}$ の高さ h の任意のベクトル $\boldsymbol{x}$ の最小消去多項式は定義により $f(x)=(x-\lambda_i)^h$ の形をしているが，一方，V_n の任意のベクトルの最小消去多項式は $\phi_{\boldsymbol{A}}(x)$ を割り切らなければならないので，$(x-\lambda_i)^h$ は $(x-\lambda_i)^{m_i}$ を割り切る．したがって，λ_i に属する一般固有ベクトルの高さは m_i を越えない．したがって，$\Omega_i=\{\boldsymbol{x} \in V_n \mid (\boldsymbol{A}-\lambda_i\boldsymbol{E})^{m_i}(\boldsymbol{x})=\boldsymbol{o}\}$ である．m_i は固有値 λ_i の重複度を超えないから，Ω_i のベクトルの高さは固有値 λ_i の重複度を越えない．

定理 2.20 n 次元ベクトル空間 V_n の中の一次変換 $\boldsymbol{A}$ のすべての相異なる固有値を $\lambda_1, \cdots, \lambda_s$ とする．それらに属する一般固有ベクトル空間をそれぞれ $\Omega_1, \cdots, \Omega_s$ とすれば

$$V_n - \Omega_1 \oplus \cdots \oplus \Omega_s \tag{2.49}$$

である．さらに，Ω_i の次元は固有値 λ_i の重複度 h_i に等しい．

証 $\boldsymbol{A}$ の最小多項式 $\phi_{\boldsymbol{A}}(x)=(x-\lambda_1)^{m_1}\cdot\cdots\cdot(x-\lambda_s)^{m_s}$ において $\theta_0(x)=\phi_{\boldsymbol{A}}(x)$, $\theta_i(x)=(x-\lambda_i)^{m_i}\,(i=1, \cdots, s)$ とおき定理 2.18 を適用すれば，直ちに(2.49)が得られる．次に，ある ρ に対して $(\boldsymbol{A}-\rho\boldsymbol{E})(\boldsymbol{x})=\boldsymbol{o}$ かつ $\boldsymbol{x} \neq \boldsymbol{o}$ なる $\boldsymbol{x} \in \Omega_i$ が存在したとすると，$f(x)=x-\rho$ は $\boldsymbol{x}$ の最小消去多項式である．したがって，$x-\rho$

は $(x-\lambda_i)^{m_i}$ を割り切らなければならない．ゆえに，$\rho=\lambda_i$．このことは $\boldsymbol{A}$ により Ω_i 上に誘導された一次変換 $\boldsymbol{A}_i$ の固有値が λ_i に限られることを意味する．したがって，$\boldsymbol{A}_i$ の特性多項式は $(\lambda_i-x)^{p_i}$ $(p_i=\dim \Omega_i)$ という形をしている．(一般に，一次変換 $\boldsymbol{B}: U\to U$ の特性多項式の次数は $\dim U$ に等しいことに注意)．ゆえに，注意 2.5 により，$\boldsymbol{A}$ の特性多項式は $(\lambda_1-x)^{p_1}\cdot\cdots\cdot(\lambda_s-x)^{p_s}$ に等しい．すなわち，$p_i=h_i$ である．▌

系 2.3 $\boldsymbol{A}$ の固有値がすべて相異なれば，各固有値に属する一般固有ベクトル空間は対応する固有ベクトル空間に一致する．

証 固有値がすべて相異なれば，それらの重複度はすべて 1 であるから，一般固有ベクトルの高さは 1 を越えない．よって，一般固有ベクトル空間 Ω_i は高さが 1 と 0 のベクトル，すなわち，固有ベクトルと零ベクトル $\boldsymbol{o}$ だけからなる．▌

例 2.12 2 次元の数ベクトル空間 K^2 における行列

$$A=\begin{bmatrix}1 & 1\\ 0 & 1\end{bmatrix}$$

の固有値は 1 だけ (重複度 2) で，この固有値に属する固有ベクトル空間は $c[1, 0]^T$ (c は任意) なるベクトルの全体からなる 1 次元空間である．一方，$(A-E)^2=O$ であるから，対応する一般固有ベクトル空間は K^2 自身に一致する．したがって，この場合には，固有ベクトル空間と一般固有ベクトル空間は一致しない．▌

第 2 章の問題

問題 1 次のことを示せ．

a) $l\times m$ 行列 A と $m\times n$ 行列 B に対して

$$\operatorname{rank}(AB)\le \operatorname{rank} A,\quad \operatorname{rank}(AB)\le \operatorname{rank} B.$$

b) $m\times n$ 行列 A, B に対して

$$\operatorname{ran}(A+B)\le \operatorname{rank} A+\operatorname{rank} B.$$

問題 2 $m\times n$ 行列 A と $n\times l$ 行列 B に対して

$$\dim(\operatorname{Im} B\cap \operatorname{Ker} A)=\operatorname{rank} B-\operatorname{rank}(AB)$$

であることを証明せよ．

問題3　A, B, C を積 ABC が定義されるような行列とするとき

$$\mathrm{rank}(AB)+\mathrm{rank}(BC) \leq \mathrm{rank}\,B+\mathrm{rank}(ABC)$$

であることを証明せよ.

問題4　$\boldsymbol{A}$ をベクトル空間 V_n の中の一次変換とするとき，次の三つの条件は互いに同値であることを示せ.

1)　$V_n = \mathrm{Ker}\,\boldsymbol{A} \oplus \mathrm{Im}\,\boldsymbol{A}$　　2)　$\mathrm{Ker}\,\boldsymbol{A} \cap \mathrm{Im}\,\boldsymbol{A} = \{\boldsymbol{0}\}$

3)　$\mathrm{rank}\,\boldsymbol{A}^2 = \mathrm{rank}\,\boldsymbol{A}$.

問題5　n 次以下の x の多項式の全体 $P(n)$ は $n+1$ 次元のベクトル空間をなす.

1)　$B=\{1, x, \cdots, x^n\}$ は $P(n)$ の一つの基底であることを示せ.

2)　多項式 $f(x) \in P(n)$ に対して多項式 $\dfrac{d}{dx}f(x)$ を対応させる変換 $\dfrac{d}{dx}$ は $P(n)$ の中の一次変換であることを示せ.

3)　変換 $\dfrac{d}{dx}$ の基底 $B=\{1, x, \cdots, x^n\}$ に関する表現行列を求めよ.

問題6　2次以下の x の多項式の全体 $P(2)$ は前問により3次元ベクトル空間をなす.

1)　c をある定数とするとき，多項式 $f(x) \in P(2)$ に多項式 $f(x+c)$ を対応させる変換 $\boldsymbol{A}$ は $P(2)$ における一次変換であることを示せ.

2)　基底 $B=\{1, x, x^2\}$ に関する $\boldsymbol{A}$ の表現行列 A を求めよ.

3)　基底を B から $B'=\{x+1, x-1, x^2+1\}$ に変換したときの変換行列 S を求めよ．また，B' に関する $\boldsymbol{A}$ の表現行列 A' を計算せよ.

問題7　G を任意の正定値なエルミート行列とする．n 次行列 U が任意のベクトル $\boldsymbol{x}$ に対して $\|U\boldsymbol{x}\|_G = \|\boldsymbol{x}\|_G$ を満足するとき，U を G-**ユニタリ行列**とよぶ．G-ユニタリ行列 U に対して

$$(U\boldsymbol{x}, U\boldsymbol{y})_G = (\boldsymbol{x}, \boldsymbol{y})_G$$

が成り立つことを示せ.

問題8　次の行列の特性多項式 $\varphi(x)$ と最小多項式 $\psi(x)$ を求めよ.

1)　$\begin{bmatrix} -1 & 3 & -5 \\ 1 & -2 & 1 \\ 1 & -6 & 5 \end{bmatrix}$　　2)　$\begin{bmatrix} 2 & 2 & -2 \\ -1 & -2 & 2 \\ 2 & 2 & -1 \end{bmatrix}$

問題9　次の n 次行列の特性多項式 $\varphi(x)$ と最小多項式 $\psi(x)$ を求めよ.

$$A = \begin{bmatrix} 1 & 1 & \cdots & 1 \\ 1 & 1 & \cdots & 1 \\ \vdots & \vdots & \ddots & \vdots \\ 1 & 1 & \cdots & 1 \end{bmatrix}$$

問題10　n 次の正方行列 A, B に対して，特性多項式の間の関係式

$$\varphi_{AB}(x) = \varphi_{BA}(x)$$

を証明せよ.

問題 11 n 次行列 A が正則ならば，$A^{-1}=f(A)$ となるような多項式 $f(x)$ が存在することを示せ.

問題 12 A を n 次行列とする. $\mathrm{rank}A=1$ ならば，ある数 a が存在して x^2-ax が A の最小多項式となることを証明せよ.

問題 13 $\boldsymbol{a}\in V_n$ を一次変換 $\boldsymbol{A}: V_n\to V_n$ に関してその最小消去多項式が $\psi_0(x)$ となるようなベクトルとする. $\boldsymbol{b}\in V_n$ が生成する巡回部分空間 $C(\boldsymbol{b})$ と $\boldsymbol{a}$ が生成する巡回部分空間 $C(\boldsymbol{a})$ とが一致するための必要十分条件は，$\psi_0(x)$ とは素なある多項式 $g(x)$ が存在して $\boldsymbol{b}=g(\boldsymbol{A})(\boldsymbol{a})$ と表わされることである. また，このとき $\boldsymbol{b}$ の最小消去多項式 $\psi_1(x)$ は $\boldsymbol{a}$ の最小消去多項式 $\psi_0(x)$ と一致する. このことを証明せよ.

第3章　ジョルダン標準形

ベクトル空間 V_n の中の一次変換 $\boldsymbol{A}$ は，V_n の基底を一つ定めることによって，ある正方行列 A によって表現される(§2.3)．ベクトル空間の基底を変更すると，その表現行列 A は相似変換

$$A' = S^{-1}AS \tag{3.1}$$

を受ける(§2.3)．ここに，S は基底の間の変換行列で正則である．

本章では，相似変換(3.1)に対する**標準形**の問題，すなわち，任意に与えられた行列 A に対して，S を適当に選ぶことによって A' をある特別な形と性質をもった行列——**ジョルダン(Jordan)標準形**とよばれる——にする問題を取り扱う．行列の標準形を求めることは，与えられた一次変換 $\boldsymbol{A}$ を，その性質がよく見透せるような基底に関して表現することに等価であるが，このような基底の選び方はある自由度の範囲内で一意的に定まってしまう．

本章では，前章までの準備をもとに，任意の行列に対するジョルダン標準形の導き方について述べる．ジョルダン標準形を導くには種々の方法があるが，ここではそのうちの代表的な三つの方法をとりあげる．これら三つの方法を与えることにより，ジョルダン標準形のもつ様々な側面がよりよく理解されると思われるからである．

まず目標となる定理を述べておく．

定理3.1(**ジョルダン標準形**)　A を任意の n 次の正方複素行列とする．A のすべての相異なる固有値を $\lambda_1, \cdots, \lambda_s$ とし，その重複度をそれぞれ $h_1, \cdots, h_s$ $(h_1 + \cdots + h_s = n)$ とすれば，ある正則な複素行列 S を選ぶことによって，A を

$$S^{-1}AS = \begin{bmatrix} \Lambda_1 & & O \\ & \Lambda_2 & \\ O & & \ddots \ \Lambda_s \end{bmatrix}, \quad \Lambda_i = \begin{bmatrix} J_{i1} & & O \\ & J_{i2} & \\ O & & \ddots \ J_{it_i} \end{bmatrix} \tag{3.2}$$

という形のブロック対角行列の形に表わすことができる．ここで，各ブロック J_{ij} $(i=1,\cdots,s;\ j=1,\cdots,t_i)$ は

$$J_{ij} = \underbrace{\begin{bmatrix} \lambda_i & 1 & 0 & \cdots & 0 \\ 0 & \lambda_i & 1 & \ddots & \vdots \\ \vdots & \ddots & \ddots & \ddots & 0 \\ \vdots & & \ddots & \ddots & 1 \\ 0 & \cdots & \cdots & 0 & \lambda_i \end{bmatrix}}_{n_{ij}} \Big\} n_{ij} \tag{3.3}$$

という形の n_{ij} 次の右上三角行列で，

$$\sum_{j=1}^{t_i} n_{ij} = h_i$$

である．($n_{ij}=1$ のときは $J_{ij}=[\lambda_i]$ (1次の行列) と約束する．) 各々の J_{ij} は**ジョルダン細胞**と呼ばれる．さらに，固有値 $\lambda_1,\cdots,\lambda_s$ とそれの重複度 $h_1,\cdots,h_s$ および (3.2), (3.3) の形に表わしたときの n_{ij} は行列 A に対して一意的に定まる．また，二つの行列に対してそれらの量が一致するのは，二つの行列が互いに相似変換で結ばれるときであり，そしてそのときに限る．▮

§3.1 一般固有ベクトルに基づく方法

上記の定理は次のように証明される．

1) 行列 A を n 次元の数ベクトル空間 K^n における一次変換 $\boldsymbol{x}\mapsto A\boldsymbol{x}$ $(\boldsymbol{x}\in K^n)$ とみなせば，§2.8の定理2.20によって，K^n は固有値 λ_i に属する一般固有ベクトル空間 Ω_i の直和として表わされる：

$$K^n = \Omega_1 \oplus \cdots \oplus \Omega_s. \tag{3.4}$$

$\boldsymbol{A}$ の特性多項式を $\varphi_A(x)=(-1)^n(x-\lambda_1)^{h_1}\cdots(x-\lambda_s)^{h_s}$，最小多項式を $\psi_A(x)=(x-\lambda_1)^{m_1}\cdots(x-\lambda_s)^{m_s}$ とする．

2) 一般固有ベクトル空間 Ω_i の各々に対して以下の議論を行なう．たとえば，Ω_1 に対して，高さが k を越えない一般固有ベクトルの全体がなす K^n の部分ベクトル空間 $M_k=\{\boldsymbol{x}\,|\,(A-\lambda_1 E)^k\boldsymbol{x}=\boldsymbol{o}\}$ の列を考えると，明らかに

$$\Omega_1 \equiv M_{m_1} \supseteq M_{m_1-1} \supseteq \cdots \supseteq M_1 \supseteq M_0 \equiv \{\boldsymbol{o}\} \tag{3.5}$$

である．ここで，Ω_1 に含まれる一般固有ベクトルの高さは A の最小多項式 $\psi_A(x)$ における因子 $(x-\lambda_1)$ の重複度 m_1 を越えない(§2.8参照)ので，$M_{m_1}=M_{m_1+1}=M_{m_1+2}=\cdots=\Omega_1$ であることに注意すること．

3)　$k\geq 2$ に対して，M_k における M_{k-1} の補空間を任意に一つ定め(定理1.19)，それを N_k と書く．N_k に含まれる一次独立なベクトル $\boldsymbol{x}_1, \cdots, \boldsymbol{x}_p$ に対して，$(A-\lambda_1E)^l\boldsymbol{x}_1, \cdots, (A-\lambda_1E)^l\boldsymbol{x}_p$ は高さ $k-l$ の一般固有ベクトル $(\in M_{k-l})$ で，$l<k$ ならそれらは一次独立である．実際，$(A-\lambda_1E)^l\boldsymbol{x}_j \in M_{k-l}$ は明らか．また，$c_1=\cdots=c_p=0$ ではない $c_1, \cdots, c_p$ に対して $c_1(A-\lambda_1E)^l\boldsymbol{x}_1+\cdots+c_p(A-\lambda_1E)^l\boldsymbol{x}_p=\boldsymbol{o}$，すなわち，$(A-\lambda_1E)^l(c_1\boldsymbol{x}_1+\cdots+c_p\boldsymbol{x}_p)=\boldsymbol{o}$ であったとすると，$\boldsymbol{o}\neq c_1\boldsymbol{x}_1+\cdots+c_p\boldsymbol{x}_p \in M_l\,(l<k)$ となり N_k が M_{k-1} の補空間であることに反する．

4)　そこで，一般固有ベクトル空間 Ω_1 の基底 C_1 を次のように選ぶことができる．記号の節約のために，Ω_1 における一般固有ベクトルの最大の高さ m_1 を単に m と記す．まず，M_m における M_{m-1} の補空間 N_m を一つ定めその基底の一つを $\boldsymbol{b}_j^{(m)}$ $(j=1, \cdots, r_m)$ とする．すると，3)により，$(A-\lambda_1E)\boldsymbol{b}_j^{(m)}$ $(j=1, \cdots, r_m)$ は高さが $m-1$ で一次独立であるから，M_{m-1} においてそれらを含む M_{m-2} の補空間 N_{m-1} が存在する．したがって，$(A-\lambda_1E)\boldsymbol{b}_j^{(m)}$ $(j=1, \cdots, r_m)$ に $\boldsymbol{b}_j^{(m-1)}$ $(j=1, \cdots, r_{m-1})$ を補なったものが N_{m-1} の基底になるように $\boldsymbol{b}_j^{(m-1)}$ を選ぶことができる．

次に，再び3)により，

$$(A-\lambda_1E)^2\boldsymbol{b}_j^{(m)} \quad (j=1, \cdots, r_m) \quad \text{および} \quad (A-\lambda_1E)\boldsymbol{b}_j^{(m-1)} \quad (j=1, \cdots, r_{m-1}) \tag{3.6}$$

は高さが $m-2$ で一次独立であるから，M_{m-2} における M_{m-3} の補空間でそれらを含むもの N_{m-2} が存在する．すなわち，(3.6)のベクトルに適当に $\boldsymbol{b}_j^{(m-2)}$ $(j=1, \cdots, r_{m-2})$ を補って N_{m-2} の基底とすることができる．

このような操作を M_1 における $M_0=\{\boldsymbol{o}\}$ の補空間 $N_1\,(=M_1)$ の基底を作る所まで続けていけば，次のようなベクトルの列が得られる．

$$\boldsymbol{c}_{j1}^{(m)} = \boldsymbol{b}_j^{(m)},\ \ \boldsymbol{c}_{j2}^{(m)} = (A-\lambda_1E)\boldsymbol{b}_j^{(m)}, \cdots, \boldsymbol{c}_{jm}^{(m)} = (A-\lambda_1E)^{m-1}\boldsymbol{b}_j^{(m)} \quad (j=1, \cdots, r_m);$$

$$\boldsymbol{c}_{j1}^{(m-1)} = \boldsymbol{b}_j^{(m-1)},\ \ \boldsymbol{c}_{j2}^{(m-1)} = (A-\lambda_1E)\boldsymbol{b}_j^{(m-1)}, \cdots, \boldsymbol{c}_{j,m-1}^{(m-1)} = (A-\lambda_1E)^{m-2}\boldsymbol{b}_j^{(m-1)}$$

$$(j=1, \cdots, r_{m-1});$$

…………………………

$$\boldsymbol{c}_{j1}^{(2)} = \boldsymbol{b}_j^{(2)},\ \ \boldsymbol{c}_{j2}^{(2)} = (A-\lambda_1 E)\boldsymbol{b}_j^{(2)}\quad (j=1,\cdots,r_2);$$

$$\boldsymbol{c}_{j1}^{(1)} = \boldsymbol{b}_j^{(1)}\quad (j=1,\cdots,r_1). \tag{3.7}$$

5) このようにして作られたベクトル $\boldsymbol{c}_{jk}^{(l)}(l=1,\cdots,m;\ k=1,\cdots,l;\ j=1,\cdots,r_l)$ をすべて集めたものは Ω_1 の基底である．実際，$\Omega_1=M_m$，$M_l=N_l\oplus M_{l-1}$ $(l=2,\cdots,m)$，$M_1=N_1$ であるから

$$\Omega_1 = N_m \oplus N_{m-1} \oplus \cdots \oplus N_1$$

であり，かつ，各 $i=1,\cdots,m$ に対して

$$\begin{aligned}&\boldsymbol{c}_{j,m-i+1}^{(m)} && (j=1,\cdots,r_m),\\ &\boldsymbol{c}_{j,m-i}^{(m-1)} && (j=1,\cdots,r_{m-1}),\\ &\cdots\cdots\cdots\cdots \\ &\boldsymbol{c}_{j,1}^{(i)} && (j=1,\cdots,r_i)\end{aligned}$$

が N_i の基底であり，したがって，すべての N_i の基底を集めたもの $\{\boldsymbol{c}_{jk}^{(l)}\}$ は $N_1,\cdots,N_m$ の直和である Ω_1 の基底になる(例1.13)．

この基底を C_1 と書き，関係式(3.7)を $\boldsymbol{c}_{jk}^{(l)}$ だけの式に書きかえると

$$A\boldsymbol{c}_{j1}^{(m)} = \lambda_1\boldsymbol{c}_{j1}^{(m)}+\boldsymbol{c}_{j2}^{(m)},\cdots,\ A\boldsymbol{c}_{j,m-1}^{(m)} = \lambda_1\boldsymbol{c}_{j,m-1}^{(m)}+\boldsymbol{c}_{jm}^{(m)},\ A\boldsymbol{c}_{jm}^{(m)} = \lambda_1\boldsymbol{c}_{jm}^{(m)};$$

$$A\boldsymbol{c}_{j1}^{(m-1)} = \lambda_1\boldsymbol{c}_{j1}^{(m-1)}+\boldsymbol{c}_{j2}^{(m-1)},\cdots,\ A\boldsymbol{c}_{j,m-2}^{(m-1)} = \lambda_1\boldsymbol{c}_{j,m-2}^{(m-1)}+\boldsymbol{c}_{j,m-1}^{(m-1)},\ A\boldsymbol{c}_{j,m-1}^{(m-1)} = \lambda_1\boldsymbol{c}_{j,m-1}^{(m-1)};$$

…………………………

$$A\boldsymbol{c}_{j1}^{(2)} = \lambda_1\boldsymbol{c}_{j1}^{(2)}+\boldsymbol{c}_{j2}^{(2)},\ A\boldsymbol{c}_{j2}^{(2)} = \lambda_1\boldsymbol{c}_{j2}^{(2)};$$

$$A\boldsymbol{c}_{j1}^{(1)} = \lambda_1\boldsymbol{c}_{j1}^{(1)}.$$

あるいは，各 $l=1,\cdots,m$; $j=1,\cdots,r_l$ に対して $\boldsymbol{c}_{jl}^{(l)},\cdots,\boldsymbol{c}_{j1}^{(l)}$ を列ベクトルとする $n\times l$ 行列を $S_j^{(l)}$ としてこれらの式を行列表示すれば

$$AS_j^{(l)} = S_j^{(l)}\overbrace{\begin{bmatrix}\lambda_1 & 1 & 0 & \cdots & 0\\ 0 & \lambda_1 & 1 & \ddots & \vdots\\ \vdots & \ddots & \ddots & \ddots & 0\\ \vdots & & \ddots & \ddots & 1\\ 0 & \cdots & \cdots & 0 & \lambda_1\end{bmatrix}}^{l}\Bigg\updownarrow l \tag{3.8}$$

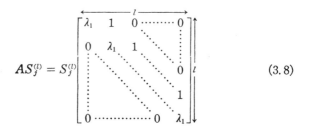

が得られる．ここで，$\boldsymbol{c}_{jl}^{(l)},\cdots,\boldsymbol{c}_{j1}^{(l)}$ が張る部分ベクトル空間，すなわち，$\boldsymbol{b}_j^{(l)},(A-\lambda_1E)\boldsymbol{b}_j^{(l)},\cdots,(A-\lambda_1E)^{l-1}\boldsymbol{b}_j^{(l)}$ が張る部分ベクトル空間 $L_j^{(l)}$ は，$\boldsymbol{b}_j^{(l)}$ によって生成される A の不変巡回部分空間 $C(\boldsymbol{b}_j^{(l)})$ と同一であり，また $(A-\lambda_1E)^l\boldsymbol{b}_j^{(l)}=\boldsymbol{o}$ であるので，$\boldsymbol{b}_j^{(l)}$ の最小消去多項式は $(x-\lambda_1)^l$ である．また，明らかに，Ω_1 は不変部分空間 $L_j^{(l)}$ $(l=1,\cdots,m;\ j=1,\cdots,r_l)$ の直和である：

$$\Omega_1 = L_1^{(1)} \oplus\cdots\oplus L_{r_1}^{(1)} \oplus\cdots\oplus L_1^{(m)} \oplus\cdots\oplus L_{r_m}^{(m)}. \qquad (3.9)$$

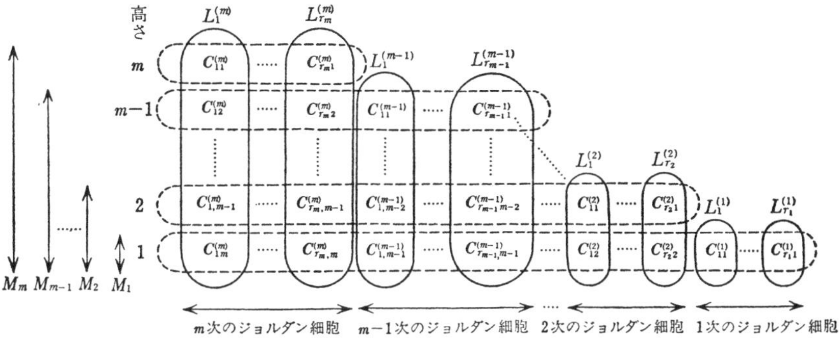

図 3.1 一般固有ベクトル空間 Ω_1 の巡回部分空間 $L_j^{(l)}$ への分解

6) Ω_1 に対して行った以上の操作を残りの一般固有ベクトル空間 $\Omega_2,\cdots,\Omega_s$ に対しても行ない，得られる基底をそれぞれ $C_2,\cdots,C_s$ とすれば，$B_J=C_1\cup C_2\cup\cdots\cup C_s$ は全空間 K^n の基底である．B_J のすべてのベクトルを列ベクトルとして並べてできる n 次正方行列を S とすれば，式(3.8)をすべての一般固有ベクトル空間に対してまとめることによってジョルダンの標準形(3.2)～(3.3)が得られる．このとき，B_J のすべてのベクトルは一次独立であるので，定理 1.2 と定理 1.10 により S は正則である．S は自然基底から基底 B_J への変換行列になっている．

7) 上に述べたジョルダン標準形(3.2)～(3.3)の構成法を調べてみると，一つの固有値に対する l 次のジョルダン細胞の個数 r_l は，補空間の列 $N_m,N_{m-1},\cdots,N_1$ に対してその次元を $d_l=\dim N_l$ とすれば，

$$r_l = d_l - d_{l+1} \qquad (l=1,\cdots,m). \qquad (3.10)$$

また，$p_l=\dim M_l$ とおけば，$\dim N_l=\dim M_l-\dim M_{l-1}$ であるから

$$r_l = -p_{l-1}+2p_l-p_{l+1} \qquad (l=1,\cdots,m) \qquad (3.11)$$

である．ただし，$d_{m+1}=0$，$p_0=0$，$p_{m+1}=p_m$ とおく．したがって，ジョルダン細胞の個数の組 $(r_1,\cdots,r_m)$ と次元の組 $(p_1,\cdots,p_m)$ とが(3.11)によって1対1に対応する．ところが，後者の $(p_1,\cdots,p_m)$ は明らかに行列 A に対して一意的に定まるので $(r_1,\cdots,r_m)$ も(そして $(d_1,\cdots,d_m)$ も) A に対して一意的に定まる．よって，この構成法では，ジョルダン細胞の個数と次数はジョルダン標準形の作り方によらずに――細胞の現われる順序を除いて――一意的である．

8)　二つの行列 A, A' が互いに相似変換で結ばれていれば，同一の標準形をもつことは明らかである．逆に，A と A' が同じジョルダン標準形をもつ，すなわち $S^{-1}AS=\Lambda$，$S'^{-1}A'S'=\Lambda'$ で $\Lambda'=P^T\Lambda P$ (P は適当な置換行列)ならば，$A'=(SPS'^{-1})^{-1}A(SPS'^{-1})$ となり，A と A' は相似である($P^{-1}=P^T$ に注意)．

注意 3.1　行列 A の固有値 $\lambda_1,\cdots,\lambda_s$ (とその重複度 $h_1,\cdots,h_s$)がわかっているとき，A のジョルダン標準形を求めるには，原理的には，上の証明を順にたどりながら計算を進めていけばよい．その際に基本となるのは補空間の基底を定めることであり，それは具体的には連立一次方程式の解を順に求めることに帰着される．しかし，この方法が複素数体上での"数値計算"として実行可能であるというわけではない．実際に数値計算を行うにあたっては，丸め誤差の影響が不可避であるので，その影響でジョルダン標準形そのものが"構造的に"安定ではありえない．したがって，ジョルダン標準形を数値計算により実際に求めることは一般には困難である．これらの点については，第5章で構造安定性という観点からとりあげる．

例 3.1　行列

$$A=\begin{bmatrix}-7 & 5 & -9\\ -9 & 7 & -9\\ 2 & -1 & 4\end{bmatrix}$$

のジョルダン標準形を求めてみよう．特性多項式は $\varphi_A(x)=-x^3+4x^2-5x+2=-(x-1)^2(x-2)$ であるから，固有値は1(2重根)と2である．固有値1に対して，$\mathrm{rank}\,(A-E)^2=1$，$\mathrm{rank}\,(A-E)=2$ であるから $\dim M_2=2$，$\dim M_1=1$．したがって，$\dim N_2=1$，$\dim N_1=1$，$r_2=1$，$r_1=0$ であるので，$(A-E)^2\boldsymbol{x}=\boldsymbol{o}$ の解で $(A-E)\boldsymbol{x}=\boldsymbol{o}$ を満たさないものを求めてみると，たとえば，$\boldsymbol{b}_1^{(2)}=[1,1,0]^T$ を得る．ゆえに，$\boldsymbol{c}_{11}^{(2)}=\boldsymbol{b}_1^{(2)}=[1,1,0]^T$，$\boldsymbol{c}_{12}^{(2)}=(A-E)\boldsymbol{b}_1^{(2)}=[-3,-3,1]^T$．一方，固有値2に対しては，$\mathrm{rank}\,(A-2E)=2$，すなわち，$\dim M_1=1$ なので

$(A-2E)\boldsymbol{x}=\boldsymbol{o}$ を解くと，たとえば，$\boldsymbol{b}_1^{(1)}=[-1,0,1]^T$ を得る．このようにして，$\boldsymbol{c}_{11}^{(1)}=\boldsymbol{b}_1^{(1)}$ として，変換行列 $S=[\boldsymbol{c}_{12}^{(2)},\boldsymbol{c}_{11}^{(2)},\boldsymbol{c}_{11}^{(1)}]$ とジョルダン標準形

$$S=\begin{bmatrix}-3 & 1 & -1\\ -3 & 1 & 0\\ 1 & 0 & 1\end{bmatrix},\quad S^{-1}AS=\left[\begin{array}{cc:c}1 & 1 & 0\\ 0 & 1 & 0\\ \hdashline 0 & 0 & 2\end{array}\right]$$

を得る．2次のジョルダン細胞が1個，1次のジョルダン細胞が1個である．▌

例 3.2 行列

$$A=\begin{bmatrix}-5 & -2 & 2\\ 9 & 4 & -3\\ -12 & -4 & 5\end{bmatrix}$$

のジョルダン標準形を求める．特性多項式は例3.1と同じで $\varphi_A(x)=-x^3+4x^2-5x+2=-(x-1)^2(x-2)$ であるから，固有値は1(2重根)と2である．固有値1に対して，$\operatorname{rank}(A-E)^2=1$，$\operatorname{rank}(A-E)=1$ であるので $\dim M_2=2$，$\dim M_1=2$．したがって，$\dim N_2=0$，$\dim N_1=2$，$r_2=0$，$r_1=2$ である．$(A-E)\boldsymbol{x}=\boldsymbol{o}$ を満たす一次独立な解を求めると，たとえば，$\boldsymbol{b}_1^{(1)}=[1,-1,2]^T$，$\boldsymbol{b}_2^{(1)}=[0,1,1]^T$ を得る．一方，固有値2に対しては，$\operatorname{rank}(A-2E)=2$ なので $\dim M_1=1$．そこで，$(A-2E)\boldsymbol{x}=\boldsymbol{o}$ を解いて $\boldsymbol{b}_1'^{(1)}=[-2,3,-4]^T$．したがって，$\boldsymbol{c}_{11}^{(1)}=\boldsymbol{b}_1^{(1)}$，$\boldsymbol{c}_{21}^{(1)}=\boldsymbol{b}_2^{(1)}$，$\boldsymbol{c}_{11}'^{(1)}=\boldsymbol{b}_1'^{(1)}$ で，変換行列 $S=[\boldsymbol{c}_{11}^{(1)},\boldsymbol{c}_{21}^{(1)},\boldsymbol{c}_{11}'^{(1)}]$ とジョルダン標準形は

$$S=\begin{bmatrix}1 & 0 & -2\\ -1 & 1 & 3\\ 2 & 1 & -4\end{bmatrix},\quad S^{-1}AS=\left[\begin{array}{c:c:c}1 & 0 & 0\\ \hdashline 0 & 1 & 0\\ \hdashline 0 & 0 & 2\end{array}\right]$$

で与えられる．ゆえに，1次のジョルダン細胞が3個である．▌

例 3.3 行列

$$A=\begin{bmatrix}3 & -10 & -12\\ -3 & 3 & 6\\ 6 & -11 & -15\end{bmatrix}$$

のジョルダン標準形を求める．特性多項式は $\varphi_A(x)=-x^3-9x^2-27x-27=-(x+3)^3$ であるから，固有値は -3(3重根)である．固有値 -3 に対して，$\operatorname{rank}(A+3E)^3=0$，$\operatorname{rank}(A+3E)^2=1$，$\operatorname{rank}(A+3E)=2$ であるから $\dim M_3=3$，

$\dim M_2=2$, $\dim M_1=1$, すなわち, $\dim N_3=\dim N_2=\dim N_1=1$, $r_3=1$, $r_2=r_1=0$ である．そこで，$(A+3E)^3\boldsymbol{x}=\boldsymbol{o}$ の解で $(A+3E)^2\boldsymbol{x}=\boldsymbol{o}$ を満たさない $\boldsymbol{x}$ を求めると，たとえば，$\boldsymbol{b}_1^{(3)}=[1/3,0,1/3]^T$ と求まるので，$\boldsymbol{c}_{11}^{(3)}=\boldsymbol{b}_1^{(3)}$, $\boldsymbol{c}_{12}^{(3)}=(A+3E)\boldsymbol{b}_1^{(3)}=[-2,1,-2]^T$, $\boldsymbol{c}_{13}^{(3)}=(A+3E)^2\boldsymbol{b}_1^{(3)}=[2,0,1]^T$ となる．したがって，変換行列 $S=[\boldsymbol{c}_{13}^{(3)},\boldsymbol{c}_{12}^{(3)},\boldsymbol{c}_{11}^{(3)}]$ とジョルダン標準形は

$$S=\begin{bmatrix}2 & -2 & 1/3\\ 0 & 1 & 0\\ 1 & -2 & 1/3\end{bmatrix},\quad S^{-1}AS=\begin{bmatrix}-3 & 1 & 0\\ 0 & -3 & 1\\ 0 & 0 & -3\end{bmatrix}$$

で与えられる．3次のジョルダン細胞が1個である．▌

例 3.4　行列

$$A=\begin{bmatrix}5 & 5 & -8 & 7\\ -6 & -3 & 10 & -7\\ 9 & 12 & -16 & 15\\ 12 & 10 & -20 & 16\end{bmatrix}$$

のジョルダン標準形を求める．特性多項式は $\varphi_A(x)=-x^4+2x^3+3x^2-4x-4=-(x+1)^2(x-2)^2$ であるから，固有値は -1(2重根)と 2(2重根)の二つである．固有値 -1 に対しては，$\mathrm{rank}(A+E)^2=2$, $\mathrm{rank}(A+E)=3$ であるから $\dim M_2=2$, $\dim M_1=1$. したがって，$\dim N_2=\dim N_1=1$, $r_2=1$, $r_1=0$ である．$(A+E)^2\boldsymbol{x}=\boldsymbol{o}$ の解で $(A+E)\boldsymbol{x}\neq\boldsymbol{o}$ なるものの一つは $\boldsymbol{b}_1^{(2)}=[0,-1,1,2]^T$. ゆえに，$\boldsymbol{c}_{11}^{(2)}=\boldsymbol{b}_1^{(2)}=[0,-1,1,2]^T$, $\boldsymbol{c}_{12}^{(2)}=(A+E)\boldsymbol{b}_1^{(2)}=[1,-2,3,4]^T$. 次に，固有値2に対しても，$\mathrm{rank}(A-2E)^2=2$, $\mathrm{rank}(A-2E)=3$, ゆえに，$\dim M_2=2$, $\dim M_1=1$. したがって，$\dim N_2=\dim N_1=1$, $r_2=1$, $r_1=0$. そこで，$(A-2E)^2\boldsymbol{x}=\boldsymbol{o}$ の解で $(A-2E)\boldsymbol{x}\neq\boldsymbol{o}$ なるものの一つは $\boldsymbol{b}_1'^{(2)}=[0,-1,0,1]^T$. ゆえに，$\boldsymbol{c}_{11}'^{(2)}=\boldsymbol{b}_1'^{(2)}=[0,-1,0,1]^T$, $\boldsymbol{c}_{12}'^{(2)}=(A-2E)\boldsymbol{b}_1'^{(2)}=[2,-2,3,4]^T$. したがって，変換行列 $S=[\boldsymbol{c}_{12}^{(2)},\boldsymbol{c}_{11}^{(2)},\boldsymbol{c}_{12}'^{(2)},\boldsymbol{c}_{11}'^{(2)}]$ と A のジョルダン標準形は

$$S=\begin{bmatrix}1 & 0 & 2 & 0\\ -2 & -1 & -2 & -1\\ 3 & 1 & 3 & 0\\ 4 & 2 & 4 & 1\end{bmatrix},\quad S^{-1}AS=\left[\begin{array}{cc:cc}-1 & 1 & 0 & 0\\ 0 & -1 & 0 & 0\\ \hdashline 0 & 0 & 2 & 1\\ 0 & 0 & 0 & 2\end{array}\right]$$

となり，2次のジョルダン細胞が2個あることがわかる．▌

例 3.5　対角成分が α の p 次のジョルダン細胞 $J=J(p,\alpha)$：

$$J = J(p,\alpha) = \overset{\longleftarrow\ p\ \longrightarrow}{\left[\begin{array}{ccccc} \alpha & 1 & & & O \\ & \alpha & 1 & & \\ & & \ddots & \ddots & \\ & & & \ddots & 1 \\ O & & & & \alpha \end{array}\right]} \left.\vphantom{\begin{array}{c}1\\1\\1\\1\\1\end{array}}\right\updownarrow p$$

に対して，$J^2, J^3, \cdots$ を計算してみよう．

$$N = \overset{\longleftarrow\ p\ \longrightarrow}{\left[\begin{array}{ccccc} 0 & 1 & & & O \\ & 0 & 1 & & \\ & & \ddots & \ddots & \\ & & & \ddots & 1 \\ O & & & & 0 \end{array}\right]} \left.\vphantom{\begin{array}{c}1\\1\\1\\1\\1\end{array}}\right\updownarrow p \tag{3.12}$$

とおけば $J=\alpha E+N$ であるので，E と N が交換可能であることに注意して例1.2の式を適用すると

$$J^m = \sum_{i=0}^{m}\binom{m}{i}\alpha^{m-i}N^i. \tag{3.13}$$

一方，

$$N^2 = \left[\begin{array}{cccccc} 0 & 0 & 1 & & & O \\ & 0 & 0 & 1 & & \\ & & \ddots & \ddots & \ddots & \\ & & & \ddots & \ddots & 1 \\ & & & & \ddots & 0 \\ O & & & & & 0 \end{array}\right], \quad N^3 = \left[\begin{array}{ccccccc} 0 & 0 & 0 & 1 & & & O \\ & \ddots & \ddots & \ddots & \ddots & & \\ & & \ddots & \ddots & \ddots & \ddots & 1 \\ & & & \ddots & \ddots & \ddots & 0 \\ & & & & \ddots & \ddots & 0 \\ O & & & & & & 0 \end{array}\right], \cdots\cdots,$$

$$N^{p-1} = \left[\begin{array}{ccccc} 0 & 0 & \cdots & 0 & 1 \\ & \ddots & \ddots & & 0 \\ & & \ddots & \ddots & \vdots \\ & & & \ddots & 0 \\ O & & & & 0 \end{array}\right], \quad N^p = N^{p+1} = \cdots = O \tag{3.14}$$

であるから，$r=\min(m, p-1)$ とおけば(3.13)は

$$\begin{aligned} J^m &= \sum_{i=0}^{r}\binom{m}{i}\alpha^{m-i}N^i \\ &= \alpha^m E+\binom{m}{1}\alpha^{m-1}N+\binom{m}{2}\alpha^{m-2}N^2+\cdots+\binom{m}{r}\alpha^{m-r}N^r. \end{aligned} \tag{3.15}$$

この式を行列の形に書くと

$$J^m = \begin{bmatrix} \alpha^m & \binom{m}{1}\alpha^{m-1} & \binom{m}{2}\alpha^{m-2} & \cdots\cdots & \binom{m}{p-1}\alpha^{m-p+1} \\ & \alpha^m & \binom{m}{1}\alpha^{m-1} & \binom{m}{2}\alpha^{m-2}\cdots & \vdots \\ & & \alpha^m & \ddots & \binom{m}{2}\alpha^{m-2} \\ & & & \ddots & \binom{m}{1}\alpha^{m-1} \\ & O & & & \alpha^m \end{bmatrix} \tag{3.16}$$

となる($m<p-1$ のとき $\binom{m}{p-1}=0$ とみなす). ▮

例 3.6　上の例を一般化して，任意の多項式 $f(x)=c_m x^m+\cdots+c_1x+c_0$ に対して J の行列多項式 $f(J)$ を計算してみよう. (3.15)を用いると

$$\begin{aligned} f(J) &= \sum_{k=0}^{m}\sum_{i=0}^{k}c_k\binom{k}{i}\alpha^{k-i}N^i \\ &= \sum_{i=0}^{m}\sum_{k=i}^{m}c_k\binom{k}{i}\alpha^{k-i}N^i \\ &= \sum_{i=0}^{m}N^i\left(\sum_{k=i}^{m}c_k\binom{k}{i}\alpha^{k-i}\right) \\ &= \sum_{i=0}^{m}N^i\frac{f^{(i)}(\alpha)}{i!} \end{aligned} \tag{3.17}$$

を得る. すなわち

$$f(J)=\begin{bmatrix} f(\alpha) & \dfrac{f'(\alpha)}{1!} & \cdots\cdots & \dfrac{f^{(p-1)}(\alpha)}{(p-1)!} \\ 0 & f(\alpha) & \ddots & \vdots \\ \vdots & \ddots & \ddots & \dfrac{f'(\alpha)}{1!} \\ 0 & \cdots\cdots & 0 & f(\alpha) \end{bmatrix} \tag{3.18}$$

である．これは(3.16)の一般化になっている．▌

例 3.7　射影行列P(§2.4参照)のジョルダン標準形は次のようになる．Pの任意の固有値をλとし，それに属する固有ベクトルを$\boldsymbol{x}(\neq\boldsymbol{o})$とすると，$P\boldsymbol{x}=\lambda\boldsymbol{x}$，$P^2\boldsymbol{x}=P(\lambda\boldsymbol{x})=\lambda P\boldsymbol{x}=\lambda^2\boldsymbol{x}$，$P^2=P$より$\lambda^2\boldsymbol{x}=\lambda\boldsymbol{x}$となり，$\boldsymbol{x}\neq\boldsymbol{o}$であるから，$\lambda^2-\lambda=0$を得る．したがって，射影行列の固有値は1と0に限られる．Pのジョルダン標準形が

$$S^{-1}PS=\begin{bmatrix} J_{11} & & & & O \\ & \ddots & & & \\ & & J_{1t} & & \\ & & & J_{01} & \\ & & & & \ddots \\ O & & & & J_{0s} \end{bmatrix} \tag{3.19}$$

となったとする．ただし，J_{ij}はn_{ij}次であり，J_{1j}は固有値1に，J_{0j}は固有値0に対応する細胞とする．$(S^{-1}PS)^2=(S^{-1}PS)(S^{-1}PS)=S^{-1}P^2S$であるから

$$S^{-1}P^2S=\begin{bmatrix} J_{11}{}^2 & & & & O \\ & \ddots & & & \\ & & J_{1t}{}^2 & & \\ & & & J_{01}{}^2 & \\ & & & & \ddots \\ O & & & & J_{0s}{}^2 \end{bmatrix}. \tag{3.20}$$

$P^2=P$であるから，(3.19)と(3.20)の右辺も一致しなければならない．ゆえに，$J_{ij}{}^2=J_{ij}$．そのためには，すべて$n_{ij}=1$でなければならない．このようにして，射影行列Pのジョルダン標準形は

$$S^{-1}PS = \begin{bmatrix} 1 & & & & & \\ & \ddots & & & O & \\ & & 1 & & & \\ & & & 0 & & \\ & O & & & \ddots & \\ & & & & & 0 \end{bmatrix}$$

という形の対角行列になることがわかる(例2.3も参照). このように，ジョルダン標準形が対角行列である行列を一般に**対角化可能行列**という. 行列が対角化可能行列であるための必要十分条件は第4章で述べる. ▌

例3.8 n 次行列 A のすべての固有値を $\lambda_1, \cdots, \lambda_n$ ($\lambda_i = \lambda_j$ となるものがあってよい)とするとき，行列多項式 $f(A)$ の固有値は $f(\lambda_1), \cdots, f(\lambda_n)$ である. このことはジョルダン標準形を利用すれば簡単に示すことができる. まず，A のジョルダン標準形を

$$S^{-1}AS = \begin{bmatrix} J_1 & & O \\ & \ddots & \\ O & & J_t \end{bmatrix}$$

とすると，$(S^{-1}AS)^k = (S^{-1}AS)(S^{-1}AS)\cdot\cdots\cdot(S^{-1}AS) = S^{-1}A^kS$ が成立するので $f(S^{-1}AS) = S^{-1}f(A)S$ となることから

$$S^{-1}f(A)S = \begin{bmatrix} f(J_1) & & O \\ & \ddots & \\ O & & f(J_t) \end{bmatrix} \tag{3.21}$$

が導かれる. 右辺の行列は右上三角行列であるから，この行列の固有値は対角成分を集めたもの，すなわち，あらゆる $f(J_k)$ の対角成分をすべて集めたものに一致する. そこで，(3.18)により，これらは $f(\lambda_1), \cdots, f(\lambda_n)$ に等しい. 相似な二つの行列の固有値は一致するので，(3.21)の両辺を較べることによって $f(A)$ の固有値も $f(\lambda_1), \cdots, f(\lambda_n)$ に等しいことがわかる. ▌

例3.9 ある正整数 k に対して $B^k = O$ となる行列 B を**ベキ零行列**という. さらに，$B^{k-1} \neq O$ のとき k を B の**ベキ零次数**という. ベキ零行列 B のジョルダン標準形を

$$S^{-1}BS = \begin{bmatrix} J_1 & & O \\ & \ddots & \\ O & & J_t \end{bmatrix}$$

とすれば，$B^k = O$ であることから

$$\begin{bmatrix} 0 & & O \\ & \ddots & \\ O & & 0 \end{bmatrix} = S^{-1}B^kS = \begin{bmatrix} J_1{}^k & & O \\ & \ddots & \\ O & & J_t{}^k \end{bmatrix}.$$

したがって，$J_1{}^k, \cdots, J_t{}^k$ はすべて零行列でなければならない．ゆえに，$f(x)=x^k$ とおいた(3.18)により，B の任意の固有値 λ に対して $f(\lambda)=0$ すなわち $\lambda=0$ を得る．よって，ベキ零行列の固有値はすべて 0 であり，各 J_i は(3.12)の N の形の行列である．ベキ零次数 k はジョルダン細胞 $J_1, \cdots, J_t$ の最大次数に等しい．▌

§3.2　有理標準形に基づく方法

本節では，ジョルダン標準形を導くのに，**有理標準形**とよばれる別の形の標準形を経由する方法について述べる．有理標準形は，それ自体で理論的興味の対象となるものであり，また，ジョルダン標準形の場合と異なり，代数方程式の根(すなわち固有値)を求めるという操作を含まない“有理演算”だけを用いて構成できるので，もとの行列および変換行列が複素行列ではなくて実数行列に限られる場合にも意味を有する[1)].

定理 3.2(**有理標準形**)　n 次正方行列 A は，適当な正則行列 S を用いて

$$S^{-1}AS = \begin{bmatrix} C_1 & & & O \\ & C_2 & & \\ & & \ddots & \\ O & & & C_t \end{bmatrix} \tag{3.22}$$

という形のブロック対角行列にすることができる．ここで，各ブロック C_i ($i=1, \cdots, t$) は，n_i 次のコンパニオン行列

$$C_i = \overbrace{\begin{bmatrix} 0 & \cdots\cdots & 0 & a_0^{(i)} \\ 1 & 0 \cdots\cdots & 0 & a_1^{(i)} \\ & 1 \ddots & \vdots & \vdots \\ & \ddots & 0 & \vdots \\ O & & 1 & a_{n_i-1}^{(i)} \end{bmatrix}}^{n_i} \Bigg\updownarrow n_i \tag{3.23}$$

1)　一般に，ジョルダン標準形(3.2)～(3.3)は，もとの行列 A および変換行列 S が“代数的閉体”の上の行列であるときに意味をもつ．一方，有理標準形は任意の“体”に対して成立するものである．体や代数的閉体の概念については，たとえば，Birkhoff and Maclane 著，奥川光太郎・辻吉雄訳「現代代数学概論」白水社，等を見よ．

であり，C_{j+1} の最小多項式は C_j の最小多項式を割り切る $(j=1,\cdots,t-1)$．与えられた行列に対して，(3.22)，(3.23) の形の行列(**有理標準形**という)は，一意的に定まる．また，相似な二つの行列の有理標準形は一致し，逆に，有理標準形が一致する行列は互いに相似である．

証　A を数ベクトル空間 K^n における一次変換 $\boldsymbol{x}\mapsto A\boldsymbol{x}$ $(\boldsymbol{x}\in K^n)$ とみなす．ベクトル $\boldsymbol{b}_i\in K^n$ が生成する巡回部分空間を $C(\boldsymbol{b}_i)$，その次元を m_i，$\boldsymbol{b}_i$ の最小消去多項式を $\phi_i(x)$ (m_i 次) とおき，K^n の中でベクトル $\boldsymbol{b}_1,\cdots,\boldsymbol{b}_t$ を次の条件を満足するように選ぶ．

i）　$K^n=C(\boldsymbol{b}_1)\oplus\cdots\oplus C(\boldsymbol{b}_t)$;

ii）　$\boldsymbol{b}_i$ は $D_{i-1}\equiv C(\boldsymbol{b}_1)\oplus\cdots\oplus C(\boldsymbol{b}_{i-1})$ に属さず $D_{i-1}+C(\boldsymbol{b}_i)$ が直和であるようなベクトルの中で m_i が最大である;

iii）　$\phi_{i+1}(x)$ が $\phi_i(x)$ を割り切る．

これらの条件を満たす $\boldsymbol{b}_1,\cdots,\boldsymbol{b}_t$ が存在したとすれば，

$$\boldsymbol{c}_j^{(i)} = A^{j-1}\boldsymbol{b}_i \qquad (i=1,\cdots,t;\ j=1,\cdots,m_i)$$

とおくと，$\boldsymbol{c}_1^{(i)},\cdots,\boldsymbol{c}_{m_i}^{(i)}$ は $C(\boldsymbol{b}_i)$ の基底であるから，

$$B_C = \{\boldsymbol{c}_1^{(1)},\cdots,\boldsymbol{c}_{m_1}^{(1)};\ \cdots;\boldsymbol{c}_1^{(t-1)},\cdots,\boldsymbol{c}_{m_{t-1}}^{(t-1)};\boldsymbol{c}_1^{(t)},\cdots,\boldsymbol{c}_{m_t}^{(t)}\}$$

は K^n の基底である．そこで，A により $C(\boldsymbol{b}_i)$ の上に誘導された一次変換を $\boldsymbol{A}_i$ と記し $\boldsymbol{A}_i$ の $\{\boldsymbol{c}_1^{(i)},\cdots,\boldsymbol{c}_{m_i}^{(i)}\}$ に関する表現行列を C_i とすれば，C_i は $\boldsymbol{b}_i$ の最小消去多項式 $\phi_i(x)$ のコンパニオン行列(例2.11)に一致する．したがって，もとの行列 A の基底 B_C に関する表現行列は $C_1,\cdots,C_t$ の直和で (3.22) ～ (3.23) の形の有理標準形になる(S は K^n の自然基底から基底 B_C への変換行列である)．

条件 i) ～iii) を満足する $\boldsymbol{b}_1,\cdots,\boldsymbol{b}_t$ は次のような手順で定めることができる．

1°　最初に，$\boldsymbol{b}_1$ として K^n の任意のベクトル $(\neq\boldsymbol{o})$ を選び，$D_1=C(\boldsymbol{b}_1)$ として 2° へ行く．

2°　$D_1=K^n$ ならば，$t=1$ として i) ～iii) が満足されている．そうでなければ，$\boldsymbol{b}_2\notin C(\boldsymbol{b}_1)$ であるような任意のベクトル $\boldsymbol{b}_2$ を選び，$p=1$ として 3° へ行く．

3°　$D_p+C(\boldsymbol{b}_{p+1})$ が直和なら 4° へ行く．そうでなければ，$\boldsymbol{c}_j^{(p+1)}=A^{j-1}\boldsymbol{b}_{p+1}$ $(j=1,2,\cdots)$ とおく．すると $\{\boldsymbol{c}_1^{(p+1)},\cdots,\boldsymbol{c}_{m+1}^{(p+1)}\}$ が一次独立で，かつ，

$$D_p+L(\boldsymbol{c}_1^{(p+1)},\cdots,\boldsymbol{c}_m^{(p+1)},\boldsymbol{c}_{m+1}^{(p+1)})$$

が直和でないような最小の m が存在するから，$\boldsymbol{b}\in D_p$ かつ $\boldsymbol{b}\in L(\boldsymbol{c}_1^{(p+1)},\cdots,\boldsymbol{c}_m^{(p+1)},\boldsymbol{c}_{m+1}^{(p+1)})$ なる $\boldsymbol{b}\neq\boldsymbol{o}$ を一つ選ぶことができて

$$d_m\boldsymbol{c}_{m+1}^{(p+1)}-\sum_{j=1}^{m}d_{j-1}\boldsymbol{c}_j^{(p+1)}=\boldsymbol{b}=\sum_{k=1}^{m_1}e_{k-1}^{(1)}\boldsymbol{c}_k^{(1)}+\cdots+\sum_{k=1}^{m_p}e_{k-1}^{(p)}\boldsymbol{c}_k^{(p)} \quad (3.24)$$

となる．ここで，m_i は $\boldsymbol{b}_i$ 最小消去多項式 $\phi_i(x)$ の次数である．m の最小性から，$d_m\neq 0$ である．したがって，(3.24)を $\boldsymbol{c}_{m+1}^{(p+1)}$ について解いた式をあらためて

$$\boldsymbol{c}_{m+1}^{(p+1)}=\sum_{j=1}^{m}d_{j-1}\boldsymbol{c}_j^{(p+1)}+\sum_{k=1}^{m_1}e_{k-1}^{(1)}\boldsymbol{c}_k^{(1)}+\cdots+\sum_{k=1}^{m_p}e_{k-1}^{(p)}\boldsymbol{c}_k^{(p)}$$

と書くことができる．ここで，

$$\theta_0(x)=x^m-d_{m-1}x^{m-1}-\cdots-d_1x-d_0,$$
$$\theta_i(x)=e_{m_i-1}^{(i)}x^{m_i-1}+\cdots+e_1^{(i)}x+e_0^{(i)} \qquad (i=1,\cdots,p)$$

とおけば，関係式

$$\theta_0(A)\boldsymbol{b}_{p+1}=\sum_{i=1}^{p}\theta_i(A)\boldsymbol{b}_i$$

を得る．このとき，(3.24)において $\boldsymbol{b}\neq\boldsymbol{o}$ であることに注意すれば，$\theta_1(x),\cdots,\theta_p(x)$ の中に 0 でないものがあるはずである．各 $i=1,\cdots,p$ に対して，$\theta_i(x)$ を $\theta_0(x)$ で割った商を $g_i(x)$，余りを $\theta_i'(x)$ とし：

$$\theta_i(x)=g_i(x)\theta_0(x)+\theta_i'(x) \qquad (\theta_i'(x)\text{ の次数}<m),$$

そして

$$\boldsymbol{b}_{p+1}'=\boldsymbol{b}_{p+1}-\sum_{i=1}^{p}g_i(A)\boldsymbol{b}_i \quad (3.25)$$

とおけば，

$$\theta_0(A)\boldsymbol{b}_{p+1}'=\sum_{i=1}^{p}\theta_i'(A)\boldsymbol{b}_i \quad (3.26)$$

となる．そこで，$\boldsymbol{c}_j'^{(p+1)}=A^{j-1}\boldsymbol{b}_{p+1}'\,(j=1,\cdots,m)$ とすると，$\{\boldsymbol{c}_1'^{(p+1)},\cdots,\boldsymbol{c}_m'^{(p+1)}\}$ は一次独立で，かつ $D_p+L_m'\,(L_m'\equiv L(\boldsymbol{c}_1'^{(p+1)},\cdots,\boldsymbol{c}_m'^{(p+1)}))$ は直和である．実際，$\boldsymbol{c}$ を D_p の任意のベクトルとして

$$a_1\boldsymbol{c}_1'^{(p+1)}+\cdots+a_m\boldsymbol{c}_m'^{(p+1)}+\boldsymbol{c}=\boldsymbol{o} \quad (3.27)$$

とすると，(3.25)により

$$a_1\boldsymbol{c}_1^{(p+1)}+\cdots+a_m\boldsymbol{c}_m^{(p+1)}=-\boldsymbol{c}+\sum_{i=1}^{p}\left(\sum_{j=1}^{m}a_jA^{j-1}g_i(A)\right)\boldsymbol{b}_i$$

となるが，左辺は $L_m=L(\boldsymbol{c}_1^{(p+1)},\cdots,\boldsymbol{c}_m^{(p+1)})$ に属し右辺は D_p に属することおよび D_p+L_m が直和であることから，$a_1\boldsymbol{c}_1^{(p+1)}+\cdots+a_m\boldsymbol{c}_m^{(p+1)}=\boldsymbol{o}$ を得る．$\{\boldsymbol{c}_1^{(p+1)},\cdots,\boldsymbol{c}_m^{(p+1)}\}$ は一次独立であったから，$a_1=\cdots=a_m=0$ であり，また，(3.27) より $\boldsymbol{c}=\boldsymbol{o}$ でもある．

a） $\theta_1'=\cdots=\theta_p'=0$ の場合には，$\boldsymbol{b}'_{p+1}$ をあらためて $\boldsymbol{b}_{p+1}$ とおいて 4° へ行く．この場合には，(3.26) より $\theta_0(A)\boldsymbol{b}'_{p+1}=\boldsymbol{o}$ であり，かつ $\dim C(\boldsymbol{b}'_{p+1})\geqq m$ で $\theta_0(x)$ の次数が m であるから，$L'_m=C(\boldsymbol{b}'_{p+1})$ で，θ_0 は $\boldsymbol{b}'_{p+1}$ の最小消去多項式である．また，$D_p+L'_m$ が直和であることと $D_p+C(\boldsymbol{b}'_{p+1})$ が直和であることとは同じことである．

b） $\theta_1',\cdots,\theta_p'$ の中に 0 と異なるものが少なくとも一つある場合には，条件 ii) の中の $m_i\,(i\leqq p)$ をもっと大きくできることがわかる．まず，θ_0 が $\boldsymbol{b}'_{p+1}$ の最小消去多項式 ψ'_{p+1} を割り切ることに注目する．実際，

$$\psi'_{p+1}(x)=h(x)\theta_0(x)+\pi(x) \qquad (\pi(x)\text{ の次数 }<m)$$

とおけば，(3.26) より

$$\boldsymbol{o}=\psi'_{p+1}(A)\boldsymbol{b}'_{p+1}=\sum_{i=1}^{p}h(A)\theta_i'(A)\boldsymbol{b}_i+\pi(A)\boldsymbol{b}'_{p+1}$$

となるが，$h(A)\theta_i'(A)\boldsymbol{b}_i\in D_p$，$\pi(A)\boldsymbol{b}'_{p+1}\in L'_m$ でありかつ $D_p+L'_m$ が直和なので

$$h(A)\theta_i'(A)\boldsymbol{b}_i=\boldsymbol{o}, \qquad \pi(A)\boldsymbol{b}'_{p+1}=\boldsymbol{o}. \tag{3.28}$$

そこで，$\pi(x)=a_{m-1}x^{m-1}+\cdots+a_1x+a_0$ とおいて $\pi(A)\boldsymbol{b}'_{p+1}=\boldsymbol{o}$ を

$$a_{m-1}\boldsymbol{c}_m'^{(p+1)}+\cdots+a_1\boldsymbol{c}_2'^{(p+1)}+a_0\boldsymbol{c}_1'^{(p+1)}=\boldsymbol{o}$$

と書きなおせば，すでに示したように $\{\boldsymbol{c}_1'^{(p+1)},\cdots,\boldsymbol{c}_m'^{(p+1)}\}$ は一次独立なので $a_{m-1}=\cdots=a_1=a_0=0$，したがって，$\pi(x)=0$ である．ゆえに，θ_0 は ψ'_{p+1} を割り切る：

$$\psi'_{p+1}(x)=h(x)\theta_0(x). \tag{3.29}$$

また，(3.28) の第一式から，$h(x)\theta_i'(x)$ は $\boldsymbol{b}_i$ の最小消去多項式 $\psi_i(x)$ で割り切られる．したがって，0 でない θ_i' に対しては，

$$m_i\leq(h\text{ の次数}+\theta_i'\text{ の次数})<(h\text{ の次数}+m) \tag{3.30}$$

である．さらに，(3.29) より

$$m'_{p+1}\equiv\psi'_{p+1}\text{ の次数}=(h\text{ の次数}+m) \tag{3.31}$$

である．いま，$\theta_i' \neq 0$ であるような i のうちで最小のものを q とする．すると，$D_{q-1}+C(\boldsymbol{b}'_{p+1})$ が直和であるから，$\boldsymbol{b}'_{p+1}$ をあらためて $\boldsymbol{b}_q$ とみなし p を $q-1$ に等しいとおいて 4° へ行く．このとき，(3.30) と (3.31) によって $m'_{p+1}>m_q$ となっているので，q 番目の巡回部分空間 $C(\boldsymbol{b}_q)$ がそれより次元の大きい巡回部分空間 $C(\boldsymbol{b}'_{p+1})$ でおきかえられることになる．

4°　ここへ来たときには，$D_{p+1}\equiv C(\boldsymbol{b}_1)\oplus\cdots\oplus C(\boldsymbol{b}_p)\oplus C(\boldsymbol{b}_{p+1})$ が得られていて，$j=2,\cdots,p$ に対して ϕ_j が ϕ_{j-1} を割り切る状態になっている（ϕ_j は $\boldsymbol{b}_j$ の最小消去多項式）．

a）ϕ_{p+1} が ϕ_p を割り切らない場合には 5° へ行く．

b）ϕ_{p+1} が ϕ_p を割り切る場合には，$D_{p+1}=K^n$ ならばそれで終る $(t=p+1)$．そうでなければ，$\boldsymbol{b}_{p+2}\notin D_{p+1}$ であるような任意の $\boldsymbol{b}_{p+2}(\neq\boldsymbol{o})$ を選び，$p+1$ をあらためて p とみなして，3° へ行く．

5°　$\boldsymbol{b}_0=\boldsymbol{b}_p+\boldsymbol{b}_{p+1}$ とおく．$\boldsymbol{b}_0$ の最小消去多項式を $\phi_0(x)$ とすると，

$$\boldsymbol{o}=\phi_0(A)\boldsymbol{b}_0=\phi_0(A)\boldsymbol{b}_p+\phi_0(A)\boldsymbol{b}_{p+1}$$

であるが，$\phi_0(A)\boldsymbol{b}_p\in C(\boldsymbol{b}_p)$，$\phi_0(A)\boldsymbol{b}_{p+1}\in C(\boldsymbol{b}_{p+1})$ でかつ $C(\boldsymbol{b}_p)+C(\boldsymbol{b}_{p+1})$ は直和であるから，

$$\phi_0(A)\boldsymbol{b}_p=\boldsymbol{o},\qquad \phi_0(A)\boldsymbol{b}_{p+1}=\boldsymbol{o}.$$

ゆえに，ϕ_0 は ϕ_p と ϕ_{p+1} の倍多項式でなければならない．ところが，ϕ_{p+1} が ϕ_p を割り切らないとしたので，ϕ_0 の次数は ϕ_p の次数より大である．すなわち，$C(\boldsymbol{b}_0)$ の次元は $C(\boldsymbol{b}_p)$ の次元より大きい．また，$D_{p-1}+C(\boldsymbol{b}_0)$ が直和であることは明らかである．そこで，$\boldsymbol{b}_0$ をあらためて $\boldsymbol{b}_p$ とみなし p を 1 だけ減じて 4° へ行く．

以上の操作 1°～5° を繰返して行くと，条件 i), iii) が成立しないうちは条件 ii) がよりよく満たされるように改善（m_i がより大きくなる，あるいは，より大きな i まで D_{i-1} が定まる）が続けられるが，有限次元空間においてはそのような改善は無限に続くことはできないので，いつかは i), iii) が成立することになる．∎

注意 3.2　条件 ii) は条件 i), iii) の結果として成立する．実際，条件 i), iii) を満たす $\boldsymbol{b}_1,\cdots,\boldsymbol{b}_t$ が与えられたとして，$i=p$ のとき，$D_{p-1}+C(\boldsymbol{b}'_p)$ が直和でかつ $\dim C(\boldsymbol{b}'_p)\geq$

$\dim C(\boldsymbol{b}_p)$であるような$\boldsymbol{b}'_p \notin D_{p-1}$を選んで，それを

$$\boldsymbol{b}'_p = \boldsymbol{c}_1 + \cdots + \boldsymbol{c}_{p-1} + \boldsymbol{c}_p \cdots + \boldsymbol{c}_t \qquad (\boldsymbol{c}_i \in C(\boldsymbol{b}_i)) \tag{3.32}$$

と表わしてみる．$\boldsymbol{c}_i$の最小消去多項式を$\theta_i(x)$とすれば，$\boldsymbol{c}_1 + \cdots + \boldsymbol{c}_{p-1}$の最小消去多項式は$\theta_1(x), \cdots, \theta_{p-1}(x)$の最小公倍多項式$\pi_1(x)$であり，$\boldsymbol{c}_p + \cdots + \boldsymbol{c}_t$の最小消去多項式は$\theta_p(x), \cdots, \theta_t(x)$の最小公倍多項式$\pi_2(x)$である．また，$\boldsymbol{b}'_p$の最小消去多項式は$\pi_1(x)$と$\pi_2(x)$の最小公倍多項式に一致する．(3.32)の両辺に$\pi_2(A)$を施すと

$$\begin{aligned}\pi_2(A)\boldsymbol{b}'_p &= \pi_2(A)(\boldsymbol{c}_1 + \cdots + \boldsymbol{c}_{p-1}) + \pi_2(A)(\boldsymbol{c}_p + \cdots + \boldsymbol{c}_t) \\ &= \pi_2(A)(\boldsymbol{c}_1 + \cdots + \boldsymbol{c}_{p-1}).\end{aligned}$$

上式の左辺は$C(\boldsymbol{b}'_p)$に属し，右辺はD_{p-1}に属するから，$D_{p-1} + C(\boldsymbol{b}'_p)$が直和であるためには両辺は$\boldsymbol{o}$とならなければならない．「右辺$=\boldsymbol{o}$」は$\pi_1(x)$が$\pi_2(x)$を割り切ることを意味し，したがって，$\boldsymbol{b}'_p$の最小消去多項式は$\pi_2(x)$に等しい．$\pi_2(x)$は$\boldsymbol{b}''_p = \boldsymbol{c}_p + \cdots + \boldsymbol{c}_t$の最小消去多項式であるから，最小消去多項式の次数($=\dim C(\boldsymbol{b}'_p)$)を最大にするベクトルとしては$\boldsymbol{b}''_p$の形のものだけを考えれば十分である．$\theta_i(x)$は$\boldsymbol{b}_i$の最小消去多項式$\psi_i(x)$を割り切り，かつ$\psi_i(x)$は$\psi_{i-1}(x)$を割り切る(条件 iii))ので，$\boldsymbol{b}''_p$の形のベクトルの最小消去多項式の次数は高々$\psi_p(x)$の次数である．この次数は，明らかに，$\boldsymbol{b}_p$によって実現されている．

注意 3.3　条件 iii)より，任意のベクトル$\boldsymbol{b} \in K^n (\boldsymbol{b} = \boldsymbol{c}_1 + \cdots + \boldsymbol{c}_t, \boldsymbol{c}_i \in C(\boldsymbol{b}_i))$に$\psi_1(A)$を作用させると，$\psi_1(A)(\boldsymbol{c}_1 + \cdots + \boldsymbol{c}_t) = \psi_1(A)\boldsymbol{c}_1 + \cdots + \psi_1(A)\boldsymbol{c}_t = \boldsymbol{o}$となり，$\psi_1(x)$はすべてのベクトルを消去する．しかも，$\psi_1(x)$は$\boldsymbol{b}_1$の最小消去多項式なので，$\psi_1(x)$はすべてのベクトルを消去する多項式の中で最小次数のものである．したがって，定理 2.17 より，$\psi_1(x)$はAの最小多項式に等しい．

注意 3.4　有理標準形(3.22)，(3.23)がブロックC_iの現われる順序まで含めて一意的に定まることの証明は，直接にも可能であるが，次の§3.3で行列の"単因子"という概念を用いて行なうことにする．また，定理の最後の部分は，前節§3.1において定理 3.1 の対応する部分を証明したのと全く同様にして証明される．

上に述べた定理 3.2 の証明はそのまま標準形の構成法を与えているが，それをより具体的に行列算の形に翻訳すると，以下のようになる．

最初に，演算の単位となる基本変形について説明しておこう．

行列Aに相似変換を施すことはある正則行列Sを用いて行列$S^{-1}AS$を作ることであるが，定理 1.3 により，正則行列は基本変形行列$R_1, \cdots, R_m$の積として表わすことができるので，

$$
\begin{aligned}
S^{-1}AS &= (R_m^{-1}\cdot\cdots\cdot R_1^{-1})A(R_1\cdot\cdots\cdot R_m) \\
&= R_m^{-1}(\cdots(R_2^{-1}(R_1^{-1}AR_1)R_2)\cdots)R_m
\end{aligned}
\tag{3.33}
$$

となる(R_i は§1.2で述べた行列 $P_{kl}, T_k(c), S_{kl}(c)$ のうちのいずれかである)．すなわち，任意の相似変換 $S^{-1}AS$ は行列 A の左から R_i^{-1} を掛け同時に右から R_i を掛けるという演算の合成である．

R_i が三種類の基本変形行列のいずれであるかに従って，この操作は具体的には次の通りになる

操作1) $P_{kl}^{-1}AP_{kl}$=「A の第 k 列と第 l 列とを入れかえ同時に第 k 行と第 l 行とを入れかえてできる行列」

操作2) $T_k^{-1}(c)AT_k(c)$=「A の第 k 列を c 倍し同時に第 k 行を c^{-1} 倍してできる行列」

操作3) $S_{kl}^{-1}(c)AS_{kl}(c)$=「A の第 l 列に第 k 列の c 倍を加え同時に第 k 行から第 l 行の c 倍を引いてできる行列」

n 次の正方行列 $A=[a_{ij}]$ を有理標準形に変換する行列演算の手順

1°, 2° もし $a_{21}=a_{31}=\cdots=a_{n1}=0$ ならば，$C_1=[a_{11}]$，$p=1$，$m_1=1$ とおいて3°へ行く．そうでなければ，$a_{q1}\neq 0\,(q\neq 1)$ なる成分を一つ選び，A の第2行と第 q 行の入れかえおよび第2列と第 q 列の入れかえ(操作1)を行えば，a_{q1} が A の(2,1)成分となる．($q=2$ のときはこの操作はとばす.) そこでこの結果の行列を $A^{(1)}=[a_{ij}^{(1)}]$ とし，その第2行を $a_{21}^{(1)}$ で割り第2列に $a_{21}^{(1)}$ を掛ければ(操作2)，(2,1)成分が1である行列 $A^{(2)}=[a_{ij}^{(2)}]$ が得られる．この行列に対して，$i\neq 2$ なるすべての i に対して，第 i 行から第2行の $a_{i1}^{(2)}$ 倍を引き同時に第2列に第 i 列の $a_{i1}^{(2)}$ 倍を加えると(操作3)，第1列は(2,1)成分だけが1で他の成分がすべて0の行列 $A^{(3)}=[a_{ij}^{(3)}]$ が得られる：

$$
A^{(3)} = \begin{bmatrix} 0 & * & * & \cdots\cdots & * \\ 1 & * & * & \cdots\cdots & * \\ 0 & * & * & \cdots\cdots & * \\ \vdots & \vdots & \vdots & & \vdots \\ 0 & * & * & \cdots\cdots & * \end{bmatrix}.
$$

ただし，$*$は0とは限らない数を表わす．

ここで，$a_{32}^{(3)}=a_{42}^{(3)}=\cdots=a_{n2}^{(3)}=0$ ならば

$$C_1=\begin{bmatrix} a_{11}^{(3)} & a_{12}^{(3)} \\ a_{21}^{(3)} & a_{22}^{(3)} \end{bmatrix}=\begin{bmatrix} 0 & a_{12}^{(3)} \\ 1 & a_{22}^{(3)} \end{bmatrix}$$

とおき $p=1$, $m_1=2$ として 3° へ行く(C_1 は2次のコンパニオン行列である)．

そうでなければ，第2列の非零成分 $a_{q2}^{(3)}\neq 0\,(q\geq 3)$ を行の入れかえおよび列の入れかえ(操作1)によって，(3, 2)成分に移す(このとき，第1列は影響を受けない)．

この結果の行列 $A^{(4)}=[a_{ij}^{(4)}]$ において，第3行を $a_{32}^{(4)}$ で割り第3列に $a_{32}^{(4)}$ を掛ければ(操作2)，第1列は影響を受けずに，(3, 2)成分が1である行列 $A^{(5)}=[a_{ij}^{(5)}]$ が得られる．$i\neq 3$ なるすべての i に対して，第 i 行から第3行の $a_{i2}^{(5)}$ 倍を引き同時に第3列に第 i 列の $a_{i2}^{(5)}$ 倍を加えれば(操作3)，次のような行列 $A^{(6)}=[a_{ij}^{(6)}]$ を得る：

$$A^{(6)}=\begin{bmatrix} 0 & 0 & * & \cdots & * \\ 1 & 0 & \vdots & & \vdots \\ 0 & 1 & \vdots & & \vdots \\ \vdots & 0 & \vdots & & \vdots \\ \vdots & \vdots & \vdots & & \vdots \\ 0 & 0 & * & \cdots & * \end{bmatrix}.$$

同様な操作を第3列以降に対しても可能な限り続けて行けば，一般に，次のような形の行列を得る．

$$A^{(7)}=\begin{array}{c} \\ m_1\Big\updownarrow \\ \\ \\ \end{array}\left[\begin{array}{ccccc:ccc} \multicolumn{4}{c}{\overset{m_1}{\longleftrightarrow}} & & & & \\ 0 & \cdots & \cdots & 0 & * & * & \cdots & * \\ 1 & \ddots & & \vdots & \vdots & \vdots & & \vdots \\ 0 & \ddots & \ddots & \vdots & \vdots & \vdots & & \vdots \\ \vdots & & \ddots & 0 & * & \vdots & & \vdots \\ 0 & \cdots & 0 & 1 & * & * & \cdots & * \\ \hdashline 0 & \cdots & \cdots & \cdots & 0 & * & \cdots & * \\ \vdots & & & & \vdots & \vdots & & \vdots \\ 0 & \cdots & \cdots & \cdots & 0 & * & \cdots & * \end{array}\right].$$

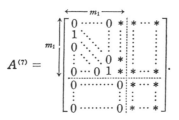

この行列 $A^{(7)}$ の左上に現われている m_1 次の正方行列(これを C_1 と書く)はコンパニオン行列であり，第 m_1 列の第 m_1+1 行以降の成分がすべて 0 となっているので，上記の操作は第 m_1 列で停止しているわけである．

そこで，$p=1$ として 3° へ行く．

3°　ここに入って来るときの行列の形は次のようになっている．

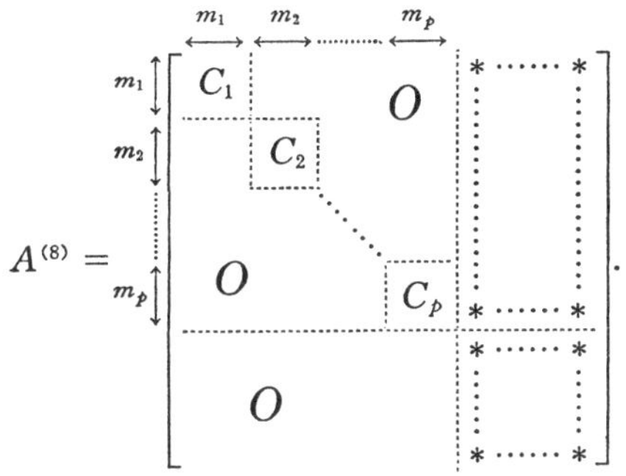

ただし，$C_1, C_2, \cdots, C_p$ はコンパニオン行列(C_i の最小多項式を $\phi_i(x)$，その次数を m_i と書く)であって，$A^{(8)}$ の第1列から第$(m_1+\cdots+m_p)$列までの成分は C_i のブロックを除いてすべて 0 であり，$\phi_i(x)$ は $\phi_{i-1}(x)$ を割り切る($i=2, \cdots, p$)．

$A^{(8)}=C_1 \oplus C_2 \oplus \cdots \oplus C_p$ となっている場合($m_1+\cdots+m_p=n$ の場合)には，これで終了する．そうでない場合には，$A^{(8)}$ の第$(m_1+\cdots+m_p+1)$列において，第$(m_1+\cdots+m_p+2)$行以降の 0 でない成分を探す．0 でない成分があれば，それを，第$(m_1+\cdots+m_p+2)$番目以後の行の入れかえと列の入れかえを適当に行なうことにより(操作 1)，$(m_1+\cdots+m_p+2, m_1+\cdots+m_p+1)$ 成分にもってくることができる．

この行列に対し 1°，2° で行列 $A^{(7)}$ を導いたのと同様の操作 1)，操作 2)，操作 3)を第$(m_1+\cdots+m_p+1)$列から始めてそれ以降の列に繰返し施せば，結局，以下のような行列

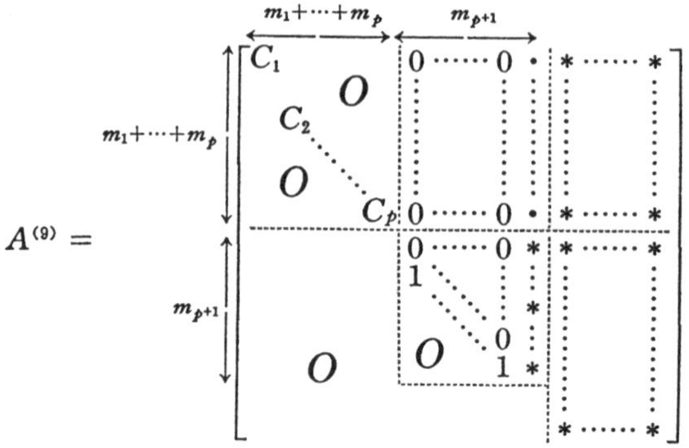

が得られる．（$A^{(9)}$ の第$(m_1+\cdots+m_p+1)$列の第$(m_1+\cdots+m_p+2)$行以後がみな0である場合には，$m_{p+1}=1$ として $A^{(8)}$ 自身が $A^{(9)}$ の形になっている；このとき $A^{(9)}$ の第$(m_1+\cdots+m_p+1)$番目の対角成分の0が＊である．）$A^{(9)}$ の第$(p+1)$番目の対角ブロック（m_{p+1} 次のコンパニオン行列）を C_{p+1} とおく．$A^{(9)}$ で・印をつけた個所（列ベクトル）のうちブロック C_i の m_i 個の行に対応する部分（すなわち第$(m_1+\cdots+m_{p+1})$列の第$(m_1+\cdots+m_{i-1}+1)$行以後第$(m_1+\cdots+m_i)$行まで）を $\boldsymbol{e}^{(i)}$ で表わす$(i=1,\cdots,p)$．$\boldsymbol{e}^{(1)},\cdots,\boldsymbol{e}^{(p)}$ のすべてが零ベクトル $\boldsymbol{o}$ であれば4°へ行く．そうでなければ，$\boldsymbol{e}^{(i)}\neq\boldsymbol{o}$ なる最小の i を q とおいて，次の操作を行なう．

a）$m_{p+1}\geq m_q$ ならば，第$(m_1+\cdots+m_{q-1}+1)$行と第$(m_1+\cdots+m_p+1)$行を入れかえ同時に第$(m_1+\cdots+m_{q-1}+1)$列と第$(m_1+\cdots+m_p+1)$列を入れかえて（操作1），p を $q-1$ に等しいとおき3°の先頭に戻る．

b）$m_{p+1}\leq m_q-1$ ならば，各 $j=1,2,\cdots r$ に対して順に以下の操作 i),ii) を行なう$(r=m_q-m_{p+1})$．i）最初に，その時点での行列の$(m_1+\cdots+m_q-j+1,\ m_1+\cdots+m_{p+1})$成分を α_j とおく．ii）各 $k=1,2,\cdots,m_{p+1}$ に対して順に，第$(m_1+\cdots+m_{p+1}+1-k)$列から第$(m_1+\cdots+m_q-k-j+1)$列の α_j 倍を引き同時に第$(m_1+\cdots+m_q-k-j+1)$行に第$(m_1+\cdots+m_{p+1}+1-k)$行の α_j 倍を加える（操作3）．この操作を図式的に示すと次図の通りである（図3.2）．

各 j,k に対する操作 i),ii) が終了したとき得られる行列を $A^{(10)}$ とす

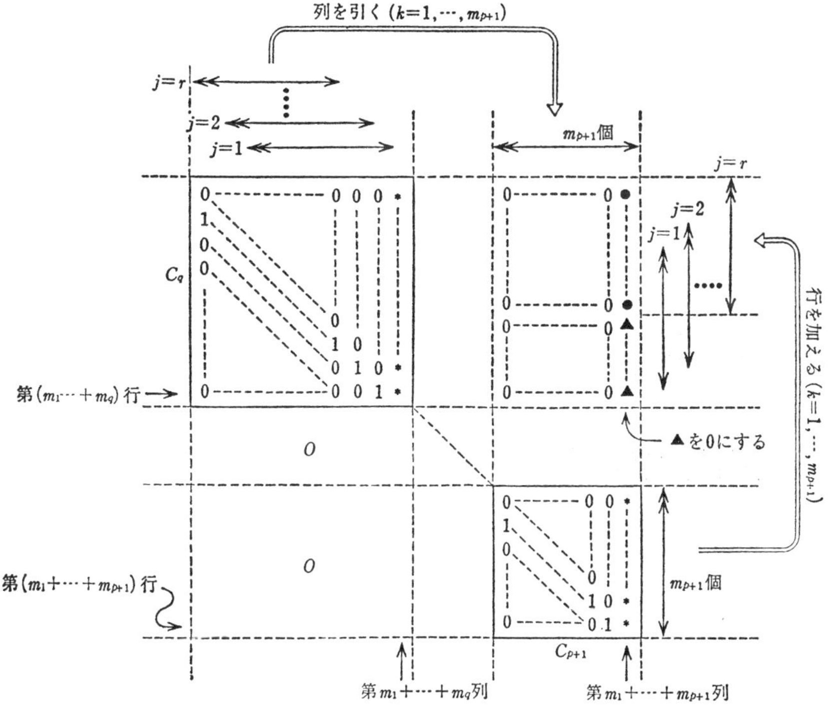

図3.2

れば，$A^{(10)}$ ともとの行列 $A^{(9)}$ とは，第1列から第$(m_1+\cdots+m_{p+1}-1)$列までがすべて一致しており，第$(m_1+\cdots+m_{p+1})$列においてはブロック C_q の m_q 個の行に対応する部分だけが変化している．とくに，第$(m_1+\cdots+m_{p+1})$列の第$(m_1+\cdots+m_q-r+1)$行から第$(m_1+\cdots+m_q)$行まではすべて0になっている．そこで，(イ) $A^{(10)}$ において第$(m_1+\cdots+m_{p+1})$列のうちでブロック C_q に対応する部分の中の残りの部分，すなわち第$(m_1+\cdots+m_{q-1}+1)$行から第$(m_1+\cdots+m_q-r)$行まで，もすべて0となっている場合には，$\boldsymbol{e}^{(i)}\neq\boldsymbol{o}\ (i>q)$ なる最小の i を探し，このような i が存在するなら，これをあらためて q とおき m_{p+1} と m_q-1 の大小に応じて3°のa)あるいはb)に戻る．$\boldsymbol{e}^{(1)},\cdots,\boldsymbol{e}^{(p)}$ がすべて0であるなら4°へ行く．(ロ) $A^{(10)}$ の第$(m_1+\cdots+m_{p+1})$列の第$(m_1+\cdots+m_{q-1}+1)$行から

第$(m_1+\cdots+m_q-r)$行までに非零成分が少くとも一つある場合には，第$(m_1+\cdots+m_{q-1}+1)$行と第$(m_1+\cdots+m_p+1)$行とを入れかえ同時に第$(m_1+\cdots+m_{q-1}+1)$列と第$(m_1+\cdots+m_p+1)$列とを入れかえて(操作1)，pを$q-1$に等しいとおいて3°の先頭に戻る.

4° ここに入って来るときの行列の形は次のようになっている.

$$A^{(11)}=\left[\begin{array}{cccc:ccc} C_1 & & & O & * & \cdots & * \\ & C_2 & & & \vdots & & \vdots \\ & & \ddots & & \vdots & & \vdots \\ & & C_p & & \vdots & & \vdots \\ O & & & C_{p+1} & * & \cdots & * \\ \hdashline & & & & * & \cdots & * \\ & & O & & \vdots & & \vdots \\ & & & & * & \cdots & * \end{array}\right].$$

ただし，C_iはm_i次の最小多項式$\psi_i(x)$をもつコンパニオン行列$(i=1,\cdots,p,p+1)$で，$\psi_j(x)$は$\psi_{j-1}(x)$を割り切る$(j=2,\cdots,p)$が，$\psi_{p+1}(x)$は$\psi_p(x)$を割り切るとは限らない．そこで，$\psi_{p+1}(x)$が$\psi_p(x)$を割り切らなければ5°へ行く．割り切る場合には，$m_1+\cdots+m_p+m_{p+1}=n$(Aの次数)ならそれで終了し，そうでなければ$p+1$をpとおいて3°へ行く.

5° 第$(m_1+\cdots+m_p+1)$列を第$(m_1+\cdots+m_{p-1}+1)$列に加え同時に第$(m_1+\cdots+m_p+1)$行から第$(m_1+\cdots+m_{p-1}+1)$行を引き(操作3)，$p-1$をpとおいて3°へ行く.

注意 3.5 以上の手順の1°～5°はそれぞれ定理3.2の証明で述べた手順1°～5°と対応している(読者はこのことを実際に確かめてみるとよい)．上述の方法は，定理3.2の証明との対応を重視して述べてあるので，数値計算の“効率”という立場からみれば必ずしも最善とはいえない．しかし，有理標準形もジョルダン標準形と同様に，丸め誤差の影響で“構造的に”不安定であるので，“無限精度”の計算が可能であるとの前提のもとでの算法の効率化を考えてもあまり実際的な効果は期待できない．また，有理標準形を求める上記の方法と単因子に基づく方法(次節の§3.3)とを比較してみるとよい.

注意 3.6 有理標準形(3.22)～(3.23)を与える変換行列Sを求めるには，最初に単位行列を一つ用意しておいて，それに上記手順中に用いられる基本変形を順に施していけばよい．最後にSが得られる.

例 3.10 行列

$$A=\begin{bmatrix}1&1&1&-2\\0&1&1&-1\\1&1&-1&-1\\1&2&1&-3\end{bmatrix}$$

の有理標準形を求めてみる.

$$\begin{bmatrix}1&1&1&-2\\0&1&1&-1\\1&1&-1&-1\\1&2&1&-3\end{bmatrix}\xrightarrow{(1)}\begin{bmatrix}1&1&1&-2\\1&-1&1&-1\\0&1&1&-1\\1&1&2&-3\end{bmatrix}\xrightarrow{(2)}\begin{bmatrix}0&2&0&-1\\\boxed{1}&0&1&-1\\0&1&1&-1\\1&2&2&-3\end{bmatrix}$$

$$\xrightarrow{(3)}\left[\begin{array}{cc:cc}0&1&0&-1\\1&-1&1&-1\\\hdashline 0&0&1&-1\\0&0&\boxed{1}&-2\end{array}\right]\xrightarrow{(4)}\left[\begin{array}{cc:cc}0&1&0&0\\0&-1&0&0\\\hdashline 0&0&1&-1\\0&0&1&-2\end{array}\right]\xrightarrow{(5)}\left[\begin{array}{cc:cc}0&1&0&0\\1&-1&0&0\\\hdashline 0&0&0&1\\0&0&1&-1\end{array}\right].$$

(1)　第2行と第3行を入れかえ第2列と第3列を入れかえる(操作1)

(2)　第1行から第2行を引き第2列に第1列を加える(操作3)

(3)　第4行から第2行を引き第2列に第4列を加える(操作3)

(4)　第2行から第4行を引き第4列に第2列を加える(操作3)

(5)　第3行から第4行を引き第4列に第3列を加える(操作3)

したがって，A の有理標準形は二つの同一のコンパニオン行列を対角ブロックとしてもつ. このとき，変換行列 S は，基本変形(1)～(5)に対応する基本変形行列を順次掛けることによって求められる.

$$S=\begin{bmatrix}1&1&0&1\\0&0&1&1\\0&1&0&1\\0&1&0&2\end{bmatrix},\qquad S^{-1}AS=\left[\begin{array}{cc:cc}0&1&0&0\\1&-1&0&0\\\hdashline 0&0&0&1\\0&0&1&-1\end{array}\right].$$

例 3.11　有理標準形を求める例をもう一つ挙げよう.

$$A=\begin{bmatrix}3&3&-4&4&-3\\0&-6&-6&0&2\\2&4&1&2&-3\\1&7&4&2&-3\\7&4&-4&5&-7\end{bmatrix}\xrightarrow{(1)}\begin{bmatrix}3&4&-4&3&-3\\\boxed{1}&2&4&7&-3\\2&2&1&4&-3\\0&0&-6&-6&2\\7&5&-4&4&-7\end{bmatrix}$$

$$\xrightarrow{(2)}\begin{bmatrix} 0 & -2 & -16 & -18 & 6 \\ \boxed{1} & 5 & 4 & 7 & -3 \\ 2 & 8 & 1 & 4 & -3 \\ 0 & 0 & -6 & -6 & 2 \\ 7 & 26 & -4 & 4 & -7 \end{bmatrix} \xrightarrow{(3)}\begin{bmatrix} 0 & -34 & -16 & -18 & 6 \\ \boxed{1} & 13 & 4 & 7 & -3 \\ 0 & -16 & -7 & -10 & 3 \\ 0 & -12 & -6 & -6 & 2 \\ 7 & 18 & -4 & 4 & -7 \end{bmatrix}$$

$$\xrightarrow{(4)}\begin{bmatrix} 0 & 8 & -16 & -18 & 6 \\ 1 & -8 & 4 & 7 & -3 \\ 0 & 5 & -7 & -10 & 3 \\ 0 & 2 & -6 & -6 & 2 \\ 0 & 25 & -32 & -45 & 14 \end{bmatrix} \xrightarrow{(5)}\begin{bmatrix} 0 & 8 & -18 & -16 & 6 \\ 1 & -8 & 7 & 4 & -3 \\ 0 & 2 & -6 & -6 & 2 \\ 0 & 5 & -10 & -7 & 3 \\ 0 & 25 & -45 & -32 & 14 \end{bmatrix}$$

$$\xrightarrow{(6)}\begin{bmatrix} 0 & 8 & -36 & -16 & 6 \\ 1 & -8 & 14 & 4 & -3 \\ 0 & \boxed{1} & -6 & -3 & 1 \\ 0 & 5 & -20 & -7 & 3 \\ 0 & 25 & -90 & -32 & 14 \end{bmatrix} \xrightarrow{(7)}\begin{bmatrix} 0 & 0 & 12 & 8 & -2 \\ 1 & -8 & 22 & 4 & -3 \\ 0 & \boxed{1} & -6 & -3 & 1 \\ 0 & 5 & -20 & -7 & 3 \\ 0 & 25 & -90 & -32 & 14 \end{bmatrix}$$

$$\xrightarrow{(8)}\begin{bmatrix} 0 & 0 & 12 & 8 & -2 \\ 1 & 0 & -26 & -20 & 5 \\ 0 & \boxed{1} & -14 & -3 & 1 \\ 0 & 5 & -60 & -7 & 3 \\ 0 & 25 & -290 & -32 & 14 \end{bmatrix} \xrightarrow{(9)}\begin{bmatrix} 0 & 0 & 52 & 8 & -2 \\ 1 & 0 & -126 & -20 & 5 \\ 0 & \boxed{1} & -29 & -3 & 1 \\ 0 & 0 & 50 & 8 & -2 \\ 0 & 25 & -450 & -32 & 14 \end{bmatrix}$$

$$\xrightarrow{(10)}\left[\begin{array}{ccc:cc} 0 & 0 & 2 & 8 & -2 \\ 1 & 0 & -1 & -20 & 5 \\ 0 & 1 & -4 & -3 & 1 \\ \hdashline 0 & 0 & 0 & 8 & -2 \\ 0 & 0 & 0 & 43 & -11 \end{array}\right] \xrightarrow{(11)}\left[\begin{array}{ccc:cc} 0 & 0 & 2 & -2 & 8 \\ 1 & 0 & -1 & 5 & -20 \\ 0 & 1 & -4 & 1 & -3 \\ \hdashline 0 & 0 & 0 & -11 & 43 \\ 0 & 0 & 0 & -2 & 8 \end{array}\right]$$

$$\xrightarrow{(12)}\left[\begin{array}{ccc:cc} 0 & 0 & 2 & -2 & -16 \\ 1 & 0 & -1 & 5 & 40 \\ 0 & 1 & -4 & 1 & 6 \\ \hdashline 0 & 0 & 0 & -11 & -86 \\ 0 & 0 & 0 & \boxed{1} & 8 \end{array}\right] \xrightarrow{(13)}\left[\begin{array}{ccc:cc} 0 & 0 & 2 & 0 & 0 \\ 1 & 0 & -1 & 5 & 38 \\ 0 & 1 & -4 & 1 & 6 \\ \hdashline 0 & 0 & 0 & -11 & -86 \\ 0 & 0 & 0 & 1 & 8 \end{array}\right]$$

$$
\xrightarrow{(14)}
\left[\begin{array}{ccc|cc}
0 & 0 & 2 & 0 & 0 \\
1 & 0 & -1 & 0 & -2 \\
0 & 1 & -4 & 1 & 11 \\
\hline
0 & 0 & 0 & -11 & -86 \\
0 & 0 & 0 & 1 & 8
\end{array}\right]
\xrightarrow{(15)}
\left[\begin{array}{ccc|cc}
0 & 0 & 2 & 0 & 2 \\
1 & 0 & -1 & 0 & -3 \\
0 & 1 & -4 & 0 & -1 \\
\hline
0 & 0 & 0 & -11 & -86 \\
0 & 0 & 0 & 1 & 8
\end{array}\right]
$$

$$
\xrightarrow{(16)}
\left[\begin{array}{ccc|cc}
0 & 0 & 2 & 0 & 2 \\
1 & 0 & -1 & 0 & -3 \\
0 & 1 & -4 & 0 & -1 \\
\hline
0 & 0 & 0 & 0 & 2 \\
0 & 0 & 0 & 1 & -3
\end{array}\right]
\xrightarrow{(17)}
\left[\begin{array}{ccc|cc}
0 & 0 & 2 & 0 & 2 \\
1 & 0 & -1 & -1 & 0 \\
0 & 1 & -4 & 0 & 0 \\
\hline
0 & 0 & 0 & 0 & 2 \\
0 & 0 & 0 & 1 & -3
\end{array}\right]
$$

$$
\xrightarrow{(18)}
\left[\begin{array}{ccc|cc}
0 & 0 & 2 & 0 & 0 \\
1 & 0 & -1 & 0 & 0 \\
0 & 1 & -4 & 0 & 0 \\
\hline
0 & 0 & 0 & 0 & 2 \\
0 & 0 & 0 & 1 & -3
\end{array}\right].
$$

最後の行列の対角ブロックに現れる二つのコンパニオン行列のうち，3次のものは特性多項式が x^3+4x^2+x-2 で2次のものは x^2+3x-2 であり，後者は前者を割り切っている.

行列を変形する過程で施した基本変形は以下の通りである.

(1) 第2行と第4行を入れかえ第2列と第4列を入れかえる(操作1)

(2) 第1行から第2行の3倍を引き第2列に第1列の3倍を加える(操作3)

(3) 第3行から第2行の2倍を引き第2列に第3列の2倍を加える(操作3)

(4) 第5行から第2行の7倍を引き第2列に第5列の7倍を加える(操作3)

(5) 第3行と第4行を入れかえ第3列と第4列を入れかえる(操作1)

(6) 第3行を2で割り第3列に2を掛ける(操作2)

(7) 第1行から第3行の8倍を引き第3列に第1列の8倍を加える(操作3)

(8) 第2行に第3行の8倍を加え第3列から第2列の8倍を引く(操作

3)

(9)　第4行から第3行の5倍を引き第3列に第4列の5倍を加える(操作3)

(10)　第5行から第3行の25倍を引き第3列に第5列の25倍を加える(操作3)

(11)　第4行と第5行を入れかえ第4列と第5列を入れかえる(操作1)

(12)　第5行を -2 で割り第5列に -2 を掛ける(操作2)

(13)　第1行に第5行の2倍を加え第5列から第1列の2倍を引く(操作3)

(14)　第2行から第5行の5倍を引き第5列に第2列の5倍を加える(操作3)

(15)　第3行から第5行を引き第5列に第3列を加える(操作3)

(16)　第4行に第5行の11倍を加え第5列から第4列の11倍を引く(操作3)

(17)　第2行から第5行を引き第5列に第2列を加える(操作3)

(18)　第1行から第4行を引き第4列に第1列を加える(操作3)

変換行列 S を以上の基本変形(1)～(18)から計算すると次のようになる.

$$S=\begin{bmatrix}1&3&-16&1&0\\0&0&2&0&2\\0&2&-11&0&-1\\0&1&-8&0&-2\\0&7&-31&1&0\end{bmatrix},\quad S^{-1}AS=\left[\begin{array}{ccc:cc}0&0&2&0&0\\1&0&-1&0&0\\0&1&-4&0&0\\ \hdashline 0&0&0&0&2\\0&0&0&1&-3\end{array}\right].$$

例 3.12　$x=x(t)$ に関する n 階の常微分方程式

$$x^{(n)}=a_{n-1}x^{(n-1)}+\cdots+a_1x^{(1)}+a_0x \tag{3.34}$$

を考える $\left(x^{(i)}=\dfrac{d^i}{dt^i}x(t)\right)$. n 個の新しい変数

$$x_1=x,\ \ x_2=x^{(1)},\cdots,x_n=x^{(n-1)} \tag{3.35}$$

を導入すると, (3.34)は $x_1,\cdots,x_n$ に関する一階の連立常微分方程式

$$\begin{bmatrix} \dot{x}_1 \\ \vdots \\ \vdots \\ \vdots \\ \dot{x}_n \end{bmatrix} = \begin{bmatrix} 0 & 1 & 0 & \cdots & 0 \\ \vdots & 0 & \ddots & \ddots & \vdots \\ \vdots & \vdots & \ddots & \ddots & 0 \\ 0 & 0 & \cdots & 0 & 1 \\ a_0 & a_1 & \cdots & \cdots & a_{n-1} \end{bmatrix} \begin{bmatrix} x_1 \\ \vdots \\ \vdots \\ \vdots \\ x_n \end{bmatrix} \tag{3.36}$$

と等価である$\left(\dot{x}_i = \dfrac{d}{dt}x_i\right)$．(3.36)の右辺に現われる係数行列$C^T$はコンパニオン行列の転置である．逆に，(3.36)の係数行列C^Tをコンパニオン行列とは限らない一般の成分をもつ行列Aによって置きかえてできる連立常微分方程式

$$\begin{bmatrix} \dot{x}_1 \\ \vdots \\ \dot{x}_n \end{bmatrix} = A \begin{bmatrix} x_1 \\ \vdots \\ x_n \end{bmatrix}$$

が与えられたとき「適当な変数変換$[x_1, \cdots, x_n]^T = S[y_1, \cdots, y_n]^T$を行なって与えられた方程式をただ一つの変数$y_1$に関する$n$階の常微分方程式と等価になるようにすることができるか」という問題を考えてみよう．係数行列が一般の場合にはそれが常に可能であるわけではないので，問題を少し変えて，「変数の変換$[x_1, \cdots, x_n]^T = S[y_1, \cdots, y_n]^T$を適当に選んで，与えられた方程式を，"個数$t$ができるだけ少ない"変数の組$y_{i_1}, y_{i_2}, \cdots, y_{i_t}$ $(1 \leq i_1 < i_2 < \cdots < i_t \leq n)$の各々に関する1変数常微分方程式に分解する」という問題にしてみる．この問題の解は行列Aの有理標準形を求めることによって与えられる．このとき，"個数tができるだけ少ない"ということは有理標準形におけるコンパニオン行列の最小多項式列の間の整除可能条件によって保証される．(変数$y_{i_1}, \cdots, y_{i_t}$の個数とコンパニオン行列の個数が対応している．後出の定理3.9を参照せよ.) ∎

最後に，有理標準形からジョルダン標準形を導くという問題に進もう．

n次行列Aの有理標準形$S^{-1}AS = C_1 \oplus \cdots \oplus C_t$が(3.22)～(3.23)のように定められたとしよう．$C_1, \cdots, C_t$の最小多項式を$\phi_1(x), \cdots, \phi_t(x)$とする($\phi_i(x)$の次数は$m_i$)．まず，最初のコンパニオン行列$C_1$に対して，$C_1$のすべての異なる固有値を$\lambda_1, \cdots, \lambda_l$として$\phi_1(x) = x^{m_1} - a_{m_1-1}x^{m_1-1} - \cdots - a_1 x - a_0$を

$$\phi_1(x) = (x-\lambda_1)^{p_1} \cdot \cdots \cdot (x-\lambda_l)^{p_l} \qquad (p_1 + \cdots + p_l = m_1)$$

と1次因子の積に分解する(p_jはλ_jの重複度)．次に，固有値λ_1に対し，$m_1 \times p_1$行列$U_1^{(1)}$を，

$$u_{ij}^{(1)} = \binom{i-1}{p_1-j}\lambda_1^{i+j-p_1-1} \qquad (i=1,\cdots,m_1;\ j=1,\cdots,p_1)$$

を(i,j)成分とする行列として定義する．ただし，$\binom{k}{l}$は$l>k$または$l<0$のとき0であると約束する．これを行列表示すれば

$$U_1^{(1)} = \begin{array}{l} \left.\begin{array}{c} \\ \\ \\ \\ \end{array}\right\} p_1 \\ \left.\begin{array}{c} \\ \\ \\ \end{array}\right\} m_1-p_1 \end{array} \overbrace{\begin{bmatrix} 0 & \cdots & \cdots & 0 & 1 \\ \vdots & & & 1 & \lambda_1 \\ \vdots & & \iddots & & \lambda_1{}^2 \\ 0 & & 1 & \cdots & \lambda_1^{p_1-2} \\ 1 & \binom{p_1-1}{p_1-2}\lambda_1 & \cdots & \cdots & \lambda_1^{p_1-1} \\ \binom{p_1}{p_1-1}\lambda_1 & \binom{p_1}{p_1-2}\lambda_1{}^2 & \cdots & \cdots & \lambda_1^{p_1} \\ \vdots & \vdots & & & \vdots \\ \binom{m_1-1}{p_1-1}\lambda_1^{m_1-p_1} & \binom{m_1-1}{p_1-2}\lambda_1^{m_1-p_1+1} & \cdots & \cdots & \lambda_1^{m_1-1} \end{bmatrix}}^{p_1}.$$

すると，

$$C_1^T U_1^{(1)} = U_1^{(1)} J^T(p_1, \lambda_1) \tag{3.37}$$

が成り立つ．ここで，C_1^TはC_1の転置，$J^T(p_1,\lambda_1)$は対角成分がλ_1で次数がp_1のジョルダン細胞$J(p_1,\lambda_1)$の転置である：

$$C_1{}^T = \begin{bmatrix} 0 & 1 & 0 & \cdots & 0 \\ \vdots & 0 & \ddots & \ddots & \vdots \\ \vdots & \vdots & \ddots & \ddots & 0 \\ 0 & 0 & \cdots & 0 & 1 \\ a_0 & a_1 & \cdots & \cdots & a_{m_1-1} \end{bmatrix}, \quad J^T(p_1,\lambda_1) = \begin{bmatrix} \lambda_1 & & & O \\ 1 & \ddots & & \\ & \ddots & \ddots & \\ O & & 1 & \lambda_1 \end{bmatrix}.$$

式(3.37)が成り立つことは定義から直接計算により証明できる．すなわち，$1 \leq i \leq m_1-1$に対しては(3.37)の左辺の(i,j)成分は$u_{i+1,j}^{(1)} = \binom{i}{p_1-j}\lambda_1^{i+j-p_1}$に等しく，右辺の$(i,j)$成分は

$$u_{ij}^{(1)}\lambda_1 + u_{i,j+1}^{(1)} = \binom{i-1}{p_1-j}\lambda_1^{i+j-p_1} + \binom{i-1}{p_1-j-1}\lambda_1^{i+j-p_1}$$

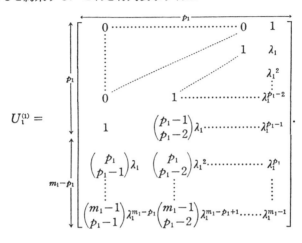

に等しいが，両者は$\binom{k}{l}=\binom{k-1}{l}+\binom{k-1}{l-1}$により互いに等しい．

一方，$i=m_1$のときを考えると，λ_1が$\phi_1(x)$のp_1重の零点であることから，

$$\frac{1}{(p_1-j)!}\phi_1^{(p_1-j)}(\lambda_1)=0 \qquad (j=1,\cdots,p_1).$$

これに$\frac{1}{l!}(\lambda^k)^{(l)}=\binom{k}{l}\lambda^{k-l}$を用いると

$$\binom{m_1}{p_1-j}\lambda_1^{m_1+j-p_1}-\sum_{k=0}^{m_1-1}a_{m_1-1-k}\binom{m_1-1-k}{p_1-j}\lambda_1^{m_1-k+j-p_1-1}=0.$$

そこで$u_{ij}^{(1)}$の定義式を代入すると

$$\binom{m_1}{p_1-j}\lambda_1^{m_1-j-p_1}=\sum_{k=0}^{m_1-1}a_{m_1-1-k}u_{m_1-k,j}=(3.37)\text{の左辺の}(m_1,j)\text{成分}$$

となる．(3.37)の右辺の(m_1,j)成分は

$$\begin{aligned}u_{m_1,j}\lambda_1+u_{m_1,j+1}&=\binom{m_1-1}{p_1-j}\lambda_1^{m_1+j-p_1}+\binom{m_1-1}{p_1-j-1}\lambda^{m_1+j-p_1}\\&=\binom{m_1}{p_1-j}\lambda_1^{m_1-j-p_1}\end{aligned}$$

であるから，両者はこの場合も等しい．

他の固有値$\lambda_2,\cdots,\lambda_l$に対しても同様のことを行なう．その結果得られる$m_1\times p_k$行列を$U_k^{(1)}$ $(k=2,\cdots,l)$とすれば

$$C_1^TU_k^{(1)}=U_k^{(1)}J^T(p_k,\lambda_k) \qquad (k=2,\cdots,l). \tag{3.38}$$

(3.37)と(3.38)をまとめると

$$\begin{aligned}C_1^TU^{(1)}&=U^{(1)}J^{(1)T};\\U^{(1)}&=[U_1^{(1)},U_2^{(1)},\cdots,U_l^{(1)}],\\J^{(1)T}&=J^T(p_1,\lambda_1)\oplus\cdots\oplus J^T(p_l,\lambda_l)\end{aligned}$$

を得る．$U^{(1)}$は$U_1^{(1)},\cdots,U_l^{(1)}$をこの順に並べて作った$m_1$次の正方行列である．

以上のような操作を他のコンパニオン行列$C_2,\cdots,C_t$に対しても行ないm_2次行列$U^{(2)},J^{(2)T};\cdots;m_t$次行列$U^{(t)},J^{(t)T}$を作り

$$U=U^{(1)}\oplus U^{(2)}\oplus\cdots\oplus U^{(t)}$$

とおく．すると，Uはn次の正方行列で

$$U^{-1}\begin{bmatrix} C_1^T & & O \\ & C_2^T & \\ O & \ddots & C_t^T \end{bmatrix} U = \begin{bmatrix} J^{(1)T} & & O \\ & J^{(2)T} & \\ O & \ddots & J^{(t)T} \end{bmatrix}$$

となる．両辺の転置をとった形

$$U^T\begin{bmatrix} C_1 & & O \\ & C_2 & \\ O & \ddots & C_t \end{bmatrix} (U^T)^{-1} = \begin{bmatrix} J^{(1)} & & O \\ & J^{(2)} & \\ O & \ddots & J^{(t)} \end{bmatrix}.$$

に $C_1 \oplus \cdots \oplus C_t = S^{-1}AS$ を代入すれば，$R=S(U^T)^{-1}$ とおいて $R^{-1}AR=J^{(1)}\oplus\cdots\oplus J^{(t)}$ を得る．右辺はジョルダン細胞の直和であるから，これで，有理標準形を経由してジョルダン標準形を導くことができた．

注意 3.7　上で U が正則であること，すなわち，$U^{(1)},\cdots,U^{(t)}$ が正則であることを用いた．たとえば $U^{(1)}$ が正則であることを示すには，m_1 次の Vandermonde の行列式に対する公式

$$\begin{vmatrix} 1 & 1 \cdots\cdots & 1 \\ x_1 & x_2 \cdots\cdots & x_{m_1} \\ x_1{}^2 & x_2{}^2 \cdots\cdots & x_{m_1}^2 \\ \vdots & \vdots & \vdots \\ x_1^{m_1-1} & x_2^{m_1-1} \cdots\cdots & x_{m_1}^{m_1-1} \end{vmatrix} = \prod_{j>i}(x_j-x_i) \tag{3.39}$$

において，変数 $x_1,\cdots,x_{m_1}$ を順に p_1 個，$\cdots,p_l$ 個に分割したものを $x_1^{(1)},\cdots,x_{p_1}^{(1)};\cdots;x_1^{(l)},\cdots,x_{p_l}^{(l)}$ で表わし，(3,39)の両辺をおのおのの変数 $x_j^{(k)}$ に関して p_k-j 回微分したあと $x_1^{(1)}=\cdots=x_{p_1}^{(1)}=\lambda_1,\cdots,x_1^{(l)}=\cdots=x_{p_l}^{(l)}=\lambda_l$ とおけば，左辺は $\det U^{(1)}$ の定数倍$(\neq 0)$になり，このとき右辺は，$\lambda_1,\cdots,\lambda_l$ がすべて異なることから，0とは異なる値をとることが確かめられる．ゆえに，$U^{(1)}$は正則である．他の $U^{(i)}$ についても同様．

§3.3　単因子に基づく方法

この節では，単因子に基づいてジョルダン標準形を導く方法について述べる．いままで§3.1と§3.2で述べた方法がいずれもベクトル空間の性質を利用した“幾何学的”方法であったのに対し，単因子に基づく方法は純粋に“代数的”なものである．

本節では，成分が複素数を係数とする“x の多項式”であるような行列を多

項式行列といい，$A(x), B(x), \cdots$ のように表わす．これに対して，複素数を成分とする行列を**定数行列**とよぶことにする．多項式行列 $A(x)$ の行列式 $\det A(x)$ は第1章で定数行列に対して述べたと同様の方法で定義される．

一般に，多項式行列は，複素係数の x の有理式の全体の作る体の上の行列であるとみなせば，行列や行列式に対する諸定義や定理はそのまま成立する．特に，正方の多項式行列 $A(x)$ に対して，$A(x)Q(x)=E$（単位行列）となる正方の多項式行列 $Q(x)$ が存在するとき，$A(x)$ は**可逆**であるとここでは呼んでおこう．そのための必要十分条件は，$\det A(x)$ が x を含まない0と異なる定数であることである．実際，$A(x)Q(x)=E$ とすると $\det A(x)\cdot\det Q(x)=1$．$\det A(x)$，$\det Q(x)$ はともに x の多項式であるから，その積が1になるためには共に0でない定数でなければならない．逆に，$\det A(x)$ が0と異なる定数であれば，多項式行列 $Q(x)=\mathrm{adj}\,A(x)/\det A(x)$ が定義され $A(x)\cdot Q(x)=E$ を満たす．$A(x)$ が可逆であるとき，その逆行列 $A^{-1}(x)$ はやはり多項式行列で可逆である．

$m\times n$ の多項式行列 $A(x)$ と $B(x)$ が適当な可逆行列 $P(x)$（m 次），$Q(x)$（n 次）によって

$$B(x) = P(x)A(x)Q(x) \tag{3.40}$$

という関係によって結ばれるとき，$B(x)$ は $A(x)$ に**同値**であるといい，(3.40) の形の変換を**同値変換**と呼ぼう．$B(x)$ が $A(x)$ に同値であれば，(3.40) を $A(x)=P^{-1}(x)B(x)Q^{-1}(x)$ と書くことによって $B(x)$ も $A(x)$ に同値であることがわかる．

$m\times n$ の多項式行列 $A(x)$ の階数 $\mathrm{rank}\,A(x)$ は，定数行列の階数と同じように，$A(x)$ の恒等的には0でない小行列式の最大次数として定義する．$A(x)$ の k 次のあらゆる小行列式（これは x の多項式である）の最大公約多項式で最高次項の係数が1のものを $d_k(x)$ で表わし，

$$d_0(x) = 1,\ d_1(x), \cdots, d_r(x) \tag{3.41}$$

のことを $A(x)$ の**行列式因子**とよぶ．ここに $r=\mathrm{rank}\,A(x)$ である．行列式因子は $d_{k-1}(x)$ が $d_k(x)$ を割り切る ($k=1, \cdots, r$) という性質をもっている．このことは，k 次の任意の小行列式を余因子展開（定理1.6）すると，いくつかの $k-1$ 次の小行列式に x の多項式を掛けて加えたものとして表わされることから明らかである．

定理 3.3 同値な多項式行列 $A(x), B(x)$ の行列式因子は一致する.

証 $A(x), B(x)$ を $m\times n$ の多項式行列とする. 可逆行列 $P(x), Q(x)$ を用いて $B(x)=P(x)A(x)Q(x)$ と書ける. 同値な行列の階数は等しいから $\mathrm{rank}\, A(x)=\mathrm{rank}\, B(x)$ (注意1.2参照). ゆえに, $A(x)$ と $B(x)$ の行列式因子の個数は一致する. いま, $C(x)=A(x)Q(x)$ とおき, $A(x)$ の行列式因子を $1, d_1(x), \cdots, d_r(x)$ とし $C(x)$ の行列式因子を $1, d_1'(x), \cdots, d_r'(x)$ とおこう. まず, $C(x)$ の k 次の任意の小行列式 $\varDelta_k$ は $A(x)$ の k 次の小行列式の (x の多項式を係数とする) 一次結合として表わされることを示す. 一般性を失なうことなく, $\varDelta_k$ は $C(x)$ の最初の k 個の行と最初の k 個の列とからなるとしてよい. $A(x)$ の最初の k 個の行とすべての列からなる $k\times n$ の小行列を $A'(x)$ とし, $A'(x)$ の列ベクトルを $\boldsymbol{a}_1'$, $\cdots, \boldsymbol{a}_n'$ と書けば, $\varDelta_k$ の第 j 列は

$$\sum_{i=1}^{n} q_{ij}\boldsymbol{a}_i' = q_{1j}\boldsymbol{a}_1' + \cdots + q_{nj}\boldsymbol{a}_n'$$

である. ここに q_{ij} は $Q(x)$ の (i,j) 成分を表わす. すると, 行列式の性質(1.6), (1.7)を繰り返し用いることによって

$$\varDelta_k = \sum_{i_1=1}^{n} \cdots \sum_{i_k=1}^{n} q_{i_1 1} \cdot \cdots \cdot q_{i_k k} \det[\boldsymbol{a}_{i_1}', \cdots, \boldsymbol{a}_{i_k}']$$

を得る. 右辺の $\det[\boldsymbol{a}_{i_1}', \cdots, \boldsymbol{a}_{i_k}']$ は $i_1, \cdots, i_k$ がすべて異なるときには $A(x)$ の k 次の小行列式を表わし, $i_1, \cdots, i_k$ の中に等しいものがあるときは0である. したがって, $C(x)$ の k 次の小行列式は $A(x)$ の k 次の小行列式の一次結合である. ゆえに, $d_k(x)$ は $d_k'(x)$ を割り切る. $A(x)$ と $C(x)$ の役割を入れかえ, $A(x)=C(x)Q^{-1}(x)$ として同様の議論を行なえば, $d_k'(x)$ が $d_k(x)$ を割り切ることもわかる. よって, $d_k'(x)=d_k(x)$, すなわち, $A(x)$ と $C(x)$ の行列式因子が一致する. 同じ議論をさらに $B(x)=P(x)C(x)$ に対して適用すれば, 結局 $A(x)$ と $B(x)$ の行列式因子が一致することがわかる. ▮

例 3.13 多項式行列

$$\begin{bmatrix} x^3 & x-1 & x^2+x-2 \\ x^3-x^2 & x-1 & x-1 \\ -x^3+2x^2-1 & -x+1 & x^2-x \\ x^3-x^2 & x-1 & x-1 \end{bmatrix}$$

の行列式因子は $d_0=1$，$d_1=1$，$d_2=x-1$，$d_3=(x-1)(x^2-1)$ である．▌

多項式行列 $A(x)$ に対する**基本変形**を次の 3 種の操作のことであると定義する．

1)　$A(x)$ の列同志，あるいは行同志，を入れかえる．

2)　$A(x)$ の列，あるいは行，に 0 でない定数を掛ける．

3)　$A(x)$ のある列(またはある行)に他の列(または他の行)の多項式倍を加える．

これらの操作は第1章で定義した定数行列の基本変形に対応するものであるが，ここでは，2)において掛けることが許されるのが“定数”だけであり，3)においては“多項式倍”が許されている点に注意してほしい．これらの基本変形は，§1.2 の基本変形行列 $P_{kl}, T_k(c), S_{kl}(c)$ の代りに，$P_{kl}, T_k(c), S_{kl}(g(x))$ (c は 0 でない定数，$g(x)$ は x の多項式)を $A(x)$ の右あるいは左から掛けることと等価である．これらの行列が可逆であることは明らかであろう．とくに，$S_{kl}^{-1}(g(x))=S_{kl}(-g(x))$ である．

定数行列に対する定理 1.1 に対応して，多項式行列に対する次の定理が得られる．

定理 3.4(**単因子標準形**)　$m\times n$ の多項式行列 $A(x)$ は，基本変形 1), 2), 3) を適当な回数施すことによって

$$\begin{bmatrix} e_1(x) & & & & & \\ & e_2(x) & & & O & \\ & & \ddots & & & \\ & & & e_r(x) & & \\ & & & & 0 & \\ & O & & & & \ddots \\ & & & & & & 0 \end{bmatrix} \tag{3.42}$$

という形の多項式行列に変形することができる($r=\mathrm{rank}\,A(x)$)．ここに，$e_1(x), \cdots, e_r(x)$ は 0 でない x の多項式(最高次項の係数は 1)で $e_i(x)$ は $e_{i+1}(x)$ を割り切る($i=1, \cdots, r-1$)．$e_1(x), \cdots, e_r(x)$ は行列 $A(x)$ の**単因子**とよばれる．

証　$A(x)=[a_{ij}(x)]$ が零行列ならばそのままで(3.42)の形になっている($r=0$)．$A(x)$ が零行列でないときは以下の操作を行なう．

1°　$A(x)=[a_{ij}(x)]$ の成分のうちで 0 でないものを任意に一つ選び行および

列の入れかえによって(1,1)成分に移す．この結果の行列を $A^{(1)}(x)=[a_{ij}^{(1)}(x)]$ とする．

2°　$a_{1j}^{(1)}(x)$ を $a_{11}^{(1)}(x)$ で割った商を $q_j(x)$，余りを $r_j(x)$ とすれば，$a_{1j}^{(1)}(x)=q_j(x)a_{11}^{(1)}(x)+r_j(x)$ で，$r_j(x)$ の次数は $a_{11}^{(1)}(x)$ の次数より小である．そこで，第1列に $q_j(x)$ を掛けたものを第 j 列から引けば，$(1,j)$ 成分は $r_j(x)$ となる $(j=2,\cdots,n)$．もし $r_j(x)\neq 0$ なる j が存在すれば，そのうちの一つを列の入れかえによって(1,1)成分に移す．そして，2°の先頭にもどって同様の操作を適当な回数繰返すと，第1行の(1,1)成分以外をすべて0にすることができる($r_j(x)$ の次数がこの繰返しの過程で次第に減少しいつかはすべての $j=2,\cdots,n$ に対して $r_j(x)=0$ となる)．この行列を $A^{(2)}(x)=[a_{ij}^{(2)}(x)]$ とする．

3°　$A^{(2)}(x)$ の第1列に対して2°で第1行に対して行なったのと同様な操作を施すと，(1,1)成分以外の第1列の成分がすべて0であるような行列が得られる．このとき，(1,1)成分以外の第1行のある成分が0でなくなれば，再び2°の先頭に戻って同様の操作を繰り返す．すると，有限回の操作の後に，結局(1,1)成分を除いて第1行と第1列がすべて0であるような行列 $A^{(3)}=[a_{ij}^{(3)}(x)]$ が得られる．(なぜならば，2°や3°の操作を1回行なうごとに(1,1)成分の次数は少なくとも1だけ減少し，したがって，最後には，(1,1)成分の次数が0(すなわち0でない定数)になってそれに続く次の操作で $A^{(3)}$ の形の行列が得られるか，あるいは(1,1)成分の次数が0になる以前にすでに $A^{(3)}$ の形の行列が得られるかのどちらかになる．)

4°　第2行以後第2列以後に(1,1)成分 $a_{11}^{(3)}(x)$ で割り切れない成分 $a_{ij}^{(3)}(x)$ $(2\leq i\leq m, 2\leq j\leq n)$ が存在するなら，その一つを $a_{pq}^{(3)}(x)$ として，第1行に第 p 行を加える．すると，(1,1)成分はそのままで $(1,j)$ 成分が $a_{pj}^{(3)}(x)$ となる $(2\leq j\leq n)$．そこで，2°に戻って(1,1)成分以外の第1行と第1列の成分がすべて0である行列が得られるまで上記の操作2°, 3°を繰返す．すると，(1,1)成分の次数はもとの行列 $A^{(3)}$ の(1,1)成分の次数より小さくなる．このようにして，いつかは，(1,1)成分以外の第1行と第1列の成分がすべて0で，それ以外の (i,j) 成分 $(2\leq i\leq m, 2\leq j\leq n)$ がすべて(1,1)成分で割り切れるような行列 $A^{(4)}(x)$ が得られる．

5°　$A^{(4)}(x)$ の第2行以後，第2列以後に対して同様の操作を順次行なっていけば，(3.42)の右辺の形の行列に到達する．このとき，$e_i(x)$ が $e_{i+1}(x)$ を割り切ることは明らかであろう．行列の階数は基本変形によって変わらないから，$e_i(x)$ の個数は rank $A(x)$ に等しい．∎

注意 3.8 行列 $A(x)$ から(3.42)の右辺の行列を導く過程で用いた，列に関する基本変形行列を順に $Q_1(x), \cdots, Q_k(x)$，行に関する基本変形行列を $P_1(x), \cdots, P_l(x)$ として $Q(x)=Q_1(x)\cdot \cdots \cdot Q_k(x)$, $P(x)=P_l(x)\cdot \cdots \cdot P_1(x)$ とおけば，$P(x), Q(x)$ は可逆行列で

$$P(x)A(x)Q(x) = \begin{bmatrix} e_1(x) & & & & & \\ & \ddots & & & O & \\ & & e_r(x) & & & \\ & & & 0 & & \\ & O & & & \ddots & \\ & & & & & 0 \end{bmatrix}$$

となる．したがって，$A(x)$ とその単因子標準形は同値である．

定理 3.5 $A(x)$ の行列式因子を $d_0(x), d_1(x), \cdots, d_r(x)$ とし単因子を $e_1(x), \cdots, e_r(x)$ とすれば，次の関係が成り立つ $(i=1, \cdots, r)$．

$$d_i(x) = e_1(x)e_2(x)\cdots e_i(x), \tag{3.43}$$

$$e_i(x) = d_i(x)/d_{i-1}(x). \tag{3.44}$$

したがって，$A(x)$ に対して単因子は一意的に定まる．

証 (3.42)の右辺の形の行列式因子はその形から容易に計算することができて $1, e_1(x), e_1(x)e_2(x), \cdots, e_1(x)e_2(x)\cdots e_r(x)$ である．ゆえに，(3.43)が成り立つ．(3.44)は(3.43)の帰結である．行列式因子は $A(x)$ に対して一意的に定まるので，単因子も $A(x)$ に対して一意的に定まる．∎

系 3.1 n 次正方の定数行列 A に対して，多項式行列 $A-xE$ の単因子を $e_1(x), \cdots, e_n(x)$ とすれば，$\det(A-xE)=(-1)^n e_1(x)\cdot \cdots \cdot e_n(x)$ である．

証 定理3.5の特別の場合である．ここで，$A-xE$ の階数が n であることは，$\det(A-xE)$ を x の多項式とみたときの最高次項 x^n の係数が $(-1)^n$ であることよりわかる．∎

注意 3.9 定理3.5で $A(x)=A-xE$ (A は n 次正方の定数行列)とおいて(3.44)の $i=n$ の場合を考えると，定理2.16によって，最高次の単因子 $e_n(x)$ は A の最小多項式

$\psi_A(x)$に等しいことがわかる.

例 3.14 多項式行列

$$A(x)=\begin{bmatrix} x+3 & 3x-1 & 2x \\ 1 & 3x+1 & 2x+1 \\ 2 & 4x & 2x \end{bmatrix}$$

の単因子を求めてみよう. この行列に基本変形を次々に施すと

$$\begin{bmatrix} x+3 & 3x-1 & 2x \\ 1 & 3x+1 & 2x+1 \\ 2 & 4x & 2x \end{bmatrix} \xrightarrow{(1)} \begin{bmatrix} 1 & 3x+1 & 2x+1 \\ x+3 & 3x-1 & 2x \\ 2 & 4x & 2x \end{bmatrix} \xrightarrow{(2)}$$

$$\begin{bmatrix} 1 & 0 & 0 \\ x+3 & -3x^2-7x-4 & -2x^2-5x-3 \\ 2 & -2x-2 & -2x-2 \end{bmatrix} \xrightarrow{(3)} \begin{bmatrix} 1 & 0 & 0 \\ 0 & -3x^2-7x-4 & -2x^2-5x-3 \\ 0 & -2x-2 & -2x-2 \end{bmatrix}$$

$$\xrightarrow{(4)} \begin{bmatrix} 1 & 0 & 0 \\ 0 & -3x^2-7x-4 & -2x^2-5x-3 \\ 0 & x+1 & x+1 \end{bmatrix} \xrightarrow{(5)} \begin{bmatrix} 1 & 0 & 0 \\ 0 & x+1 & x+1 \\ 0 & -3x^2-7x-4 & -2x^2-5x-3 \end{bmatrix}$$

$$\xrightarrow{(6)} \begin{bmatrix} 1 & 0 & 0 \\ 0 & x+1 & 0 \\ 0 & -3x^2-7x-4 & x^2+2x+1 \end{bmatrix} \xrightarrow{(7)} \begin{bmatrix} 1 & 0 & 0 \\ 0 & x+1 & 0 \\ 0 & 0 & (x+1)^2 \end{bmatrix}.$$

(1) 第1行と第2行を入れかえる(操作1)

(2) 第2列から第1列の $3x+1$ 倍を引き第3列から第1列の $2x+1$ 倍を引く(操作3)

(3) 第2行から第1行の $x+3$ 倍を引き第3行から第1行の2倍を引く(操作3)

(4) 第3行を -2 で割る(操作2)

(5) 第2行と第3行を入れかえる(操作1)

(6) 第3列から第2列を引く(操作3)

(7) 第3行に第2行の $3x+4$ 倍を加える(操作3)

したがって，$A(x)$ の単因子は $e_1(x)=1$，$e_2(x)=x+1$，$e_3(x)=(x+1)^2$ である．∎

注意 3.10(**整数行列の単因子**) 定理3.4の証明からわかるように，定理3.4の証明にとって本質的なのは，「割算の"余りの次数"が"割るものの次数"より小さい」ということなので，定理3.4は，多項式行列に限らずより一般に"Euclidの互除法が可能であるような任意の環"の要素を成分とする行列に対する話としても成立する．整数を成分とする行列(整数行列) A に例をとると，A が可逆であることを $\det A=\pm1$ であるような行列，すなわち $AB=E$ となる整数行列 B が存在することであると定義し，多項式の"次数"の代りに整数の"絶対値"を用い，基本変形については，三種類の基本変形行列 $P_{kl}, T_k(c), S_{kl}(c)$ のうちの $T_k(c)$ の c を"$+1$ あるいは -1"であるとし，$S_{kl}(c)$ の c を"整数"であるとすればよい．このとき，A の行列式因子 d_k は次数 k のあらゆる小行列式の最大公約数となり，単因子 $e_1, \cdots, e_r$ $(r=\mathrm{rank}\,A)$ は e_i が e_{i+1} を割り切るような整数の組である $(i=1,2,\cdots,r-1)$．

定理 3.6 $m\times n$ の二つの多項式行列 $A(x), B(x)$ が同値であるための必要十分条件は，両者の単因子が一致することである．

証 同値であれば，定理3.3と定理3.5によって単因子は一致する．逆に，単因子が一致すれば，$A(x), B(x)$ を単因子標準形に変形する可逆行列をそれぞれ $P(x), Q(x)$; $L(x), M(x)$ とすると

$$P(x)A(x)Q(x) = L(x)B(x)M(x).$$

$S(x)=L^{-1}(x)P(x)$，$T(x)=Q(x)M^{-1}(x)$ も可逆行列で $S(x)A(x)T(x)=B(x)$．ゆえに，$A(x), B(x)$ は同値である．∎

例 3.15 n 次のジョルダン細胞

$$J=\begin{bmatrix} \lambda & 1 & & O \\ & \lambda & 1 & \\ & & \ddots & \ddots & 1 \\ O & & & \lambda \end{bmatrix}$$

に対して $J-xE$ の単因子を計算してみよう．$J-xE$ は対角成分がすべて $\lambda-x$ である右上三角行列であるから $\det(J-xE)=(-1)^n(x-\lambda)^n$ である．したがって，$J-xE$ は多項式行列として正則で $\operatorname{rank}(A-xE)=n$．ゆえに，$n$ 番目の行列式因子は $d_n(x)=(x-\lambda)^n$ である．次に，$J-xE$ の第1列と第 n 行を除いた $n-1$ 次の小行列式の値は1であるから，$d_{n-1}(x)=1$．残りの行列式因子 $d_1(x)$, $\cdots$, $d_{n-2}(x)$ は $d_{n-1}(x)$ を割り切らなければならないので $d_1(x)=\cdots=d_{n-2}(x)=1$ でなければならない．結局，$J-xE$ の行列式因子は $d_0(x)=d_1(x)=\cdots=d_{n-1}(x)=1$，$d_n(x)=(x-\lambda)^n$ となり，単因子は定理3.5により，$e_1(x)=\cdots=e_{n-1}(x)=1$，$e_n(x)=(x-\lambda)^n$ となる．

変換行列を具体的に書くと，たとえば，

$$P(x)=\begin{bmatrix} 1 & & & & & O \\ (x-\lambda) & 1 & & & & \\ (x-\lambda)^2 & (x-\lambda) & 1 & & & \\ \vdots & \vdots & \ddots & \ddots & & \\ (x-\lambda)^{n-2} & (x-\lambda)^{n-3} & \cdots\cdots & (x-\lambda) & 1 & \\ (x-\lambda)^{n-1} & (x-\lambda)^{n-2} & \cdots\cdots & (x-\lambda)^2 & (x-\lambda) & 1 \end{bmatrix},$$

$$Q(x)=\begin{bmatrix} 0 & & & & & & -1 \\ 1 & 0 & & O & & & -(x-\lambda) \\ & 1 & 0 & & & & -(x-\lambda)^2 \\ & & 1 & \ddots & & & \vdots \\ & & & \ddots & 0 & & \\ & & & & 1 & 0 & -(x-\lambda)^{n-2} \\ & O & & & & 1 & -(x-\lambda)^{n-1} \end{bmatrix}$$

とおけば

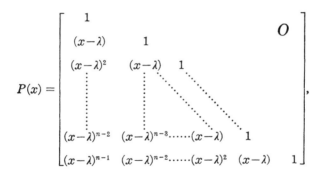

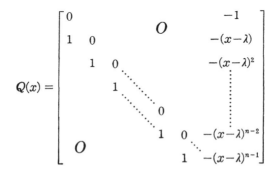

$$P(x)(J-xE)Q(x)=\begin{bmatrix} 1 & & & & & O \\ & 1 & & & & \\ & & 1 & & & \\ & & & \ddots & & \\ & & & & 1 & \\ O & & & & & (x-\lambda)^n \end{bmatrix}$$

である. ∎

例 3.16 n 次のコンパニオン行列

$$C=\begin{bmatrix} 0 & \cdots & \cdots & 0 & a_0 \\ 1 & 0 & \cdots & 0 & a_1 \\ & \ddots & \ddots & \vdots & \vdots \\ & & \ddots & 0 & \vdots \\ O & & & 1 & a_{n-1} \end{bmatrix}$$

に対して $C-xE$ の単因子を求める. 例 2.11 によって

$$\varphi_C(x)\equiv\det(C-xE)=(-1)^n(x^n-a_{n-1}x^{n-1}-\cdots-a_1x-a_0)$$

である. ゆえに, $d_n(x)=x^n-a_{n-1}x^{n-1}-\cdots-a_1x-a_0$. また, $C-xE$ の第 1 行と第 n 列を除いた小行列式の値は 1 であるから $d_1(x)=\cdots=d_{n-1}(x)=1$. したがって, 定理 3.5 より, 単因子は $e_1(x)=\cdots=e_{n-1}(x)=1$, $e_n(x)=x^n-a_{n-1}x^{n-1}-\cdots-a_1x-a_0$ となる.

変換行列を具体的に書くと, たとえば,

$$P(x)=\begin{bmatrix} 0 & 1 & x & x^2 & \cdots & \cdots & x^{n-2} \\ \vdots & 0 & 1 & x & \cdots & \cdots & x^{n-3} \\ \vdots & & 0 & 1 & & & \vdots \\ \vdots & & & 0 & \ddots & & \vdots \\ \vdots & & & & \ddots & 1 & x \\ 0 & \cdots & \cdots & \cdots & \cdots & 0 & 1 \\ 1 & x & x^2 & x^3 & \cdots & x^{n-2} & x^{n-1} \end{bmatrix},$$

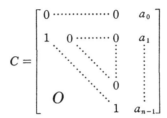

$$Q(x)=\begin{bmatrix} 1 & & & & & -f_1(x) \\ & 1 & & O & & -f_2(x) \\ & & 1 & & & -f_3(x) \\ & & & \ddots & & \vdots \\ & & & & 1 & -f_{n-1}(x) \\ & O & & & & -1 \end{bmatrix}$$

とおけば

$$P(x)(C-xE)Q(x)=\begin{bmatrix} 1 & & & & O \\ & 1 & & & \\ & & 1 & & \\ & & & \ddots & \\ O & & & & f_0(x) \end{bmatrix}$$

である．ただし，$f_i(x)=x^{n-i}-a_{n-1}x^{n-i-1}-\cdots-a_{i+1}x-a_i\,(i=0,1,\cdots,n-1)$．特に，$f_0(x)=(-1)^n\varphi_C(x)$． ▌

定理 3.7 n 次正方の定数行列 A,B に対して，多項式行列 $A-xE$ と $B-xE$ が同値であるための必要十分条件は，A と B が相似なことである．

証 1) $A-xE$ と $B-xE$ が可逆行列 $P(x),Q(x)$ を用いて

$$P(x)(B-xE)Q(x)=A-xE \tag{3.45}$$

で結ばれているとする．$P(x)$ は適当な定数行列 $P_0,P_1,\cdots,P_m$ を用いて

$$P(x)=x^mP_m+x^{m-1}P_{m-1}+\cdots+P_0$$

と表わすことができる．この式の両辺に $x^{m-1}(A-xE)P_m$ を加えれば，右辺では x^mP_m の項が消えて x に関する次数が少なくとも一つ低くなる．さらに，定数行列 $P'_{m-1},\cdots,P_1'$ を適当に選んで $x^{m-2}(A-xE)P'_{m-1},\cdots,(A-xE)P_1'$ を両辺に順に加えて行くことによって，

$$P(x)=(A-xE)D(x)+T \tag{3.46}$$

という形の式を作ることができる．ここで，$D(x)$ は多項式行列，T は定数行列である．同様に，$Q^{-1}(x)$ を

$$Q^{-1}(x)=x^lQ_l+x^{l-1}Q_{l-1}+\cdots+Q_0$$

と表わし，この両辺に適当な $x^{l-1}Q'_{l-1}(B-xE), \cdots, Q_1'(B-xE)$ を順に加えていけば

$$Q^{-1}(x) = F(x)(B-xE)+S \tag{3.47}$$

という形の式を得る．ここで，$F(x)$ は多項式行列，S は定数行列である．式(3.46)，(3.47) を $P(x)(B-xE)=(A-xE)Q^{-1}(x)$ に代入すると

$$\{(A-xE)D(x)+T\}(B-xE) = (A-xE)\{F(x)(B-xE)+S\}.$$

これを整理して

$$(A-xE)(D(x)-F(x))(B-xE) = (A-xE)S-T(B-xE)$$

を得る．この式の右辺は x に関して 1 次であるが，左辺は $D(x)-F(x)=O$ でない限り 2 次以上である．ゆえに，$D(x)=F(x)$．すると

$$(A-xE)S = T(B-xE). \tag{3.48}$$

両辺の定数項を比較して $AS=TB$，1 次の項を比較して $S=T$．したがって，T が正則ならば $S^{-1}AS=B$ となる．T が正則であることは次のようにして示される．上と同様にして $P^{-1}(x)=(B-xE)G(x)+R$ と表わすことができる．これと (3.46) を $E=P(x)P^{-1}(x)$ に代入すれば

$$E = \{(A-xE)D(x)+T\}\{(B-xE)G(x)+R\}.$$

この式の右辺は (3.48) により

$$\begin{aligned}&(A-xE)D(x)\{(B-xE)G(x)+R\}+T(B-xE)G(x)+TR\\&= (A-xE)(D(x)(B-xE)G(x)+D(x)R+SG(x))+TR\end{aligned}$$

と変形される．したがって，

$$(A-xE)(\cdot\cdot\cdot) = E-TR$$

と書ける．この式の右辺は定数行列で，左辺は $(\cdot\cdot\cdot)$ の中が零行列でない限り x に関して 1 次以上である．ゆえに，$(\cdot\cdot\cdot)=O$．よって，$E=TR$ となり T が正則行列であることがわかる．

2) 逆に，$B=S^{-1}AS$ であれば，$B-xE=S^{-1}(A-xE)S$．正則な定数行列は可逆であるから，$A-\lambda E$ と $B-\lambda E$ は同値である．∎

系 3.2 A, B を n 次正方の定数行列とする．ある正則行列 S に対して $B=S^{-1}AS$ であることと $A-xE$，$B-xE$ の単因子が一致することは等価である．

証 定理 3.6 と定理 3.7 による．∎

例 3.17 二つの定数行列

$$A=\begin{bmatrix}0&0&2\\1&0&3\\0&1&0\end{bmatrix},\quad B=\begin{bmatrix}2&0&0\\0&-1&1\\0&0&-1\end{bmatrix}$$

に対して，$A-xE$, $B-xE$ の単因子を計算すると，共に $e_1(x)=1$, $e_2(x)=1$, $e_3(x)=x^3-3x-2$ となって一致する．ゆえに，A と B は相似である．▌

§3.3.1 行列 A の有理標準形と $A-xE$ の単因子との関係

n 次正方の定数行列 A が与えられたとする．まず，$A-xE$ の単因子のうち 1 とは異なるものを取り出して次数の低い順から $e_1(x),\cdots,e_t(x)$ と書き，これらに随伴するコンパニオン行列をそれぞれ $C_1,\cdots,C_t$ とする．(したがって，C_i の最小多項式は $e_i(x)$ である)．例 3.16 により，各 $i=1,\cdots,t$ に対して C_i-xE_i の単因子は $1,\cdots,1,e_i(x)$ に等しい(E_i は C_i と次数の同じ単位行列)．すると，ある可逆行列 $P_i(x),Q_i(x)$ が存在して

$$P_i(x)(C_i-xE_i)Q_i(x)=\begin{bmatrix}1&&&O\\&\ddots&&\\&&1&\\O&&&e_i(x)\end{bmatrix} \tag{3.49}$$

となる．そこで，n 次のブロック対角行列 $P(x),Q(x),C$ をそれぞれ

$$P(x)=P_t(x)\oplus\cdots\oplus P_1(x),$$
$$Q(x)=Q_t(x)\oplus\cdots\oplus Q_1(x),$$
$$C=C_t\oplus\cdots\oplus C_1$$

で定義すれば，$P(x)(C-xE)Q(x)$ は (3.49) の右辺にある行列($i=1,\cdots,t$)を対角ブロックとしてもつブロック対角行列である．これらの対角ブロックは対角行列であるから，結局 $P(x)(C-xE)Q(x)$ はいくつかの 1 と $e_1(x),\cdots,e_t(x)$ を対角成分としてもつ対角行列である：

$$P(x)(C-xE)Q(x)=\begin{bmatrix}1&&&&&&&O\\&\ddots&&&&&&\\&&e_t(x)&&&&&\\&&&\ddots&&&&\\&&&&1&&&\\&&&&&\ddots&&\\&&&&&&e_i(x)&\\&&&&&&&\ddots\\&&&&&&&&1\\&&&&&&&&&\ddots\\O&&&&&&&&&&e_1(x)\end{bmatrix}. \tag{3.50}$$

したがって，行および列の入れかえを適当に行なえば，(3.50)の右辺を最初に1だけが並び続いて$e_1(x), \cdots, e_t(x)$がこの順に並ぶ対角行列にすることができる．すなわち，$C-xE$の単因子は$1, \cdots, 1, e_1(x), \cdots, e_t(x)$となり$A-xE$の単因子と一致する．したがって，系3.2により$A$と$C$は相似，すなわちある正則な定数行列$S$が存在して$C=S^{-1}AS$となる．

これで行列Aの有理標準形(3.22)～(3.23)が導かれたわけであるが，この導き方から次の定理が成立する．

定理3.8(有理標準形の一意性)　Aをn次の正方行列とする．Aの有理標準形(3.22)～(3.23)はAに対して一意的に定まる．また，有理標準形に現われるコンパニオン行列C_iの最小多項式$\phi_i(x)$は，$A-xE$の単因子のうち1とは異なるものを次数の高い順に$e_1(x), \cdots, e_t(x)$としたときの$e_i(x)$と一致する$(i=1, \cdots, t)$.

証　単因子の一意性から明らかである．▌

§3.3.2　行列$A-xE$の単因子と行列Aのジョルダン標準形との関係

§3.3.1と§3.2とで述べたことを組み合わせれば，この関係はわかるわけであるが，直接には次のようになる．

$A-xE$の1以外の単因子を次数の高いものから順に$e_1(x), \cdots, e_t(x)$としてある正則行列Rを用いて$C=R^{-1}AR$が(3.22)，(3.23)の形になったとしよう．このとき，$C=C_1\oplus\cdots\oplus C_t$で$C_i$の最小多項式は$e_i(x)$である$(i=1, \cdots, t)$．$A$のすべての異なる固有値を$\lambda_1, \cdots, \lambda_r$とすると，系3.1により各単因子$e_i(x)$は$A$の特性多項式$\det(A-xE)=(-1)^n(x-\lambda_1)^{p_1}\cdots(x-\lambda_r)^{p_r}$を割り切るので

$$e_i(x) = (x-\lambda_1)^{h_{i1}}(x-\lambda_2)^{h_{i2}}\cdots(x-\lambda_r)^{h_{ir}} \qquad (i=1, \cdots, t)$$

とおくことができる．ただし，h_{ij}は0または正の整数である．$h_{ij}\neq 0$なる各h_{ij} $(j\leq p_i)$に対してh_{ij}次のジョルダン細胞

$$J_{ij} = J(h_{ij}, \lambda_j) = \overbrace{\begin{bmatrix} \lambda_j & 1 & & O \\ & \lambda_j & 1 & \\ & & \ddots & \ddots \\ & & & 1 \\ O & & & \lambda_j \end{bmatrix}}^{h_{ij}} \Bigg\updownarrow h_{ij}$$

を定義し，$h_{ij}=0$ のときは便宜上 J_{ij} を“0次”の行列と定義する．直和 $J_i=J_{i1}\oplus\cdots\oplus J_{ir}$ を作ると J_i-xE_i と C_i-xE_i の単因子は一致する(E_i は C_i と次数が同じ単位行列)．実際，例3.15により $J_{ij}-xE_{ij}$ (E_{ij} は J_{ij} と次数が同じ単位行列)の単因子は $1,\cdots,1,(x-\lambda_j)^{h_{ij}}$ であるから，$J_{ij}-xE_{ij}$ に基本変形を施して $1,\cdots,1,(x-\lambda_j)^{h_{ij}}$ を対角成分としてもつ対角行列にすることができる．この基本変形を

$$J_i-xE_i=(J_{i1}-xE_{i1})\oplus\cdots\oplus(J_{ir}-xE_{ir})$$

の各ブロックごとに施すと，J_i-xE_i をいくつかの1と $(x-\lambda_1)^{h_{i1}},\cdots,(x-\lambda_r)^{h_{ir}}$ を対角成分とする対角行列 $J_i(x)$ にすることができる．そこで，$h_{ij}\neq 0$ なる h_{ij} をとり出したものを $h_{ij_1},\cdots,h_{ij_{l(i)}}$ とすれば，$\lambda_{j_1},\cdots,\lambda_{j_{l(i)}}$ はすべて異なるのであるから $(x-\lambda_{j_1})^{h_{ij_1}},\cdots,(x-\lambda_{j_{l(i)}})^{h_{ij_{l(i)}}}$ は互いに素である．したがって，$J_i(x)$ の行列式因子は

$$d_1(x)=\cdots=d_{t_i-1}(x)=1,$$

$$d_{t_i}(x)=(x-\lambda_{j_1})^{h_{ij_1}}\cdot\cdots\cdot(x-\lambda_{j_{l(i)}})^{h_{ij_{l(i)}}}=e_i(x)$$

となる(t_i は $e_i(x)$ の次数)．したがって，定理3.5により $J_i(x)$ の単因子は $1,\cdots,1,e_i(x)$ である．ゆえに，C_i-xE_i と $J_i(x)$ の単因子は一致する．

一方，単因子は基本変形によって変わらないので，J_i-xE_i と $J_i(x)$ の単因子は一致するから C_i-xE_i と J_i-xE_i の単因子が一致することになる．したがって，系3.2によって C_i と J_i はある正則行列 Q_i を用いて $J_i=Q_i^{-1}C_iQ_i$ と書ける．そこで

$$J=J_1\oplus\cdots\oplus J_t,$$

$$Q=Q_1\oplus\cdots\oplus Q_t,$$

$$C=C_1\oplus\cdots\oplus C_t$$

とおけば，Q は正則で $J=Q^{-1}CQ$ である．一方，$C=R^{-1}AR$ であったから，$S=RQ$ とおけば $J=S^{-1}AS$ となる．ここで，左辺の J はジョルダン細胞の直和になっている．▌

注意 3.11 上の証明からわかるように，A のジョルダン標準形(3.2)，(3.3)におけるジョルダン細胞の個数は $A-xE$ の単因子の1でない因子 $(x-\lambda_j)^{h_{ij}}$ $(i=1,\cdots,t;j=1,\cdots,r;h_{ij}\neq 0)$ の総数 $\sum_{i=1}^{t}l(i)$ に等しく，各細胞 J_{ij} の次数は因子の指数 h_{ij} に一致する．

また，最高次の単因子 $e_1(x)$ は他のすべての単因子 $e_2(x), \cdots, e_t(x)$ によって割り切られるのであるから，固有値 λ_j に対応するすべての細胞 $J_{1j}, \cdots, J_{tj}$ の最高次数を $h_j = \max_{1 \leq i \leq t} h_{ij}$ とおけば，A の最小多項式 $\psi_A(x)$ は

$$\psi_A(x) = (x-\lambda_1)^{h_1}(x-\lambda_2)^{h_2}\cdots(x-\lambda_r)^{h_r}$$

と表わされる(注意 3.9 も参照．そこでは $e_1(x)$ を $e_n(x)$ と書いてある)．

本節の議論を用いると，有理標準形に関する次の定理を導びくことができる．

定理 3.9 A を n 次の正方行列とする．ある正則行列 T による A の相似変換が s 個のコンパニオン行列 $D_1, \cdots, D_s$ の直和として

$$T^{-1}AT = D_1 \oplus \cdots \oplus D_s \tag{3.51}$$

のように表わされたとすると，A の有理標準形(3.22)に現われるブロック $C_1, \cdots, C_t$ の個数 t に対して，$s \geq t$ が成立する．すなわち，A を(3.51)のように表わしたときのブロックの個数 s は，(3.51)が有理標準形であるときに最小になる．

証 A のすべての相異なる固有値を $\lambda_1, \cdots, \lambda_r$ とし，D_i の最小多項式 $\psi_i(x)$ を

$$\psi_i(x) = (x-\lambda_1)^{h_{i1}}(x-\lambda_2)^{h_{i2}}\cdot\cdots\cdot(x-\lambda_r)^{h_{ir}} \tag{3.52}$$

と表わす($i=1, \cdots, s$)．すると，§3.3.2 ですでに述べたのと全く同様の議論を行うことによって，D_i のジョルダン標準形は

$$J_i = J(h_{i1}, \lambda_1) \oplus \cdots \oplus J(h_{ir}, \lambda_r)$$

に等しく，A のジョルダン標準形は

$$\begin{aligned} J = &J_1 \oplus \cdots \oplus J_s \\ = &\quad J(h_{11}, \lambda_1) \oplus \cdots \oplus J(h_{1r}, \lambda_r) \\ &\oplus J(h_{21}, \lambda_1) \oplus \cdots \oplus J(h_{2r}, \lambda_r) \\ &\quad\cdots\cdots\cdots\cdots\cdots \\ &\oplus J(h_{s1}, \lambda_1) \oplus \cdots \oplus J(h_{sr}, \lambda_r) \end{aligned} \tag{3.53}$$

に等しいことがわかる．ただし，(3.53)において，$h_{ij}=0$ なる h_{ij} に対応するジョルダン細胞 $J(\lambda_j, h_{ij})$ は“0 次”の行列であって実際には現れない．

そこで，(3.53)右辺に現れるジョルダン細胞をすべて集めたもの $H_0 = \{J(\lambda_j, h_{ij}) \mid i=1, \cdots, s\,;\ j=1, \cdots, r\}$ の中から，固有値 $\lambda_1, \cdots, \lambda_r$ の各々に対して次数の

最も高いジョルダン細胞を一つずつ取り出し，その直和を

$$J_1'=J(k_{11},\lambda_1)\oplus\cdots\oplus J(k_{1r},\lambda_r) \tag{3.54}$$

とおく ($k_{1j}=\max_{1\leq i\leq s} h_{ij}$). 次に，(3.54)右辺のジョルダン細胞を集めたものを H_1 とし，H_0-H_1 の中から，固有値 $\lambda_1,\cdots,\lambda_r$ の各々に対して次数の最も高いジョルダン細胞を一つずつ取り出し，その直和を

$$J_2' = J(k_{21},\lambda_1)\oplus\cdots\oplus J(k_{2r},\lambda_r) \tag{3.55}$$

とする．さらに，(3.55)右辺のジョルダン細胞を集めたものを H_2 とし，$H_0-H_1-H_2$ の中から，固有値 $\lambda_1,\cdots,\lambda_r$ の各々に対して次数の最も高いジョルダン細胞を一つずつ取り出し，その直和を

$$J_3' = J(k_{31},\lambda_1)\oplus\cdots\oplus J(k_{3r},\lambda_r) \tag{3.56}$$

とする．このような操作を H_0 のすべてのジョルダン細胞が尽きるまで続けると，ある p に対して

$$J_p' = J(k_{p1},\lambda_1)\oplus\cdots\oplus J(k_{pr},\lambda_r) \tag{3.57}$$

が得られて終る．そこで，

$$J' = J_1'\oplus\cdots\oplus J_p' \tag{3.58}$$

とおく．H_0 のジョルダン細胞のうち，同一の固有値 λ_j に対応するものは $J(h_{1j},\lambda_j),\cdots,J(h_{sj},\lambda_j)$ の s 個であって，そのうちの幾つかは“0次”の行列である可能性があるので，$p\leq s$ が成立する．また，(3.53)の J と(3.58)の J' はジョルダン細胞の現れる順序が異なるだけで共に H_0 に属するジョルダン細胞の直和であるから，J が A に相似なので，J' も A に相似である．そこで

$$\phi_i'(x)=(x-\lambda_1)^{k_{i1}}\cdot\cdots\cdot(x-\lambda_r)^{k_{ir}} \qquad (i=1,\cdots p)$$

とおき，$\phi_i'(x)$ を最小多項式としてもつコンパニオン行列を C_i とすると，J_i' の作り方からわかるように，$\phi_{i+1}'(x)$ は $\phi_i'(x)$ を割り切る ($i=1,\cdots,p-1$). 一方，§3.3.2で述べたように，C_i と J_i' は相似であり，したがって，$C=C_1\oplus\cdots\oplus C_p$ と $J'=J_1'\oplus\cdots\oplus J_p'$ は相似である．ゆえに，A と C が相似になり，C は A の有理標準形であることがわかる．よって，有理標準形の一意性から $p=t$. ところが，$p\leq s$ であったから，$t\leq s$ を得る．▌

§3.4 実ジョルダン標準形

ジョルダン標準形(3.2)，(3.3)について論じたときには，もとの行列 A も変

換行列Sも共に複素行列であるとした．したがって，Aが実数行列であっても，固有値は一般に複素数になるので，Sは実数行列の範囲では選べないことがある．しかし，Aが実数行列である場合には，Sを実数行列の範囲に限った相似変換でジョルダン標準形に近い形にすることができる．

定理 3.10(実ジョルダン標準形) Aを任意のn次正方の実数行列とする．Aの相異なるすべての固有値を$\lambda_1, \cdots, \lambda_s$ ($\lambda_1, \cdots, \lambda_k$ は実数，$\lambda_{k+1}=\bar{\lambda}_{k+2}, \lambda_{k+3}=\bar{\lambda}_{k+4}, \cdots, \lambda_{k+2l-1}=\bar{\lambda}_{k+2l}$ は複素数，$s=k+2l$) とすれば，正則な実数行列Sを適当に選ぶことによって

$$S^{-1}AS = \begin{bmatrix} M_1 & & & O \\ & M_2 & & \\ & & \ddots & \\ O & & & M_{k+l} \end{bmatrix} \tag{3.59}$$

という形のブロック対角行列の形に表わすことができる．ここで各ブロックM_i ($i=1, \cdots, k, k+1, \cdots, k+l$) は

$$M_i = \begin{bmatrix} I_{i1} & & & O \\ & I_{i2} & & \\ & & \ddots & \\ O & & & I_{it_i} \end{bmatrix},$$

$$I_{ij} = \underbrace{\begin{bmatrix} \lambda_i & 1 & & O \\ & \lambda_i & 1 & \\ & & \ddots & 1 \\ O & & & \lambda_i \end{bmatrix}}_{n_{ij}} \quad (i=1, \cdots, k) \quad \text{または} \quad I_{ij} = \underbrace{\begin{bmatrix} L_i & E_2 & & O \\ & L_i & E_2 & \\ & & \ddots & E_2 \\ O & & & L_i \end{bmatrix}}_{2n_{ij}}$$

$$(i=k+1, \cdots, l) \tag{3.60}$$

という形の行列である．ここに，L_i, E_2 は

$$L_i = \begin{bmatrix} \mu_i & -\nu_i \\ \nu_i & \mu_i \end{bmatrix}, \quad E_2 = \begin{bmatrix} 1 & 0 \\ 0 & 1 \end{bmatrix} \tag{3.61}$$

という形の2次の実数行列で，$\mu_{k+i}+\sqrt{-1}\nu_{k+i}=\lambda_{k+2i-1}=\bar{\lambda}_{k+2i}$ ($i=1, \cdots, l$) である．

証 A が実数行列であるから，A の特性多項式$\varphi_A(x)$の係数はすべて実数で

あり，λ が A の実数でない複素固有値であればその共役複素数 $\bar{\lambda}(\neq\lambda)$ も A の固有値である．したがって，A の固有値は，定理の中で述べられたような組み合せになっている．

1) 複素固有値 λ に対して，$(A-\lambda E)^k\boldsymbol{x}=\boldsymbol{o}$ であることと $(A-\bar{\lambda}E)^k\bar{\boldsymbol{x}}=\boldsymbol{o}$ であることは等価である．ここに，$\bar{\boldsymbol{x}}$ は $\boldsymbol{x}\in K^n$ のすべての成分をその共役複素数でおきかえた数ベクトルを表わす（すなわち，$\boldsymbol{x}=[x_1,\cdots,x_n]^T$ に対して $\bar{\boldsymbol{x}}=[\bar{x}_1,\cdots,\bar{x}_n]^T$）．よって，任意の部分空間 $U\subseteq K^n$ に対して，U のすべてのベクトル $\boldsymbol{x}$ を $\bar{\boldsymbol{x}}$ でおきかえてできる部分空間を $\bar{U}$ で表わすことにすれば，固有値 λ に属する一般固有ベクトル空間が Ω_λ であるとき $\bar{\lambda}$ に属する一般固有ベクトル空間は $\Omega_{\bar{\lambda}}=\bar{\Omega}_\lambda$ である．さらに，定理 3.1 の証明の中で現われた固有値 λ に対する（Ω_λ の）部分空間列 $M_m\supseteq M_{m-1}\supseteq\cdots\supseteq M_1\supseteq M_0$ に対して，共役固有値 $\bar{\lambda}$ に対する同様の（$\Omega_{\bar{\lambda}_1}$ の）部分空間列を考えると，それは $\bar{M}_m\supseteq\bar{M}_{m-1}\supseteq\cdots\supseteq\bar{M}_1\supseteq\bar{M}_0$ である．したがって，λ に対する補空間の列 $N_m, N_{m-1},\cdots,N_1$ に対応して $\bar{N}_m,\bar{N}_{m-1},\cdots,\bar{N}_1$ を $\bar{\lambda}$ に対する補空間の列とすることができる．したがって，λ に対するベクトルの列 $\boldsymbol{b}_j^{(l)},\boldsymbol{c}_{jk}^{(l)}$ に対応して，λ に対しては $\bar{\boldsymbol{b}}_j^{(l)},\bar{\boldsymbol{c}}_{jk}^{(l)}$ を選ぶことができる．すると，λ に対する式(3.8)に対応する $\bar{\lambda}$ に対する式は，

$$A\bar{S}_j^{(l)}=\bar{S}_j^{(l)}\underbrace{\begin{bmatrix}\bar{\lambda} & 1 & 0 & \cdots & 0\\ 0 & \bar{\lambda} & 1 & \ddots & \vdots\\ \vdots & \ddots & \ddots & \ddots & 0\\ \vdots & & \ddots & \ddots & 1\\ 0 & \cdots & \cdots & 0 & \bar{\lambda}\end{bmatrix}}_{l\times l}\tag{3.62}$$

となる．ここに，$\bar{S}_j^{(l)}$ は行列 $S_j^{(l)}$ のすべての成分をその共役複素数でおきかえたものである．そこで，$\bar{S}_j^{(l)}$ を実部 D と虚部 F にわけて $\bar{S}_j^{(l)}=D+\sqrt{-1}\,F$ とし，λ を実部 μ と虚部 ν にわけて $\lambda=\mu+\sqrt{-1}\,\nu$ とおけば，(3.8) と (3.62) は

$$A(D-\sqrt{-1}F)=(D-\sqrt{-1}F)((\mu+\sqrt{-1}\nu)E+N),\tag{3.63}$$

$$A(D+\sqrt{-1}F)=(D+\sqrt{-1}F)((\mu-\sqrt{-1}\nu)E+N)\tag{3.64}$$

と書ける．ただし，E は l 次の単位行列，N は

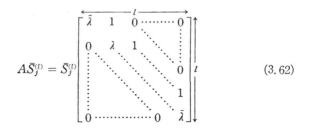

$$N=\overset{\longleftarrow\; l \;\longrightarrow}{\begin{bmatrix} 0 & 1 & & & O \\ & 0 & 1 & & \\ & & \ddots & \ddots & \\ & & & \ddots & 1 \\ O & & & & 0 \end{bmatrix}}\left.\vphantom{\begin{bmatrix} 0\\0\\0\\0\\0\end{bmatrix}}\right\updownarrow l$$

である．式(3.63)と(3.64)は等価であるので，(3.64)だけを考えればよい．これを実部と虚部にわけることによって

$$\begin{aligned} AD &= \mu D+\nu F+DN, \\ AF &= -\nu D+\mu F+FN \end{aligned}$$

を得る．これらの二式をまとめると

$$A[D,F]=[D,F]\overset{\longleftarrow\; l \;\longrightarrow\qquad\longleftarrow\; l \;\longrightarrow}{\left[\begin{array}{cccc:cccc} \mu & 1 & & O & -\nu & & & O \\ & \ddots & \ddots & & & \ddots & & \\ & & \ddots & 1 & & & \ddots & \\ O & & & \mu & O & & & -\nu \\ \hdashline \nu & & & O & \mu & 1 & & O \\ & \ddots & & & & \ddots & \ddots & \\ & & \ddots & & & & \ddots & 1 \\ O & & & \nu & O & & & \mu \end{array}\right]}\begin{array}{l} \left.\vphantom{\begin{array}{c}0\\0\\0\\0\end{array}}\right\updownarrow l \\ \left.\vphantom{\begin{array}{c}0\\0\\0\\0\end{array}}\right\updownarrow l \end{array}$$

となる．ここで，$D=[\boldsymbol{d}_1, \cdots, \boldsymbol{d}_l]$，$F=[\boldsymbol{f}_1, \cdots, \boldsymbol{f}_l]$の列ベクトルの順番を入れかえてまとめなおし

$$G_j^{(l)}=[\boldsymbol{d}_1, \boldsymbol{f}_1, \boldsymbol{d}_2, \boldsymbol{f}_2, \cdots, \boldsymbol{d}_l, \boldsymbol{f}_l]$$

とおけば

$$AG_j^{(l)}=G_j^{(l)}\begin{bmatrix} L & E_2 & 0 & \cdots & 0 \\ 0 & L & E_2 & \ddots & \vdots \\ \vdots & \ddots & \ddots & \ddots & 0 \\ \vdots & & \ddots & \ddots & E_2 \\ 0 & \cdots & \cdots & 0 & L \end{bmatrix}, \qquad L=\begin{bmatrix} \mu & -\nu \\ \nu & \mu \end{bmatrix}$$

となる．複素固有値λに対するこれらの操作を他のあらゆる複素固有値に対しても行なうことができる．

2)　実固有値 λ に対しては，補空間 $N_m, N_{m-1}, \cdots, N_1$ の基底はすべて実数ベクトルの範囲で選べる(実数係数の連立一次方程式の解を求めることに帰着されるから)ので，この場合には(3.8)の $S_j^{(i)}$ は実数行列である．そこで1)と2)をまとめれば(3.59)～(3.61)の形の標準形が得られる．▮

注意 3.12　実ジョルダン標準形(3.59)～(3.61)はブロック M_i の現れる順序を除いて一意的に定まる．このことは複素行列に対するジョルダン標準形の一意性より明らかである．

例 3.18　行列

$$\left[\begin{array}{cc|cc} 2+\sqrt{-1} & 1 & 0 & 0 \\ 0 & 2+\sqrt{-1} & 0 & 0 \\ \hline 0 & 0 & 2-\sqrt{-1} & 1 \\ 0 & 0 & 0 & 2-\sqrt{-1} \end{array}\right]$$

はすでにそのままである実数行列のジョルダン標準形(定理3.1)になっているが，複素行列であるために定理3.10の形の実ジョルダン標準形ではない．実ジョルダン標準形は

$$\left[\begin{array}{cc|cc} 2 & 1 & 1 & 0 \\ -1 & 2 & 0 & 1 \\ \hline 0 & 0 & 2 & 1 \\ 0 & 0 & -1 & 2 \end{array}\right]$$

である．▮

第3章の問題

問題 1　次の行列のジョルダン標準形を求めよ．

1) $\begin{bmatrix} 4 & 1 & 1 & 1 \\ 1 & 5 & 3 & -1 \\ -1 & -2 & 1 & -1 \\ -1 & -1 & -1 & 2 \end{bmatrix}$　　2) $\begin{bmatrix} -3 & -3 & 4 & 2 \\ 5 & 1 & -4 & -6 \\ 4 & -1 & -2 & -5 \\ -5 & -3 & 4 & 4 \end{bmatrix}$

3) $\begin{bmatrix} 3 & -1 & 3 \\ -1 & 3 & 3 \\ 1 & -1 & 5 \end{bmatrix}$ 4) $\begin{bmatrix} -1 & 1 & 2 & -1 \\ -5 & 3 & 4 & -2 \\ 3 & -1 & 0 & 1 \\ 5 & -2 & -2 & 3 \end{bmatrix}$

問題 2 次の行列のジョルダン標準形を求めよ.

1) $\begin{bmatrix} 1 & 2 & 0 & 0 \\ 0 & 1 & 2 & 0 \\ 0 & 0 & 1 & 2 \\ 0 & 0 & 0 & 1 \end{bmatrix}$ 2) $\begin{bmatrix} 3 & 0 & 2 & 1 \\ 0 & 3 & 0 & 2 \\ 0 & 0 & 3 & 0 \\ 0 & 0 & 0 & 3 \end{bmatrix}$

3) $\begin{bmatrix} 1 & 0 & 0 & 0 \\ 2 & 1 & 0 & 0 \\ 0 & 2 & 1 & 0 \\ 0 & 0 & 2 & 1 \end{bmatrix}$ 4) $\begin{bmatrix} 2 & 0 & 0 & 0 \\ 0 & 2 & 0 & 0 \\ 0 & 0 & 2 & 0 \\ 5 & 0 & 0 & 2 \end{bmatrix}$

問題 3 次の行列のジョルダン標準形を求めよ.

$$\begin{bmatrix} 0 & 0 & 8 \\ 1 & 0 & 4 \\ 0 & 1 & -2 \end{bmatrix}$$

問題 4 次の行列の有理標準形を求めよ.

1) $\begin{bmatrix} 3 & -4 & -1 \\ 2 & -2 & -1 \\ 1 & -3 & 1 \end{bmatrix}$ 2) $\begin{bmatrix} 2 & -1 & -3 \\ 3 & 4 & 3 \\ -1 & -1 & 0 \end{bmatrix}$

3) $\begin{bmatrix} 1 & 2 & 0 & 0 \\ 0 & 1 & 2 & 0 \\ 0 & 0 & 1 & 2 \\ 0 & 0 & 0 & 1 \end{bmatrix}$ 4) $\begin{bmatrix} 2 & -11 & -1 & -1 & 3 \\ 1 & 0 & 1 & 2 & -1 \\ -2 & 9 & 0 & 0 & -2 \\ 1 & -4 & 1 & 2 & 1 \\ 2 & -11 & 2 & 5 & 3 \end{bmatrix}$

問題 5 次の多項式行列の単因子を求めよ.

1) $\begin{bmatrix} x^2+1 & 1 & x^2+1 \\ x^2 & 1 & x^2+1 \\ -(x+1) & 1 & x^2+x \end{bmatrix}$ 2) $\begin{bmatrix} x^2+x+1 & x^2+x & x \\ x^2+2x+2 & x^2+2x+1 & -(x^2+2x+2) \\ x^2+x & -(x+1) & x^2+3x+2 \end{bmatrix}$

3) $\begin{bmatrix} 2-x & -2 & 1 & -2 \\ 1 & -x & 1 & -2 \\ 0 & 1 & 1-x & 0 \\ 1 & -1 & 1 & -1-x \end{bmatrix}$　4) $\begin{bmatrix} x^2+x+1 & x^2+x-1 & -1 & x^2+x \\ x & 2x^2 & x^2 & x^2 \\ 2x^2+1 & -2x^2+2x-1 & -2x^2-1 & 2x \\ x & 2x^4+x^3-x & x^4+x^3-x & x^4-x^3+x \end{bmatrix}$

問題6　Aをn次正方行列とする．$K^n=\mathrm{Ker}\,A\oplus\mathrm{Im}\,A$であるための必要十分条件は，$A$が固有値0をもたないか，あるいは固有値0が$A$の最小多項式の単純な零点であることである．このことを証明せよ．

問題7　n次行列

$$A=\begin{bmatrix} \lambda & a_1 & & & * \\ & \lambda & a_2 & & \\ & & \ddots & \ddots & \\ & & & \ddots & a_{n-1} \\ O & & & & \lambda \end{bmatrix}$$

を考える．ただし$a_1\neq0, \cdots, a_{n-1}\neq0$とする．$A$のジョルダン標準形はただ一つのジョルダン細胞$J(\lambda, n)$からなることを示せ．

問題8　$(k_1\cdots k_n)$を$1, \cdots, n$の任意の順列としたとき，各$j=1, \cdots, n$に対して(k_j, j)成分が1で他の残りの成分はすべて0であるような行列を置換行列という（例1.4参照）．置換行列のジョルダン標準形を求めよ．

問題9　$A^m=E$であるとき次のことを示せ．

a）Aの固有値λは$\lambda^m=1$を満たす．

b）Aの固有値1の個数がpであれば

$$\mathrm{tr}(A+A^2+\cdots+A^m)=mp.$$

問題10　Aを$m\times n$の整数行列，$\boldsymbol{b}$を$m\times 1$の整数行列，$\boldsymbol{x}=[x_1, \cdots, x_n]^T$とするとき，連立一次方程式

$$A\boldsymbol{x}=\boldsymbol{b}$$

が整数解をもつための必要十分条件はAと$[A, \boldsymbol{b}]$の単因子が一致することである．このことを証明せよ．

問題11　次の整数行列の単因子を求めよ．

1) $\begin{bmatrix} 5 & 2 & 4 & 4 \\ 2 & 1 & 1 & 1 \\ 2 & -1 & 9 & -3 \\ 3 & 2 & 0 & 4 \end{bmatrix}$　2) $\begin{bmatrix} 1 & 3 & -2 & 3 \\ -3 & -1 & 6 & -3 \\ 3 & 7 & -6 & 9 \\ -3 & 5 & -6 & 3 \end{bmatrix}$

問題 12 次の連立一次方程式の整数解をすべて求めよ.

1) $$\begin{aligned} x_1+2x_2+3x_3 &= 4, \\ -x_1+x_2+3x_3 &= 2, \\ 5x_1+4x_2-3x_3 &= 2. \end{aligned}$$

2) $$\begin{aligned} 4x_1+3x_2+3x_3 &= 3, \\ 2x_1+x_2+x_3 &= -1, \\ x_1+x_2+x_3 &= 2. \end{aligned}$$

第4章　ジョルダン標準形の応用

§4.1　対角型一次変換と対角化可能行列

n 次の正方行列 A が相似変換によって対角行列にできるとき，すなわち，ある正則行列 S に対して $S^{-1}AS$ が対角行列になるとき，A を**対角化可能行列**という．また，n 次元ベクトル空間 V_n の中の一次変換 $\boldsymbol{A}$ の表現行列 A が対角化可能行列であるとき，$\boldsymbol{A}$ を**対角型一次変換**という．

同様に，一次変換 $\boldsymbol{A}$ がある k に対して $\boldsymbol{A}^k=\boldsymbol{O}$ となるとき，$\boldsymbol{A}$ を**ベキ零一次変換**という．ベキ零一次変換の表現行列は**ベキ零行列**である(例3.9)．

定理4.1　行列 A が対角化可能行列であるための必要十分条件は，A のジョルダン標準形において，すべてのジョルダン細胞の次数が1であること(あるいは同じことであるが，A のジョルダン標準形が対角行列であること)である．

証　$S^{-1}AS=J$ を A のジョルダン標準形とする．J のジョルダン細胞の次数がすべて1ならば J は明らかに対角行列である．逆に，ある正則行列 T に対して $T^{-1}AT=R$ が対角行列であれば，ジョルダン標準形の一意性により，R そのものが A のジョルダン標準形であり，R に現われるジョルダン細胞の次数はすべて1である．▌

系4.1　行列 A が対角化可能行列であるための必要十分条件は，A の最小多項式 $\phi_A(x)$ が互いに素な1次因子 $x-\lambda_i$ (λ_i は A の固有値)の積として表わされることである．

証　定理4.1と注意3.11による．▌

対角型一次変換に関して次の定理が成り立つ．

定理4.2　n 次元ベクトル空間 V_n の中の一次変換 $\boldsymbol{A}$ に対して，次の五つの条件は互いに等価である．

1)　$\boldsymbol{A}$ は対角型一次変換である．

2)　$\boldsymbol{A}$ のすべての相異なる固有値を $\lambda_1, \cdots, \lambda_s$ とし，λ_i に属する固有ベクトル空間を $V(\lambda_i)$ とすると，

$$V_n = V(\lambda_1) \oplus \cdots \oplus V(\lambda_s).$$

3)　$\boldsymbol{A}$ の最小多項式 $\phi_A(x)$ は互いに素な1次因子の積である．

4)　$\boldsymbol{A}$ のすべての相異なる固有値 $\lambda_1, \cdots, \lambda_s$ に対して，

$$\mathrm{rank}\,(\boldsymbol{A}-\lambda_j\boldsymbol{E}) = n-h_j \qquad (j=1, \cdots, s)$$

である．ただし，h_j は固有値 λ_j の重複度である．

5)　$\boldsymbol{A}$ のすべての相異なる固有値を $\lambda_1, \cdots \lambda_s$ とし，固有値 λ_i に属する固有ベクトル空間を $V(\lambda_i)$，一般固有ベクトル空間を $\Omega(\lambda_i)$ とすれば，$V(\lambda_i) = \Omega(\lambda_i)$ である $(i=1, \cdots, s)$．

証　この定理の内容は，実質的には，既出の定理，例，注意によってほぼ明らかと思われるが，ここで整理の意味でまとめて証明しておく．

1)⇒4):　$\boldsymbol{A}$ が対角型であれば，V_n のある基底 $\{\boldsymbol{u}_1, \cdots, \boldsymbol{u}_n\}$ に関する表現行列 A が対角行列になる：$A=[\rho_1]\oplus\cdots\oplus[\rho_n]$．ここに，$\rho_1, \cdots, \rho_n$ のうち丁度 h_j 個が固有値 λ_j に一致しているとする $(j=1, \cdots, s)$．すると，$A-\lambda_jE=[\rho_1-\lambda_j]\oplus\cdots\oplus[\rho_n-\lambda_j]$ であるから，$\dim \mathrm{Ker}\,(A-\lambda_jE)=h_j$．定理2.3，2.5により $\mathrm{rank}\,(A-\lambda_jE)=\mathrm{rank}(\boldsymbol{A}-\lambda_j\boldsymbol{E})=n-h_j$．

4)⇒2):　$\mathrm{rank}\,(\boldsymbol{A}-\lambda_j\boldsymbol{E})=n-h_j$ (h_j は λ_j の重複度) であれば，固有値 λ_j に属する固有ベクトル空間 $V(\lambda_j)$ の次元は $\dim V(\lambda_j)=\dim \mathrm{Ker}\,(\boldsymbol{A}-\lambda_j\boldsymbol{E})=n-\mathrm{rank}\,(\boldsymbol{A}-\lambda_j\boldsymbol{E})=h_j$ である．和 $W=V(\lambda_1)+\cdots+V(\lambda_s)$ は直和であるから (定理2.10)，$\dim W=\dim V(\lambda_1)+\cdots+\dim V(\lambda_s)=h_1+\cdots+h_s=n$，すなわち $\dim V_n=\dim W$．ゆえに，$V_n=W$．

2)⇒3):　$\boldsymbol{A}$ のすべての相異なる固有値を $\lambda_1, \cdots, \lambda_s$ とし，$V_n=V(\lambda_1)\oplus\cdots\oplus V(\lambda_s)$ であるとする．$V(\lambda_j)$ の基底を $\{\boldsymbol{u}_k^{(j)}|k=1, \cdots, m_j\}$ とすると，これらをすべての $j=1, \cdots, s$ について集めたものは V_n の基底である $\left(\sum_{j=1}^{s} m_j=n\right)$ (例1.13)．したがって，V_n の任意のベクトル $\boldsymbol{x}$ は $\boldsymbol{x}=\sum_{k,j} c_k^{(j)}\boldsymbol{u}_k^{(j)}$ とおくことができる．そこで，$f(x)=(x-\lambda_1)(x-\lambda_2)\cdots(x-\lambda_s)$ とおけば，$(\boldsymbol{A}-\lambda_j\boldsymbol{E})(\boldsymbol{u}_k^{(j)})=\boldsymbol{o}$ であるので $f(\boldsymbol{A})(\boldsymbol{x})=\boldsymbol{o}$ を得る．したがって，$\boldsymbol{A}$ の最小多項式 $\phi_A(x)$ は $f(x)$ を割り切らな

ければならない．一方，注意2.8より $f(x)$ は $\phi_A(x)$ を割り切らなければならない．ゆえに，$\phi_A(x)=f(x)$．

3)⇒1)：$\boldsymbol{A}$ のある基底に関する表現行列を A とすると A の最小多項式 $\phi_A(x)$ は互いに素な1次因子の積になる．したがって，系4.1より A は対角化可能行列である．

5)⇒2)：$V(\lambda_i)=\Omega(\lambda_i)(i=1,\cdots,s)$ であるとすると，定理2.20より $V_n=V(\lambda_1)\oplus\cdots\oplus V(\lambda_s)$．2)⇒5)：$\boldsymbol{x}$ をたとえば固有値 λ_1 に属する任意の一般固有ベクトル $(\in\Omega(\lambda_1))$ とすると，$\boldsymbol{x}=\boldsymbol{x}_1+\cdots+\boldsymbol{x}_s$ $(\boldsymbol{x}_i\in V(\lambda_i))$ と表わされる．これを変形すると，$(\boldsymbol{x}_1-\boldsymbol{x})+\boldsymbol{x}_2+\cdots+\boldsymbol{x}_s=\boldsymbol{o}$．$\boldsymbol{x}_1-\boldsymbol{x}\in\Omega(\lambda_1)$, $\boldsymbol{x}_j\in\Omega(\lambda_j)(j=2,\cdots,s)$ であることに注意すれば，定理2.20と定理1.17により，$\boldsymbol{x}_1-\boldsymbol{x}=\boldsymbol{o}$, $\boldsymbol{x}_2=\boldsymbol{o},\cdots,\boldsymbol{x}_s=\boldsymbol{o}$．ゆえに $\boldsymbol{x}=\boldsymbol{x}_1$ となり $\boldsymbol{x}\in V(\lambda_1)$．よって，$\Omega(\lambda_1)=V(\lambda_1)$．同様にして，$\Omega(\lambda_j)=V(\lambda_j)$ $(j=2,\cdots,s)$．

例 4.1 射影行列は対角化可能である(例3.7参照)．▌

例 4.2 それ自身が零行列である場合を除き，ベキ零行列は対角化可能ではない(例3.9参照)．▌

注意 4.1 対角型一次変換 $\boldsymbol{A}$ が正則ならその逆変換 $\boldsymbol{A}^{-1}$ も対角型である．実際，適当な基底 B を選ぶと $\boldsymbol{A}$ の表現行列 A は対角行列となるが，$\boldsymbol{A}$ が正則なので A も正則，したがって，A の対角成分はすべて0とは異なる．よって，逆行列 A^{-1} が存在して対角行列である．そこで，$\boldsymbol{A}^{-1}$ の表現行列が A^{-1} であることに注意すればよい．

注意 4.2 V_n の中の一次変換 $\boldsymbol{A}$ が対角型であれば，$\boldsymbol{A}$ から V_n の任意の不変部分空間 U 上に誘導される一次変換 $\boldsymbol{A}_U$ も対角型である．というのは，$\boldsymbol{A}$ の最小多項式を $\phi_{\boldsymbol{A}}(x)$ とすれば，明らかに任意の $\boldsymbol{x}\in U$ に対して $\phi_{\boldsymbol{A}}(\boldsymbol{A})(\boldsymbol{x})=\boldsymbol{o}$ であるから，$\boldsymbol{A}_U$ の最小多項式 $\phi_{\boldsymbol{A}_U}(x)$ は $\phi_{\boldsymbol{A}}(x)$ を割り切らなければならない．$\phi_{\boldsymbol{A}}(x)$ が互いに異なる1次因子の積であるので(定理4.2)，$\phi_{\boldsymbol{A}_U}(x)$ もそうでなければならない．

定理 4.3 V_n の中の対角型一次変換 $\boldsymbol{A},\boldsymbol{B}$ の表現行列がある基底に関して同時に対角行列となるための必要十分条件は，$\boldsymbol{A},\boldsymbol{B}$ が交換可能 $(\boldsymbol{AB}=\boldsymbol{BA})$ であることである．

証 $\boldsymbol{A}$ と $\boldsymbol{B}$ が交換可能であれば，$\boldsymbol{A}$ の固有値 λ に属する固有ベクトル $\boldsymbol{x}$ に対して，$\boldsymbol{A}(\boldsymbol{B}(\boldsymbol{x}))=\boldsymbol{B}(\boldsymbol{A}(\boldsymbol{x}))=\boldsymbol{B}(\lambda\boldsymbol{x})=\lambda\boldsymbol{B}(\boldsymbol{x})$．したがって，$\boldsymbol{B}(\boldsymbol{x})$ は $(=\boldsymbol{o}$ でな

ければ) $\boldsymbol{A}$ の固有値 λ に属する固有ベクトルである．ゆえに，$\boldsymbol{A}$ の各固有ベクトル空間は $\boldsymbol{B}$ に関して不変である．さらに，$\boldsymbol{A}$ のすべての相異なる固有値を $\lambda_1, \cdots, \lambda_s$ とし λ_i に属する固有ベクトル空間を $V(\lambda_i)$ とすると，$\boldsymbol{A}$ が対角型であるため，定理 4.2 により

$$V_n = V(\lambda_1) \oplus \cdots \oplus V(\lambda_s). \tag{4.1}$$

一方，$\boldsymbol{B}$ が対角型であるから，$\boldsymbol{B}$ により $V(\lambda_i)$ の上に誘導される一次変換 $\boldsymbol{B}_i$ も対角型である(注意 4.2)．したがって，再び定理 4.2 より $V(\lambda_i)$ の基底で $\boldsymbol{B}$ の固有ベクトルから成るものがある．各 $i=1, \cdots, s$ についてこのような基底をあわせたものは V_n の基底であって，$\boldsymbol{A}$ と $\boldsymbol{B}$ 両方に共通の固有ベクトルからのみ成る．この基底に関する $\boldsymbol{A}, \boldsymbol{B}$ の表現行列はそれぞれ対角行列

$$\begin{bmatrix} \lambda_1 & & O \\ & \lambda_2 & \\ & & \ddots \\ O & & \lambda_n \end{bmatrix}, \quad \begin{bmatrix} \mu_1 & & O \\ & \mu_2 & \\ & & \ddots \\ O & & \mu_n \end{bmatrix} \tag{4.2}$$

である．

逆に，$\boldsymbol{A}, \boldsymbol{B}$ のある基底に関する表現行列 A, B が同時に対角行列となっていれば，明らかに $AB=BA$．これは $\boldsymbol{AB}=\boldsymbol{BA}$ であることを意味する．

系 4.2 対角型一次変換 $\boldsymbol{A}, \boldsymbol{B}$ が交換可能であれば，$\boldsymbol{A}+\boldsymbol{B}$ と $\boldsymbol{AB}$ はいずれも対角型一次変換である．

証 定理 4.3 より，ある基底に関して $\boldsymbol{A}, \boldsymbol{B}$ の表現行列 A, B が共に対角行列になる．このとき，$A+B, AB$ は共に対角行列であるが，これらは $\boldsymbol{A}+\boldsymbol{B}$, $\boldsymbol{AB}$ の表現行列であるから，$\boldsymbol{A}+\boldsymbol{B}, \boldsymbol{AB}$ は対角型一次変換である．▌

定理 4.4 V_n の中の一次変換 $\boldsymbol{A}$ が対角型であるための必要十分条件は，

$$\boldsymbol{E} = \boldsymbol{P}_1 + \cdots + \boldsymbol{P}_s, \tag{4.3}$$

$$\boldsymbol{P}_i\boldsymbol{P}_j = \boldsymbol{O}\,(i \neq j), \quad \boldsymbol{P}_i^2 = \boldsymbol{P}_i \tag{4.4}$$

を満足する射影子 $\boldsymbol{P}_1, \cdots, \boldsymbol{P}_s$ と数 $\lambda_1, \cdots, \lambda_s$ が存在して，

$$\boldsymbol{A} = \lambda_1\boldsymbol{P}_1 + \cdots + \lambda_s\boldsymbol{P}_s \tag{4.5}$$

と表わされることである．このとき，λ_i は $\boldsymbol{A}$ の固有値であり，$W_i = \{\boldsymbol{P}_i(\boldsymbol{x}) \mid \boldsymbol{x} \in V_n\}$ は λ_i に属する $\boldsymbol{A}$ の固有ベクトル空間である．

証 $\boldsymbol{A}$ が対角型なら，定理 4.2 により，V_n は $\boldsymbol{A}$ の固有ベクトル空間 $V(\lambda_1)$, $\cdots$, $V(\lambda_s)$ の直和である ($\lambda_1, \cdots, \lambda_s$ は $\boldsymbol{A}$ の相異なる固有値)：

$$V_n = V(\lambda_1) \oplus \cdots \oplus V(\lambda_s).$$

$V(\lambda_1)\oplus\cdots\oplus V(\lambda_{i-1})\oplus V(\lambda_{i+1})\oplus\cdots\oplus V(\lambda_s)$ に沿っての $V(\lambda_i)$ への射影子を $\boldsymbol{P}_i$ と書けば，$\boldsymbol{x}=\boldsymbol{x}_1+\cdots+\boldsymbol{x}_s$ $(\boldsymbol{x}_i \in V(\lambda_i))$ に対して $\boldsymbol{x}_i=\boldsymbol{P}_i(\boldsymbol{x})$ であり，$\boldsymbol{A}(\boldsymbol{x})=\lambda_1\boldsymbol{x}_1+\cdots+\lambda_s\boldsymbol{x}_s=\lambda_1\boldsymbol{P}_1(\boldsymbol{x})+\cdots+\lambda_s\boldsymbol{P}_s(\boldsymbol{x})=(\lambda_1\boldsymbol{P}_1+\cdots+\lambda_s\boldsymbol{P}_s)(\boldsymbol{x})$. したがって，(4.5) が成り立つ．($\boldsymbol{P}_i$ が (4.3)～(4.4) を満たすことは定理 2.8 による．) 逆に，$\boldsymbol{A}$ が (4.3)～(4.5) を満足する一次変換であれば，$W_i=\{\boldsymbol{P}_i(\boldsymbol{x})\mid \boldsymbol{x}\in V_n\}$ とおけば，$V_n=W_1\oplus\cdots\oplus W_s$ であり (定理 2.8)，かつ $\boldsymbol{A}(\boldsymbol{x})=\lambda_i\boldsymbol{x}$ $(\boldsymbol{x}\in W_i)$ であるから，λ_i は $\boldsymbol{A}$ の固有値で，λ_i に属する固有ベクトル空間を $V(\lambda_i)$ とすると，$W_i \subseteq V(\lambda_i)$. また，$\boldsymbol{x}=\boldsymbol{x}_1+\cdots+\boldsymbol{x}_s(\boldsymbol{x}_j\in W_j)$ が λ_i に属する固有ベクトルであるとすると，$\boldsymbol{A}(\boldsymbol{x})=\lambda_i\boldsymbol{x}$ により，$\lambda_i(\boldsymbol{x}_1+\cdots+\boldsymbol{x}_s)=\lambda_1\boldsymbol{x}_1+\cdots+\lambda_s\boldsymbol{x}_s$ すなわち，$(\lambda_i-\lambda_1)\boldsymbol{x}_1+\cdots+(\lambda_i-\lambda_{i-1})\boldsymbol{x}_{i-1}+(\lambda_i-\lambda_{i+1})\boldsymbol{x}_{i+1}+\cdots+(\lambda_i-\lambda_s)\boldsymbol{x}_s=\boldsymbol{o}$. $W_1+\cdots+W_s$ は直和であるから，定理 1.17 により，$(\lambda_i-\lambda_j)\boldsymbol{x}_j=\boldsymbol{o}$ $(j=1,\cdots,i-1,i+1,\cdots,s)$. したがって，$\boldsymbol{x}_1=\cdots=\boldsymbol{x}_{i-1}=\boldsymbol{x}_{i+1}=\cdots=\boldsymbol{x}_s=\boldsymbol{o}$. よって，$W_i\supseteq V(\lambda_i)$ となり $W_i=V(\lambda_i)$. ゆえに，定理 4.2 により，$\boldsymbol{A}$ は対角型一次変換である．▌

定理 4.5(ジョルダン分解)　V_n の中の任意の一次変換 $\boldsymbol{A}$ に対して

$$\boldsymbol{A} = \boldsymbol{D}+\boldsymbol{N}, \qquad \boldsymbol{DN} = \boldsymbol{ND} \tag{4.6}$$

を満足する対角型一次変換 $\boldsymbol{D}$ とベキ零一次変換 $\boldsymbol{N}$ とが存在する．また，このような $\boldsymbol{D},\boldsymbol{N}$ は $\boldsymbol{A}$ に対して一意的に定まる．

証　$\boldsymbol{A}$ の相異なるすべての固有値を $\lambda_1,\cdots,\lambda_s$ とし λ_i に属する一般固有ベクトル空間を $\Omega(\lambda_i)$ とする．$\Omega(\lambda_1)\oplus\cdots\oplus\Omega(\lambda_{i-1})\oplus\Omega(\lambda_{i+1})\oplus\cdots\oplus\Omega(\lambda_s)$ に沿っての $\Omega(\lambda_i)$ への射影子を $\boldsymbol{P}_i$ とすれば，任意の一般固有ベクトル $\boldsymbol{x}_j\in\Omega(\lambda_j)$ に対して $\boldsymbol{P}_j(\boldsymbol{x}_j)=\boldsymbol{x}_j$, $\boldsymbol{P}_i(\boldsymbol{x}_j)=\boldsymbol{o}$ $(i\neq j)$ である．ここで，$\boldsymbol{P}_i$ は定理 2.18 の証明と §2.8 で一般固有ベクトル空間を構成した構成の仕方から，ある x の多項式 $f_i(x)$ を用いて $\boldsymbol{P}_i=f_i(\boldsymbol{A})$ のように表わされる (定理 4.8 の証明もみよ)．いま

$$\boldsymbol{N} = \boldsymbol{A}-\lambda_1\boldsymbol{P}_1-\cdots-\lambda_s\boldsymbol{P}_s \tag{4.7}$$

とおくと，$\boldsymbol{x}_j\in\Omega(\lambda_j)$ に対して $\boldsymbol{N}(\boldsymbol{x}_j)=\boldsymbol{A}(\boldsymbol{x}_j)-\lambda_j\boldsymbol{x}_j=(\boldsymbol{A}-\lambda_j\boldsymbol{E})(\boldsymbol{x}_j)$. ゆえに，任意の正整数 k に対して $\boldsymbol{N}^k(\boldsymbol{x}_j)=(\boldsymbol{A}-\lambda_j\boldsymbol{E})^k(\boldsymbol{x}_j)$ を得る．固有値 λ_j の重複度を h_j とし $h=\max(h_1,\cdots,h_s)$ とおけば，任意の一般固有ベクトルの高さは h を越えないから，$\boldsymbol{N}^h(\boldsymbol{x}_j)=(\boldsymbol{A}-\lambda_j\boldsymbol{E})^h(\boldsymbol{x}_j)=\boldsymbol{o}$ である．V_n の任意のベクトル $\boldsymbol{x}$ は $\boldsymbol{x}=\boldsymbol{x}_1+\cdots+\boldsymbol{x}_s(\boldsymbol{x}_j\in\Omega(\lambda_j))$ と表わされるので $\boldsymbol{N}^h(\boldsymbol{x})=\boldsymbol{o}$ $(\boldsymbol{x}\in V_n)$，すなわち，

$\boldsymbol{N}^h=\boldsymbol{O}$(零変換)となる．ゆえに，$\boldsymbol{N}$はベキ零一次変換である．また，$\boldsymbol{D}\equiv\lambda_1\boldsymbol{P}_1+\cdots+\lambda_s\boldsymbol{P}_s$とおけば，$\boldsymbol{D}$は定理4.4により対角型一次変換であって，$\boldsymbol{A}=\boldsymbol{D}+\boldsymbol{N}$. また，$\boldsymbol{P}_j$は$\boldsymbol{A}$の多項式として表わされるので，$\boldsymbol{D}$は$\boldsymbol{A}$の多項式として表わされ，さらに，(4.7)から$\boldsymbol{N}$も$\boldsymbol{A}$の多項式として表わされる．ゆえに，$\boldsymbol{D}$と$\boldsymbol{N}$は交換可能で分解$\boldsymbol{A}=\boldsymbol{D}+\boldsymbol{N}$は定理4.5の条件を満たしている．

そこで，この分解の一意性を示すために，ある対角型一次変換$\boldsymbol{D}'$とベキ零一次変換$\boldsymbol{N}'$が$\boldsymbol{A}=\boldsymbol{D}'+\boldsymbol{N}'$かつ$\boldsymbol{D}'\boldsymbol{N}'=\boldsymbol{N}'\boldsymbol{D}'$を満たすとしよう．$\boldsymbol{A}$に対する二つの分解式を辺々引けば

$$\boldsymbol{D}-\boldsymbol{D}'=\boldsymbol{N}'-\boldsymbol{N}. \tag{4.8}$$

$\boldsymbol{D}'$と$\boldsymbol{N}'$は交換可能であるから，$\boldsymbol{D}'$は$\boldsymbol{A}=\boldsymbol{D}'+\boldsymbol{N}'$と交換可能，したがって，$\boldsymbol{A}$の多項式として表わされる$\boldsymbol{D}$とも交換可能である．同様にして，$\boldsymbol{N}$と$\boldsymbol{N}'$も交換可能である．よって，系4.2により$\boldsymbol{D}-\boldsymbol{D}'$は対角型である．また，$\boldsymbol{N}$, $\boldsymbol{N}'$のベキ零次数をそれぞれk_1, k_2として$k=\max(k_1, k_2)$とおけば，例1.2の展開式を用いることによって$(\boldsymbol{N}-\boldsymbol{N}')^{2k}=\boldsymbol{O}$を得る．すなわち，$\boldsymbol{N}-\boldsymbol{N}'$はベキ零である．よって，(4.8)の両辺(これを$\boldsymbol{B}$とする)は対角型でかつベキ零である．$\boldsymbol{B}$がベキ零であることから，$\boldsymbol{B}$の固有値はすべて0(例3.9参照)．一方，$\boldsymbol{B}$が対角型であることから，$\boldsymbol{B}$をある基底に関して対角行列$B$で表現したときの対角成分はすべて0(固有値)でなければならない．ゆえに，$B=O$. これは$\boldsymbol{B}$が零変換であることを意味するから，$\boldsymbol{D}-\boldsymbol{D}'=\boldsymbol{N}-\boldsymbol{N}'=\boldsymbol{O}$. ▌

正定値エルミート行列Gに対して，条件

$$A^*GA = G(AG^{-1}A^*)G \tag{4.9}$$

を満たす正方行列Aを**G-正規行列**という．とくに，$G=E$(単位行列)である場合の条件

$$A^*A = AA^* \tag{4.10}$$

を満たす行列AはE-正規行列(あるいは単に**正規行列**)とよばれる．

任意の行列Aに対してAの**G-共役行列** $A^\sharp$を$A^\sharp=G^{-1}A^*G$で定義すれば，条件(4.9)は

$$A^\sharp A = AA^\sharp$$

とも書くことができる．

定理4.6 Aが対角化可能行列であるためには，ある適当な正定値エルミー

ト行列 G に対して A が G-正規行列であることが必要十分である.

証 1) A が対角化可能行列であれば，ある正則行列 S に対して $S^{-1}AS=D=[d_1]\oplus\cdots\oplus[d_n]$ である. $D^*D=DD^*$ であるから，これに $D=S^{-1}AS$ を代入すれば，$D^*D=(S^{-1}AS)^*(S^{-1}AS)=S^*A^*(S^{-1})^*S^{-1}AS=S^*A^*(SS^*)^{-1}AS$, $DD^*=(S^{-1}AS)(S^{-1}AS)^*=S^{-1}A(SS^*)A^*(S^{-1})^*$ であるから

$$S^*A^*(SS^*)^{-1}AS = S^{-1}A(SS^*)A^*(S^*)^{-1},$$

すなわち，

$$A^*(SS^*)^{-1}A = (SS^*)^{-1}A(SS^*)A^*(SS^*)^{-1}.$$

そこで，$G=(SS^*)^{-1}=(S^{-1})^*(S^{-1})$ とおけば，S が正則であるから G は正定値エルミート行列である(例 1.14). このとき(4.9)が成り立っている.

2) A が G-正規行列であるとし，(4.9)を $A^\sharp A=AA^\sharp$ と書き表わしておく. 一般に，G-正規行列 B に対しては $(B\boldsymbol{x},B\boldsymbol{x})_G=(\boldsymbol{x},B^\sharp B\boldsymbol{x})_G=(\boldsymbol{x},BB^\sharp\boldsymbol{x})_G=(B^\sharp\boldsymbol{x},B^\sharp\boldsymbol{x})_G$ であるから $B\boldsymbol{x}=\boldsymbol{o}$ と $B^\sharp\boldsymbol{x}=\boldsymbol{o}$ とが等価である. そこで，$B=A-\lambda E$ が G-正規行列であることに注意すれば，$A\boldsymbol{x}=\lambda\boldsymbol{x}$ と $A^\sharp\boldsymbol{x}=\bar{\lambda}\boldsymbol{x}$ とが等価である. さらに，任意の $l\geqq 1$ に対して $(A-\lambda E)^l\boldsymbol{x}=\boldsymbol{o}$ と $(A^\sharp-\bar{\lambda}E)(A-\lambda E)^{l-1}\boldsymbol{x}=\boldsymbol{o}$ とが等価である($\boldsymbol{x}$ の代りに $(A-\lambda E)^{l-1}\boldsymbol{x}$ をとればよい). $(A-\lambda E)^l\boldsymbol{x}=\boldsymbol{o}$ とすると $((A-\lambda E)^{l-1}\boldsymbol{x},\ (A-\lambda E)^{l-1}\boldsymbol{x})_G=((A-\lambda E)^{l-2}\boldsymbol{x},\ (A^\sharp-\bar{\lambda}E)(A-\lambda E)^{l-1}\boldsymbol{x})_G=((A-\lambda E)^{l-2},\boldsymbol{o})_G=0$. したがって，$(A-\lambda E)^{l-1}\boldsymbol{x}=\boldsymbol{o}$. これを繰り返せば，結局 $(A-\lambda E)\boldsymbol{x}=\boldsymbol{o}$ を得る. つまり，A が G-正規行列ならば，A の任意の一般固有ベクトル空間は固有ベクトル空間そのものと一致する. すなわち，定理 4.2 の条件 5)が成立することになる. ゆえに，A は対角化可能行列である. ▌

系 4.3 A が E-正規行列($A^*A=AA^*$)なら，対角化可能行列である. ▌

例 4.3 エルミート行列，対称な実数行列，ユニタリ行列，直交行列が条件 $A^*A=AA^*$ を満たすことは容易に確かめられる. したがって，これらの行列はすべて対角化可能行列である. ▌

E-正規行列は，相似変換の行列をユニタリ行列に限っても，対角行列にすることができる.

定理 4.7 E-正規行列 A はユニタリ行列 U を適当に選んで U^*AU を対角行列にすることができる. 逆に，あるユニタリ行列 U に対して U^*AU が対角行列なら A は E-正規行列である.

証　A が E-正規行列なら，系 4.3 により A は対角化可能であるから，A を K^n の中の一次変換とみなせば，定理 4.2 の条件 2) $K^n=V(\lambda_1)\oplus\cdots\oplus V(\lambda_s)$ が成立する．ここに $V(\lambda_i)$ は固有値 λ_i に属する固有ベクトル空間である ($i\neq j$ なら $\lambda_i\neq\lambda_j$)．すると，任意の $\boldsymbol{x}_i\in V(\lambda_i)$，$\boldsymbol{x}_j\in V(\lambda_j)\,(i\neq j)$ に対して $A\boldsymbol{x}_i=\lambda_i\boldsymbol{x}_i, A\boldsymbol{x}_j=\lambda_j\boldsymbol{x}_j$．定理 4.6 の証明 2) と同様にして ($G=E$ とした特別の場合を考える)，A が E-正規行列であるときには $A\boldsymbol{x}_i=\lambda_i\boldsymbol{x}_i$ と $A^*\boldsymbol{x}_i=\bar{\lambda}_i\boldsymbol{x}_i$ とが等価である．したがって，$\lambda_j\boldsymbol{x}_i{}^*\boldsymbol{x}_j=\boldsymbol{x}_i{}^*(\lambda_j\boldsymbol{x}_j)=\boldsymbol{x}_i{}^*(A\boldsymbol{x}_j)=(A^*\boldsymbol{x}_i)^*\boldsymbol{x}_j=(\bar{\lambda}_i\boldsymbol{x}_i)^*\boldsymbol{x}_j=\lambda_i\boldsymbol{x}_i{}^*\boldsymbol{x}_j$．ゆえに，$(\lambda_i-\lambda_j)\boldsymbol{x}_i{}^*\boldsymbol{x}_j=0$．$\lambda_i\neq\lambda_j$ であるから $\boldsymbol{x}_i{}^*\boldsymbol{x}_j=0$．すなわち，$\boldsymbol{x}_i$ と $\boldsymbol{x}_j$ は計量 E に関して直交する．ゆえに，$V(\lambda_i)$ と $V(\lambda_j)$ は計量 E に関して直交する．そこで，各 $i=1,\cdots,s$ に対して $V(\lambda_i)$ の正規直交基底をすべてあわせたものを $\{\boldsymbol{u}_i,\cdots,\boldsymbol{u}_n\}$ とすれば，これは K^n の正規直交基底である (例 1.15)．$\boldsymbol{u}_1,\cdots,\boldsymbol{u}_n$ はすべて A の固有ベクトルであるから

$$A\boldsymbol{u}_i=\rho_i\boldsymbol{u}_i \qquad (i=1,\cdots,n) \tag{4.11}$$

となる (ρ_i は $\boldsymbol{u}_i$ の属する固有値)．U を $\boldsymbol{u}_1,\cdots,\boldsymbol{u}_n$ を列ベクトルとする行列と定義すると，$\boldsymbol{u}_i{}^*\boldsymbol{u}_j=0\,(i\neq j)$，$\boldsymbol{u}_i{}^*\boldsymbol{u}_i=1$ であることから $U^*U=E$，すなわち，U はユニタリ行列である．一方，(4.11) をまとめて表わせば $AU=U([\rho_1]\oplus\cdots\oplus[\rho_n])$ すなわち $U^*AU=[\rho_1]\oplus\cdots\oplus[\rho_n]$ となる．この右辺は対角行列である．

逆に，ユニタリ行列 U を用いて $U^*AU\,(=U^{-1}AU)$ が対角行列にできるならば，$E=U^*U$ であることを用いて，定理 4.6 の証明 1) と全く同様にして A が E-正規行列であることがわかる．▌

注意 4.3　正定値なエルミート行列 A の固有値はすべて正の実数である．実際，$U^*AU=[\rho_1]\oplus\cdots\oplus[\rho_n]$ の両辺の左から $\boldsymbol{x}^*$，右から $\boldsymbol{x}$ を掛けると $(U\boldsymbol{x})^*A(U\boldsymbol{x})=\rho_1\bar{x}_1x_1+\cdots+\rho_n\bar{x}_nx_n$．ただし，$\boldsymbol{x}=[x_1,\cdots,x_n]^T$．固有値 $\rho_1,\cdots,\rho_n$ の中に $\rho_i\leq 0$ となるものがあれば，$x_1=0,\cdots,x_{i-1}=0, x_i=1, x_{i+1}=0,\cdots,x_n=0$ とすることによって $(U\boldsymbol{x})^*A(U\boldsymbol{x})\leq 0$．明らかに $U\boldsymbol{x}\neq\boldsymbol{o}$ であるから，A が正定値であることに反する．ゆえに，$\rho_i>0\,(i=1,\cdots,n)$ でなければならない．

注意 4.4　エミルート行列 A に対しては，定理 4.7 に示したようなユニタリ行列 U を用いて U^*AU を対角行列にするという問題よりもむしろ，ユニタリ行列とは限らない一般の正則行列 S を用いて A を

$$A'=S^*AS \qquad (\text{合同変換}) \tag{4.12}$$

なる行列 A' に変換することによって対角行列 A'（実際には対角成分が $+1, 0, -1$ の対角行列）を作るという形の問題を考える方が物理的に意味のあることが多い．合同変換(4.12)は，行列Aに対して，列に関するいくつかの基本変形 $R_1, \cdots, R_n$ を順に施し，同時にそれらに対応する行に関する基本変形 $R_1{}^*, \cdots, R_m{}^*$ を順に施すという操作と等価であるが，A' を対角行列にするにはこの操作の過程で"有理演算"だけを用いればよいことが知られている．これに対して，定理4.7のようにユニタリ行列 U を用いる方法は，U が A の固有ベクトル（したがって固有値も）を基に構成されているため，一般に"無理演算"までを要することになる．

注意 4.5 定理4.3は対角化可能行列 A, B が"相似変換"のもとで同時に対角行列となるための条件を与えている．これに対して，二つのエルミート行列 G, H を"合同変換(4.12)"のもとで同時に対角化するという問題も考えることができる．この種の対角化を達成するには，たとえば次のようにすればよい．いま，正定値エルミート行列Gと任意のエルミート行列Aが与えられたとしよう．まず，G を正則行列Sによって対角行列にする：$S^*GS=[g_1]\oplus\cdots\oplus[g_n]$．$g_1, \cdots, g_n$ は注意4.3で述べたのと同じ理由によりすべて正である．そこで，$d_i=1/\sqrt{g_i}$ として $D=D^*=[d_1]\oplus\cdots\oplus[d_n]$ とおくと，$(SD)^*G(SD)=E$．$H'=(SD)^*H(SD)$ はエルミート行列であるから，あるユニタリ行列 U を用いると $U^*H'U=(SDU)^*H(SDU)$ を対角行列にすることができる．一方，$(SDU)^*G(SDU)=U^*EU=E$ であるから，$T=SDU$ とおけば T^*GT, T^*HT は共に対角行列である（特に $T^*GT=E$）．

§4.2 行列のベキ

ジョルダン標準形の応用の中で最も基本的なものの一つに，行列のベキ A^m の一般的性質を理論的に調べる問題がある．行列Aが数値として具体的に与えられたときある特定のmに対して A^m を計算するには，行列の掛算を適当な回数実行すればよいわけであるが，$m=1, 2, \cdots$ の関数としての A^m の性質を知りたいということもしばしば起る．このような場合には，Aのジョルダン標準形を利用するのが有効な方法の一つである．

いま，n次正方行列Aのジョルダン標準形(3.2)～(3.3)を

$$S^{-1}AS = \begin{bmatrix} J_1 & & O \\ & J_2 & \\ & & \ddots \\ O & & & J_t \end{bmatrix} \tag{4.13}$$

とすると，$(S^{-1}AS)^m=S^{-1}A^mS$. 一方，二つのブロック対角行列の積は対応する各ブロック同志の積をブロックとするブロック対角行列に等しいから(§1.1)，

$$S^{-1}A^mS=\begin{bmatrix} J_1{}^m & & O \\ & J_2{}^m & \\ & & \ddots & \\ O & & & J_t{}^m \end{bmatrix}$$

を得る．この式の両辺に右から S^{-1}，式から S を掛けると

$$A^m=S\begin{bmatrix} J_1{}^m & & O \\ & J_2{}^m & \\ & & \ddots & \\ O & & & J_t{}^m \end{bmatrix}S^{-1} \tag{4.14}$$

である．したがって，A^m は，変換行列 S とジョルダン細胞 $J_1,\cdots,J_s$ のベキ $J_1{}^m,\cdots,J_t{}^m$ とから(4.14)により定められる．ジョルダン細胞 $J=J(p,\alpha)$ のベキ J^m は，§3.1の式(3.16)のように，α と m の関数として陽に表わすことができるので，A^m を m の関数として表わすことができる．

m の関数としての A^m の詳しい形は次のようになる．(4.13)右辺のジョルダン細胞を $J_1=J(p_1,\alpha_1),\cdots,J_t=J(p_t,\alpha_t)$ とおけば(α_i は A の固有値)，$J^m(p_i,\alpha_i)$ の成分は $\alpha_i{}^m$, $\binom{m}{1}\alpha_i^{m-1},\cdots,\binom{m}{q_i}\alpha_i^{m-q_i}$ $(q_i=\min(p_i-1,m))$ を除いてすべて0であるから，(4.14)で与えられる A^m の各成分はこれらの $\binom{m}{k}\alpha_i{}^{m-k}$ に適当な数を掛けて加えあわせたものになる．ところが，$\binom{m}{k}=m(m-1)\cdot\cdots\cdot(m-k+1)/k!$ は m の k 次の多項式であり，$m^l\alpha_i^{m-k}=\alpha_i^{-k}(m^l\alpha_i{}^m)$ と書けること(α_i^{-k} は m によらない!)に注意すれば，結局 A^m の各成分は，$\lambda_1,\cdots,\lambda_s$ を A のすべての相異なる固有値として，

$$m^{j_i}\lambda_i^m \quad (i=1,\cdots,s;\ j_i=0,1,\cdots,r_i) \tag{4.15}$$

の形の関数に適当な数を掛けて加えあわせたものになることがわかる．ここに，r_i は固有値 λ_i に対応するジョルダン細胞の最高次数を u_i としたとき $r_i=\min(u_i-1,m)$ で与えられる．§4.3も参照のこと．

例 4.4 行列

$$A=\begin{bmatrix}1 & 1 & 4\\ -2 & 3 & 2\\ 1 & 0 & 4\end{bmatrix}$$

に対してベキ A^m を求めてみよう．A のジョルダン標準形は

$$S^{-1}AS=\left[\begin{array}{cc:c}3 & 1 & 0\\ 0 & 3 & 0\\ \hdashline 0 & 0 & 2\end{array}\right],\quad S=\begin{bmatrix}-1 & 1 & -2\\ -2 & 1 & -2\\ 1 & 0 & 1\end{bmatrix},\quad S^{-1}=\begin{bmatrix}1 & -1 & 0\\ 0 & 1 & 2\\ -1 & 1 & 1\end{bmatrix}$$

であるから，二つのジョルダン細胞 $J(2,3)$ と $J(1,2)$ のベキを求めればよい．式(3.16)から

$$J^m(2,3)=\begin{bmatrix}3^m & m3^{m-1}\\ 0 & 3^m\end{bmatrix},\qquad J^m(2,1)=[2^m].$$

したがって

$$A^m=S\begin{bmatrix}3^m & m3^{m-1} & 0\\ 0 & 3^m & 0\\ 0 & 0 & 2^m\end{bmatrix}S^{-1}=\begin{bmatrix}-1 & 1 & -2\\ -2 & 1 & -2\\ 1 & 0 & 1\end{bmatrix}\begin{bmatrix}3^m & m3^{m-1} & 0\\ 0 & 3^m & 0\\ 0 & 0 & 2^m\end{bmatrix}\begin{bmatrix}1 & -1 & 0\\ 0 & 1 & 2\\ -1 & 1 & 1\end{bmatrix}$$

$$=\begin{bmatrix}-3^m+2^{m+1} & (6-m)3^{m-1} & (6-2m)3^{m-1}-2^{m+1}\\ -2\cdot3^m+2^{m+1} & (9-m)3^{m-1}-2^{m+1} & (6-4m)3^{m-1}-2^{m+1}\\ 3^m-2^m & (-3+m)3^{m-1}+2^m & 2m3^{m-1}+2^m\end{bmatrix}.$$

ここで，A^m の成分が $3^m, m3^{m-1}, 2^m$ に適当な数を掛けたものの和として表わされていることに注意すること．▌

行列 A が実数行列のときには，実ジョルダン標準形を利用するとベキ A^m の別の導き方が得られる．まず，A の実ジョルダン標準形(3.59)～(3.61)から，

$$A^m=S\begin{bmatrix}I_1{}^m & & O\\ & I_2{}^m & \\ & & \ddots\\ O & & I_t{}^m\end{bmatrix}S^{-1}.$$

ブロック I_j が

$$I_j=\begin{bmatrix} L_j & E_2 & & O \\ & L_j & E_2 & \\ & & \ddots & E_2 \\ O & & & L_j \end{bmatrix} 2p_j, \qquad L_j=\begin{bmatrix} \mu_j & -\nu_j \\ \nu_j & \mu_j \end{bmatrix}, \qquad E_2=\begin{bmatrix} 1 & 0 \\ 0 & 1 \end{bmatrix}$$

という形のものであるときには，I_j のベキ $I_j{}^m$ を計算するために

$$M_j=\begin{bmatrix} L_j & & O \\ & L_j & \\ & & \ddots \\ O & & & L_j \end{bmatrix}, \qquad K=\begin{bmatrix} 0 & 0 & 1 & 0 & \cdots & 0 \\ \vdots & 0 & 0 & 1 & \ddots & \vdots \\ \vdots & \vdots & \ddots & \ddots & \ddots & 0 \\ \vdots & \vdots & & \ddots & \ddots & 1 \\ \vdots & \vdots & & & \ddots & 0 \\ 0 & 0 & \cdots & \cdots & \cdots & 0 \end{bmatrix}$$

とおくと，$I_j=M_j+K$ で M_j と K が交換可能であることは容易にわかるから，

$$I_j{}^m=(M_j+K)^m=M_j{}^m+\binom{m}{1}M_j^{m-1}K+\cdots+\binom{m}{q_j}M_j^{m-q_j}K^{q_j}$$

である．ただし，$q_j=\min(p_j-1, m)$．ところが，$\mu_j=\sigma_j\cos\theta_j$，$\nu_j=\sigma_j\sin\theta_j$ とおけば($\sigma_j\geq 0$，$\theta_j\neq l\pi$)，

$$N_j{}^k=\begin{bmatrix} \sigma_j{}^k\cos k\theta_j & -\sigma_j{}^k\sin k\theta_j \\ \sigma_j{}^k\sin k\theta_j & \sigma_j{}^k\cos k\theta_j \end{bmatrix}$$

であり $M_j{}^k=L_j{}^k\oplus\cdots\oplus L_j{}^k$ であるから，$I_j{}^m$ の成分は $\sigma_j{}^m\cos m\theta_j$，$\sigma_j{}^m\sin m\theta_j$，$m\sigma_j{}^m\cos m\theta_j$, $m\sigma_j{}^m\sin m\theta_j, \cdots, m^{q_j}\sigma_j{}^m\cos m\theta_j$, $m^{q_j}\sigma_j{}^m\sin m\theta_j$ の一次式で表わされる．

一方，ブロック I_j が実固有値に対応するジョルダン細胞である場合には $I_j{}^m$ の成分は(4.15)の形の関数の一次結合であるから，結局 A^m の成分は，(4.15)の形の関数と

$$m^{j_i}\sigma_i{}^m\cos m\theta_i, \quad m^{j_i}\sigma_i{}^m\sin m\theta_i$$
$$(i=1,\cdots,l;\ j_i=0,1,\cdots,r_i)$$

の形の関数に適当な数を掛けて加えあわせたものとして表わされる．ここに，σ_j, θ_j は A の複素固有値の絶対値と偏角である．r_j は A の複素固有値 $\sigma_j\cos\theta_j$

$+\sqrt{-1}\, i\sigma_j \sin\theta_j$ に対応するブロック I_j の最大次数を $2p_j$ としたとき $r_j=\min(p_j-1, m)$ である.

例 4.5 行列

$$A=\begin{bmatrix} -1 & 3 & 4 & 5 \\ -1 & 2 & 1 & 2 \\ -3 & 3 & 6 & 7 \\ 2 & -1 & -3 & -3 \end{bmatrix}$$

のベキ A^m を A の実ジョルダン標準形を利用して求めよう. A の実ジョルダン標準形は

$$S^{-1}AS=\left[\begin{array}{cc|cc} 1 & 1 & 1 & 0 \\ -1 & 1 & 0 & 1 \\ \hline 0 & 0 & 1 & 1 \\ 0 & 0 & -1 & 1 \end{array}\right], \quad S=\begin{bmatrix} 2 & 0 & 1 & 0 \\ 0 & 1 & 0 & 0 \\ 1 & 1 & 1 & -1 \\ 0 & -1 & 0 & 1 \end{bmatrix},$$

$$S^{-1}=\begin{bmatrix} 1 & 0 & -1 & -1 \\ 0 & 1 & 0 & 0 \\ -1 & 0 & 2 & 2 \\ 0 & 1 & 0 & 1 \end{bmatrix}$$

である. $1=\sigma\cos\theta$, $-1=\sigma\sin\theta\ (\sigma=\sqrt{2},\ \theta=-\pi/4)$ であるから

$$\begin{bmatrix} 1 & 1 & 1 & 0 \\ -1 & 1 & 0 & 1 \\ 0 & 0 & 1 & 1 \\ 0 & 0 & -1 & 1 \end{bmatrix}^m =$$

$$\sqrt{2}^m \begin{bmatrix} \cos\dfrac{m\pi}{4} & \sin\dfrac{m\pi}{4} & m/\sqrt{2}\cos\dfrac{(m-1)\pi}{4} & m/\sqrt{2}\sin\dfrac{(m-1)\pi}{4} \\ \sin\dfrac{m\pi}{4} & \cos\dfrac{m\pi}{4} & -m/\sqrt{2}\sin\dfrac{(m-1)\pi}{4} & m/\sqrt{2}\cos\dfrac{(m-1)\pi}{4} \\ 0 & 0 & \cos\dfrac{m\pi}{4} & \sin\dfrac{m\pi}{4} \\ 0 & 0 & -\sin\dfrac{m\pi}{4} & \cos\dfrac{m\pi}{4} \end{bmatrix}.$$

したがって，$a_m=\sqrt{2}^m\cos\dfrac{m\pi}{4}$，$b_m=\sqrt{2}^m\sin\dfrac{m\pi}{4}$，$c_m=m\sqrt{2}^{m-1}\cos\dfrac{(m-1)\pi}{4}$，$d_m=m\sqrt{2}^{m-1}\sin\dfrac{(m-1)\pi}{4}$ とおけば

$$A^m=\begin{bmatrix}2&0&1&0\\0&1&0&0\\1&1&1&-1\\0&-1&0&1\end{bmatrix}\begin{bmatrix}a_m&b_m&c_m&d_m\\-b_m&a_m&-d_m&c_m\\0&0&a_m&b_m\\0&0&-b_m&a_m\end{bmatrix}\begin{bmatrix}1&0&-1&-1\\0&1&0&0\\-1&0&2&2\\0&1&0&1\end{bmatrix}=$$

$$\begin{bmatrix}a_m-2c_m&2b_m+d_m&4c_m&b_m+4c_m+2d_m\\-b_m+d_m&a_m+c_m&b_m-2d_m&b_m-2d_m+c_m\\-2b_m-c_m+d_m&2b_m+c_m+d_m&a_m+3b_m+2c_m-2d_m&4b_m+3c_m-d_m\\2b_m-d_m&-c_m&-3b_m+2d_m&a_m-3b_m+2d_m-c_m\end{bmatrix}.$$

ここで，c_m, d_m は三角関数の加法定理を用いれば $m\sqrt{2}^m\cos\dfrac{m\pi}{4}$ と $m\sqrt{2}^m\sin\dfrac{m\pi}{4}$ の一次式として表わすことができることに注意すること．▌

以上のように，ジョルダン標準形を利用すれば行列のベキ A^m を計算することができる．しかし，Aの次数が大である場合には，ジョルダン標準形およびそれへの変換行列Sを計算することはそれほどたやすいことではなく，また数値計算の精度上の問題もあることに注意しなければならない(注意3.1参照)．しかも，A^m の関数形に本質的な影響を与えるのはジョルダン細胞のすべてではなく同一の固有値に対応する細胞のうちの最大次数のものであるから，ジョルダン標準形のような細密な構造そのものが常に必要であるというわけでもない．

行列のベキ A^m を求めるもう一つの方法は，ジョルダン標準形よりも粗いAの構造を利用するやり方である．この方法では，Aのジョルダン細胞を計算する代りに，一般固有ベクトル空間への射影をAの多項式として表わす式$p_i(A)$を計算することが基本となる．

定理 4.8　Aをn次正方行列とする．Aのすべての相異なる固有値を$\lambda_1, \cdots, \lambda_s$，$A$の最小多項式を

$$\psi_A(x)=(x-\lambda_1)^{l_1}(x-\lambda_2)^{l_2}\cdots(x-\lambda_s)^{l_s} \tag{4.16}$$

とする．$\theta_i(x)=(x-\lambda_i)^{l_i}$ $(i=1,\cdots,s)$ とおく．$1/\psi_A(x)$ を部分分数に展開したものを

$$\frac{1}{\psi_A(x)}=\sum_{i=1}^{s}\frac{u_i(x)}{\theta_i(x)} \tag{4.17}$$

として $p_i(x)=u_i(x)(\psi_A(x)/\theta_i(x))$ とおけば，ベキ A^m は

$$A^m=\sum_{i=1}^{s}\sum_{j=0}^{r_i}\binom{m}{j}\lambda_i^{m-j}(A-\lambda_i E)^j p_i(A) \tag{4.18}$$

と表わされる．ただし $r_i=\min(l_i-1, m)$ である．

証 $g_i(x)=\psi_A(x)/\theta_i(x)$ とおけば $g_1(x),\cdots,g_s(x)$ の最大公約多項式は1である．式(4.17)を書きかえると

$$1=u_1(x)g_1(x)+\cdots+u_s(x)g_s(x).$$

これは定理2.18の証明の中で用いた式(39頁)にほかならない．したがって，定理2.18の証明で述べたことから，$p_i(x)=u_i(x)g_i(x)=u_i(x)(\psi_A(x)/\theta_i(x))$ とおけば，$P_i=p_i(A)$ は固有値 λ_i に属する A の一般固有ベクトル空間 $\Omega(\lambda_i)=\{\boldsymbol{x}\mid (A-\lambda_i E)^{l_i}\boldsymbol{x}=\boldsymbol{o}\}$ への射影行列であり

$$E=P_1+\cdots+P_s, \tag{4.19}$$

$$P_iP_j=O\,(i\neq j),\qquad P_i^2=P_i \tag{4.20}$$

が成立している．そこで

$$S=\sum_{i=1}^{s}\lambda_iP_i,\qquad N=A-S=A-\sum_{i=1}^{s}\lambda_iP_i \tag{4.21}$$

とおけば，S と N はそれぞれ A の多項式になっているので交換可能である．ゆえに

$$A^m=(S+N)^m=\sum_{j=0}^{m}\binom{m}{j}S^{m-j}N^j$$

である．したがって，(4.19)により

$$A^m=\sum_{i=1}^{s}A^mP_i=\sum_{i=1}^{s}\sum_{j=0}^{m}\binom{m}{j}S^{m-j}N^jP_i. \tag{4.22}$$

ここで P_i も A の多項式なので S, N, P_i はすべて交換可能となるから，(4.22)の右辺の各項は

$$\begin{aligned}S^{m-j}N^jP_i&=S^{m-j}N^jP_i^2=S^{m-j}P_iN^jP_i\\&=S^{m-j}P_i^{m-j}N^jP_i^j\\&=(SP_i)^{m-j}(NP_i)^j.\end{aligned}$$

一方，(4.21)により $SP_i=\lambda_i P_i$，$NP_i=(A-\lambda_i E)P_i$ であるから

$$S^{m-j}N^jP_i = \lambda_i^{m-j}P_i^{m-j}(A-\lambda_i E)^j P_i{}^j = \lambda_i^{m-j}(A-\lambda_i E)^j P_i.$$

よって，(4.22)は

$$A^m = \sum_{i=1}^{s}\sum_{j=0}^{m}\binom{m}{j}\lambda_i^{m-j}(A-\lambda_i E)^j P_i \tag{4.23}$$

となる．ここで，さらに最小多項式 $\psi_A(x)$ における λ_i の重複度 l_i に対して $(A-\lambda_i E)^{l_i}P_i=O$ であることを用いれば，(4.23)における j に関する和は $j=0,1,\cdots,r_i$ $(r_i=\min(l_i-1,m))$ についてだけとればよいこともわかる．すなわち(4.18)が得られた．

注意 4.6 上の証明で A の最小多項式 $\psi_A(x)$ を利用したが，A の特性多項式 $\varphi_A(x)$ から出発しても $1/\varphi_A(x)$ の部分分数展開を行って全く同じように射影 $p_i(A)$ が定義される．ただし，このときには $(A-\lambda_i E)^j P_i$ $(j>l_i)$ の項が現われうるが，これらはすべて O であるから結果には影響を与えない．

例 4.6 行列

$$A=\begin{bmatrix} -2 & 4 & 4 \\ -4 & 5 & 3 \\ 4 & -3 & -1 \end{bmatrix}$$

のベキ A^m を定理4.8を利用して求めてみよう．特性多項式は $\varphi_A(x)=-x^3+2x^2+4x-8=-(x-2)^2(x+2)$ であるから，固有値は $\lambda_1=2$(重根)と $\lambda_2=-2$．$1/\varphi_A(x)$ を部分分数展開すると

$$\frac{1}{\varphi_A(x)}=\frac{x-6}{16(x-2)^2}-\frac{1}{16(x+2)}$$

であるから $u_1(x)=(x-6)/16$，$u_2(x)=-1/16$．したがって，$p_1(x)=-(x+2)(x-6)/16$，$p_2(x)=(x-2)^2/16$ となるが，これらの多項式に A を代入して

$$P_1=p_1(A)=\begin{bmatrix} 0 & 1 & 1 \\ -1 & 2 & 1 \\ 1 & -1 & 0 \end{bmatrix},\qquad P_2=p_2(A)=\begin{bmatrix} 1 & -1 & -1 \\ 1 & -1 & -1 \\ -1 & 1 & 1 \end{bmatrix}.$$

ここで rank $P_1=2$, rank $P_2=1$ である．ゆえに

$$A^m = 2^m P_1 + m2^{m-1}(A-2E)P_1 + (-2)^m P_2$$

$$= \begin{bmatrix} (-2)^m & 2^m-(-2)^m & 2^m-(-2)^m \\ -2^m+(-2)^m & (4-m)2^{m-1}-(-2)^m & (2-m)2^{m-1}-(-2)^m \\ 2^m-(-2)^m & (-2+m)2^{m-1}+(-2)^m & m2^{m-1}+(-2)^m \end{bmatrix}.$$ ▌

行列のベキ A^m の m の関数としての性質がわかったので，それを基にして，m を大きくしたときの A^m の極限について調べよう．

一般に，$n\times l$ 行列の無限列 $B_m=[b_{ij}^{(m)}]$ $(m=1,2,\cdots)$ が与えられたとき，ある $n\times l$ 行列 $C=[c_{ij}]$ が存在して各 $i=1,\cdots,n$; $j=1,\cdots,l$ に対し

$$\lim_{m\to\infty} b_{ij}^{(m)} = c_{ij} \tag{4.24}$$

であれば，B_m は C に**収束**するという．これを $\lim_{m\to\infty} B_m=C$ と書き，C を B_m の**極限**という．（すなわち，行列の極限は各成分ごとの極限として定義する.）

定理 4.9 n 次正方行列 A のベキ A^m が極限 $\lim_{m\to\infty} A^m$ をもつためには，次の二つの条件が成り立つことが必要十分である．

1) A のすべての固有値 λ は $|\lambda|<1$ であるかまたは $\lambda=1$ である．

2) A が固有値 $\lambda=1$ をもつときには，$\lambda=1$ は A の最小多項式 $\psi_A(x)$ の単純な零点である．

証 S を任意の正則行列とし $C=S^{-1}AS$ とおくとき，A^m が極限をもつことと C^m が極限がもつこととが等価であることは明らかであろう．そこで，以下では $C=S^{-1}AS$ を A のジョルダン標準形として C^m の極限について考えればよい．さらに，C^m は各ジョルダン細胞 J_i のベキ $J_i{}^m$ の直和であるから，$J_i{}^m$ の極限だけを考えればよい．そこで，$J_i=J(p,\lambda)$ とすれば，$J_i{}^m$ 成分は，$m\geq p$ のとき

$$\binom{m}{k}\lambda^{m-k} \qquad (0\leq k\leq p-1) \tag{4.25}$$

なる成分を除いてすべて 0 である．すると，これらがすべて極限をもつためには，まず $k=0$ の式から $|\lambda|<1$ であるかまたは $\lambda=1$ でなければならないことがわかる．$|\lambda|<1$ のときは (4.25) はすべての k に対して 0 収束する．$\lambda=1$ の場合は，$\binom{m}{k}$ がすべての $k=0,1,\cdots,p-1$ に対して収束しなければならない．した

がって，$p=1$ でなければならない．これは固有値 $\lambda=1$ に対応するジョルダン細胞の次数がすべて1であること，すなわち，固有値1が A の最小多項式の単純な零点であること(注意3.11)を意味する．よって，A^m が極限をもてば定理4.9の条件1),2)が成立する．逆に，1),2)が成立するとき，(4.25)がすべての $k=0,1,\cdots,p-1$ に対して収束することは上の議論を逆にたどることによってわかる．▌

次の定理は極限 $\lim_{m\to\infty} A^m$ がどのような行列になるかを示している．

定理 4.10 極限 $\lim_{m\to\infty} A^m=B$ が存在するとき，

1) A のすべての固有値 λ_i が $|\lambda_i|<1$ である場合は，$B=O$ である；

2) A が固有値 $\lambda_1=1$ をもつ(他の固有値 λ_i は $|\lambda_i|<1$)場合は，A の一般固有ベクトル空間への分解を $\Omega(\lambda_1=1)\oplus\Omega(\lambda_2)\oplus\cdots\oplus\Omega(\lambda_s)$ としたとき，$\Omega(\lambda_2)\oplus\cdots\oplus\Omega(\lambda_s)$ に沿っての $\Omega(\lambda_1=1)$ への射影子が B である．

証 ジョルダン標準形に直して考えれば明らか．▌

例 4.7 行列

$$A=\begin{bmatrix} 2 & -1/2 & 3/2 \\ -1/2 & 1 & -1/2 \\ -3/2 & 1/2 & -1 \end{bmatrix}$$

の特性多項式は $\varphi_A(x)=-x^3+2x^2-(5/4)x+1/4=-(x-1)(x-1/2)^2$ であるから，固有値は $\lambda_1=1$(単根)と $\lambda_2=1/2$(重根)である．したがって，行列 A のベキ A^m は極限をもつ．$\lim_{m\to\infty} A^m=B$ とおくと B は定理4.10と定理4.8により求めることができる．そこで，$1/\varphi_A(x)$ を部分分数展開すると

$$\frac{1}{\varphi_A(x)}=\frac{4x}{(x-1/2)^2}-\frac{4}{x-1}.$$

ゆえに，$p_1(x)=4(x-1/2)^2$．よって，

$$B=p_1(A)=\begin{bmatrix} 1 & -1 & 1 \\ -1 & 1 & -1 \\ -1 & 1 & -1 \end{bmatrix}$$

を得る．▌

§4.3 線形差分方程式

数列 $x(m)\ (m=0,1,2,\cdots)$ に関する方程式

$$x(m+n) = a_0x(m)+a_1x(m+1)+\cdots+a_{n-1}x(m+n-1) \quad (m=0,1,2,\cdots) \tag{4.26}$$

を **n 階の 1 変数線形差分方程式**という．ただし，$a_0, a_1, \cdots, a_{n-1}$ は m によらない定数で n はある正整数である．

n 階の線形差分方程式(4.26)を満足する数列 $x(m)$ は，最初の n 個の項 $x(0)$, $x(1), \cdots, x(n-1)$ の値を決めてさえやれば，(4.26)において $m=0, m=1, m=2, \cdots$ とおいた式から $x(n), x(n+1), x(n+2), \cdots$ の値がこの順に計算されるので，結局 $x(m)\ (m=0,1,2,\cdots)$ のすべての値が決まってしまう．この意味で，$x(0)$, $x(1), \cdots, x(m-1)$ の値を線形差分方程式(4.26)の**初期値**という．

例 4.8 2 階の線形差分方程式

$$x(m+2) = x(m)+x(m+1) \qquad (m=0,1,2,\cdots)$$

において，初期値 $x(0)=0$，$x(1)=1$ を与えてやると，$x(2)=x(0)+x(1)=1$，$x(3)=x(1)+x(2)=2$，$x(4)=x(2)+x(3)=3, \cdots$ のように $x(m)$ のすべての値が決まり，結局

$$0, 1, 1, 2, 3, 5, 8, 13, \cdots$$

なる数列が得られる(**Fibonacci**(フィボナッチ)**数列**)．▌

数列が 1 個でなく一般に n 個あるときの線形差分方程式は次のようになる．すなわち，$x_1(m), \cdots, x_n(m)\ (m=0,1,2,\cdots)$ を n 個の数列とするとき，

$$\left.\begin{aligned} x_1(m+1) &= a_{11}x_1(m)+a_{12}x_2(m)+\cdots+a_{1n}x_n(m), \\ x_2(m+1) &= a_{21}x_1(m)+a_{22}x_2(m)+\cdots+a_{2n}x_n(m), \\ &\cdots\cdots \\ x_n(m+1) &= a_{n1}x_1(m)+a_{n2}x_2(m)+\cdots+a_{nn}x_n(m) \end{aligned}\right\} \tag{4.27}$$

$$(m=0,1,2,\cdots)$$

という形の方程式を **1 階の連立線形差分方程式**という．ただし，$a_{ij}\ (i,j=1,\cdots,n)$ は m によらない定数である．この方程式を満足する数列 $x_1(m), \cdots, x_n(m)$ は，$x_1(0), \cdots, x_n(0)$ の値を与えてやると，そのすべての値が一意的に定まる．そこで，$x_1(0), \cdots, x_n(0)$ の値を方程式(4.27)の**初期値**とよぶ．

例 4.9 2 変数の連立線形差分方程式

$$x_1(m+1) = x_1(m)+x_2(m), \qquad x_2(m+1) = x_1(m)-x_2(m)$$

において，初期値を $x_1(0)=0$，$x_2(0)=1$ とすると $x_1(1)=1$，$x_2(1)=-1$; $x_1(2)=0$，$x_2(2)=2$; $\cdots$ のようになり，数列

$$x_1(m) = 0,\quad 1,\quad 0,\quad 2,\quad 0,\quad 4, \cdots$$
$$x_2(m) = 1, -1,\quad 2, -2,\quad 4, -4, \cdots$$

が得られる．▌

方程式(4.27)は，行列表示を用いると次のようにまとめられる．すなわち，(4.27)右辺に現われる係数 $a_{ij}\,(i,j)$ を成分とする n 次正方行列を A とし，$\boldsymbol{x}(m)=[x_1(m),\cdots,x_n(m)]^T$ とおけば，(4.27)は

$$\boldsymbol{x}(m+1) = A\boldsymbol{x}(m) \qquad (m=0,1,2,\cdots) \tag{4.28}$$

となる．このとき初期値もベクトル $\boldsymbol{x}(0)$ の形にまとめられる．

1変数の線形差分方程式(4.26)は

$$x_1(m) = x(m),\ x_2(m) = x(m+1), \cdots, x_n(m) = x(m+n-1)$$

とおき，さらに $\boldsymbol{x}(m)=[x_1(m),\cdots,x_n(m)]^T$ とおくことによって，

$$\boldsymbol{x}(m+1) = \begin{bmatrix} 0 & 1 & 0 & \cdots & 0 \\ \vdots & 0 & 1 & \ddots & \vdots \\ \vdots & \vdots & \ddots & \ddots & 0 \\ \vdots & \vdots & & \ddots & 1 \\ 0 & 0 & \cdots & 0 & \ddots \\ a_0 & a_1 & \cdots & \cdots & a_{n-1} \end{bmatrix} \boldsymbol{x}(m) \qquad (m=0,1,2,\cdots) \tag{4.29}$$

という形の方程式に書きかえることができる．これは(4.28)の特別の場合である．(右辺の係数行列はコンパニオン行列(の転置)の形をしている．)したがって，n 階の1変数線形差分方程式は1階の連立線形差分方程式の特別の場合であるとみなすことができるので，以下では(4.28)の形の方程式だけを考える．(n 階の連立差分方程式も同様なやり方で1階のより元数の多い連立差分方程式に直せる．)

線形差分方程式(4.28)を満たす数列 $\boldsymbol{x}(m)\,(m=0,1,2,\cdots)$ の全体 W は一つのベクトル空間をなす．$\boldsymbol{a}(m)$, $\boldsymbol{b}(m)$ が(4.28)を満たす数列であるとすると，$A(c_1\boldsymbol{a}(m)+c_2\boldsymbol{b}(m))=c_1A\boldsymbol{a}(m)+c_2A\boldsymbol{b}(m)=c_1\boldsymbol{a}(m+1)+c_2\boldsymbol{b}(m+1)$ となり，$c_1\boldsymbol{a}(m)+c_2\boldsymbol{b}(m)$ も(4.28)を満たすからである．そこで，W を(4.28)の**解空間**という．

定理 4.11 線形差分方程式(4.28)の解について次のことが成り立つ.

1) 方程式(4.28)の解は，初期値を $\boldsymbol{x}(0)$ とするとき

$$\boldsymbol{x}(m) = A^m\boldsymbol{x}(0) \qquad (m=0,1,2,\cdots)$$

で与えられる.

2) 方形式(4.28)の解空間 W の次元は n であり，初期値 $\boldsymbol{x}(0)$ にそれから定まる数列 $\boldsymbol{x}(m)$ を対応させる対応は K^n から W への同型対応である.

証 1) 式(4.28)から $\boldsymbol{x}(m)=A\boldsymbol{x}(m-1)=A^2\boldsymbol{x}(m-2)=\cdots=A^m\boldsymbol{x}(0)$ である.
2) $\boldsymbol{x}(0)\in K^n$ から数列$[\boldsymbol{x}(0),\boldsymbol{x}(1),\cdots]\in W$ への対応を φ とすると，$\varphi(c_1\boldsymbol{x}(0)+c_2\boldsymbol{y}(0))=c_1[\boldsymbol{x}(0),\boldsymbol{x}(1),\cdots]+c_2[\boldsymbol{y}(0),\boldsymbol{y}(1),\cdots]$を満足することは容易に確かめられる．さらに，$\boldsymbol{x}(m),\boldsymbol{y}(m)\in W$ が同一の数列すなわち $\boldsymbol{x}(m)=\boldsymbol{y}(m)\,(m=0,1,2,\cdots)$ であるとすると，この式の $m=0$ の場合から $\boldsymbol{x}(0)=\boldsymbol{y}(0)$．したがって，$\varphi$ は一対一対応である．ゆえに，φ は K^n から W への同型対応である(§1.4参照)．ゆえに定理1.12により $\dim W=\dim K^n=n$ である. ▌

定理4.11により，線形差分方程式(4.28)を解くためには係数行列 A のベキ A^m が計算できればよいが，そのためには前節の結果を利用することができる. したがって，線形差分方程式の解法は本質的には係数行列のジョルダン標準形(あるいは一般固有ベクトル空間への射影子)を求めることに帰着される.

さて，(4.28)の解空間 W の性質をもう少し詳しく調べてみよう．W の任意の基底を $\boldsymbol{u}_1(m),\cdots,\boldsymbol{u}_n(m)$ として，各 $m=0,1,2,\cdots$ に対して $\boldsymbol{u}_1(m),\cdots,\boldsymbol{u}_n(m)$ を列ベクトルとしてもつ n 次正方行列 $F(m)$ のことを(4.28)の**基本行列**とよぶ.

例 4.10 K^n の自然基底 $\boldsymbol{e}_1,\cdots,\boldsymbol{e}_n$ ($\boldsymbol{e}_i$ の成分は第 i 成分だけが1で他の成分はすべて0)をとり，これらを初期値とする(4.28)の解をそれぞれ $\boldsymbol{u}_1(m),\cdots,\boldsymbol{u}_n(m)$ とすれば，$\{\boldsymbol{u}_1(m),\cdots,\boldsymbol{u}_n(m)\}$ は解空間 W の基底である(同型対応 $\varphi: K^n\to W$ のもとで一次独立なベクトルは一次独立なベクトルに移るから)．$\boldsymbol{u}_1(m),\cdots,\boldsymbol{u}_n(m)$ から作られる基本行列 $F(m)$ は

$$F(m) = A^m \qquad (m=0,1,2,\cdots) \tag{4.30}$$

である. ▌

基本行列 $F(m)=[\boldsymbol{u}_1(m),\cdots,\boldsymbol{u}_n(m)]$が一つ与えられると，(4.28)の任意の解 $\boldsymbol{x}(m)$ は，$\boldsymbol{u}_1(m),\cdots,\boldsymbol{u}_n(m)$ の一次結合として，すなわち，ある $\boldsymbol{c}=[c_1,\cdots,c_n]^T\in K^n$ によって

$$\boldsymbol{x}(m) = F(m)\boldsymbol{c}$$

と表わさせる．したがって，(4.28)の一般解を求めるには，(4.30)の形の行列とは限らないより都合のよい基本行列を一つ与えてやればよい．

定理 4.12 Sを任意の正則行列とするとき，

$$F(m) = A^m S \tag{4.31}$$

は(4.28)の基本行列の一つである．逆に，任意の基本行列は(4.31)の形に書くことができる．

証 Sの列ベクトルを$\boldsymbol{s}_1, \cdots, \boldsymbol{s}_n$とし$\boldsymbol{s}_1, \cdots, \boldsymbol{s}_n$を初期値とする(4.28)の解をそれぞれ$\boldsymbol{v}_1(m), \cdots, \boldsymbol{v}_n(m)$とすればこれらは一次独立である．$\boldsymbol{v}_1(m), \cdots, \boldsymbol{v}_n(m)$から作られる基本行列は明らかに$A^m S$である．逆に，$F(m)$が$\boldsymbol{v}_1(m), \cdots, \boldsymbol{v}_n(m)$から作られる基本行列であるとすると，$\boldsymbol{s}_1 = \boldsymbol{v}_1(0), \cdots, \boldsymbol{s}_n = \boldsymbol{v}_n(0)$とおけば$\boldsymbol{v}_1(m) = A^m \boldsymbol{v}_1(0), \cdots, \boldsymbol{v}_n(m) = A^m \boldsymbol{v}_n(0)$．ゆえに，$S = [\boldsymbol{s}_1, \cdots, \boldsymbol{s}_n]$とすると$F(m) = A^m S$である．▌

系 4.4 Aのジョルダン標準形を$S^{-1}AS = \Lambda$とすると

$$F(m) = S\Lambda^m \tag{4.32}$$

は(4.28)の基本行列である．

証 $S\Lambda^m = S(S^{-1}AS)^m = S(S^{-1}A^m S) = A^m S$であるから，定理4.12より，(4.32)は(4.28)の基本行列の一つである．▌

定理 4.13 n次正方行列Aのジョルダン標準形を$S^{-1}AS = J_1 \oplus \cdots \oplus J_t$とし，各ジョルダン細胞が$J_i = J(p_i, \lambda_i)\,(i = 1, \cdots, t)$であるとする．変換行列$S$の列ベクトル$\boldsymbol{s}_1, \cdots, \boldsymbol{s}_n$をこの順に$p_1$個，$\cdots$，$p_t$個に分割したものを$\boldsymbol{s}_1^{(1)}, \cdots, \boldsymbol{s}_{p_1}^{(1)}; \cdots; \boldsymbol{s}_1^{(t)}, \cdots, \boldsymbol{s}_{p_t}^{(t)}$と表わせば，$p_i$個のベクトル

$$\lambda_i^m \boldsymbol{s}_1^{(i)},$$

$$\lambda_i^m \boldsymbol{s}_2^{(i)} + \binom{m}{1} \lambda_i^{m-1} \boldsymbol{s}_1^{(i)},$$

$$\lambda_i^m \boldsymbol{s}_3^{(i)} + \binom{m}{1} \lambda_i^{m-1} \boldsymbol{s}_2^{(i)} + \binom{m}{2} \lambda_i^{m-2} \boldsymbol{s}_1^{(i)},$$

$$\cdots\cdots\cdots\cdots\cdots$$

$$\lambda_i^m \boldsymbol{s}_{p_i}^{(i)} + \binom{m}{1} \lambda_i^{m-1} \boldsymbol{s}_{p_i-1}^{(i)} + \cdots + \binom{m}{p_i - 1} \lambda_i^{m-p_i+1} \boldsymbol{s}_1^{(i)} \tag{4.33}$$

をすべての$i = 1, \cdots, t$について集めたものは線形差分方程式(4.28)の解空間W

の基底になっている．ただし，$k>m$ のとき $\binom{m}{k}=0$ であると約束する．

証 系4.4により，$F(m)=S(J_1\oplus\cdots\oplus J_t)^m=S(J_1{}^m\oplus\cdots\oplus J_t{}^m)$ は(4.28)の基本行列であるから，$S(J_1{}^m\oplus\cdots\oplus J_t{}^m)$ の列ベクトルが解空間 W の基底を与える．$S(J_1{}^m\oplus\cdots\oplus J_t{}^m)$ の各列ベクトルは S の列ベクトル $\boldsymbol{s}_1,\cdots,\boldsymbol{s}_n$ の一次結合であるが，その係数は $J_1{}^m\oplus\cdots\oplus J_t{}^m$ によって指定される．そこで，例3.5の(3.16)を用いれば $S(J_1{}^m\oplus\cdots\oplus J_t{}^m)$ の n 個の列ベクトルが(4.33)で与えられることがわかる．▌

定理4.13の特別な場合として，1変数線形差分方程式(4.26)の解の一般形を求めることもできる．

系 4.5 n 階の一変数線形差分方程式(4.26)に対して

$$\phi(x)=x^n-a_{n-1}x^{n-1}-\cdots-a_1x-a_0$$

とおく．$\phi(x)$ を

$$\phi(x)=(x-\lambda_1)^{p_1}(x-\lambda_2)^{p_2}\cdots(x-\lambda_t)^{p_t} \qquad (i\neq j \text{ のとき } \lambda_i\neq\lambda_j) \tag{4.34}$$

と分解したとき，p_i 個の数列

$$\begin{aligned} x_1^{(i)}(m) &= \lambda_i^m, \\ x_2^{(i)}(m) &= m\lambda_i^m, \\ &\cdots\cdots\cdots\cdots \\ x_{p_i}^{(i)}(m) &= m^{p_i-1}\lambda_i^m \end{aligned}$$

をすべての $i=1,\cdots,t$ について集めたものは(4.26)の解空間 W の基底である．

証 すでに述べたように，(4.26)を解くには $x_1(m)=x(m)$，$x_2(m)=x_1(m+1),\cdots,x_n(m)=x(m+n-1)$ とおいて(4.29)を解けばよい．そこで，(4.29)右辺に現われるコンパニオン行列を A とすれば，$\phi(x)$ は A の最小多項式であり $\lambda_1,\cdots,\lambda_t$ は A の固有値である．このとき，(4.29)の解空間 W の基底を $\{\boldsymbol{u}_1(m),\cdots,\boldsymbol{u}_n(m)\}$ とすれば，$\boldsymbol{u}_1(m),\cdots,\boldsymbol{u}_n(m)$ の第1成分だけを取り出して作った n 個の数列 $\{u_{11}(m),\cdots,u_{n1}(m)\}$ が(4.26)の解空間 V の基底になっている($x_1(m)=x(m)$ としたので)．一方，コンパニオン行列 A のジョルダン標準形に現われるジョルダン細胞は最小多項式が(4.34)と分解されているとき $J(p_1,\lambda_1),\cdots,J(p_t,\lambda_t)$ で与えられるから，定理4.13により，$\boldsymbol{s}_j^{(i)}$ の第1成分を $s_j^{(i)}$ で表わすことにすれば，p_i 個の数列

$$y_1^{(i)}(m)=\lambda_i^m s_1^{(i)},$$

$$y_2^{(i)}(m)=\lambda_i^m s_2^{(i)}+\binom{m}{1}\lambda_i^{m-1}s_1^{(i)},$$

$$\cdots\cdots\cdots\cdots\cdots$$

$$y_{p_i}^{(i)}(m)=\lambda_i^m s_{p_i}^{(i)}+\binom{m}{1}\lambda_i^{m-1}s_{p_i-1}^{(i)}+\cdots+\binom{m}{p_i-1}\lambda_i^{m-p_i+1}s_1^{(i)}$$

をすべての i について集めたものが(4.26)の基底である．したがって，(4.26)の解空間 W は p_i 個の数列

$$z_1^{(i)}(m)=\lambda_i^m,$$

$$z_2^{(i)}(m)=\binom{m}{1}\lambda_i^{m-1},$$

$$\vdots$$

$$z_{p_i}^{(i)}(m)=\binom{m}{p_{i-1}}\lambda_i^{m-p_i+1}$$

をすべての $i=1,\cdots,t$ について集めたものによって張られる．各 λ_i^m, $\binom{m}{1}\lambda_i^{m-1}$, $\cdots$, $\binom{m}{p_i-1}\lambda_i^{m-p_i+1}$ は m によらない係数を用いた $\lambda_i^m, m\lambda_i^m, \cdots, m^{p_i-1}\lambda_i^m$ の一次結合として表わされるので，$\lambda_i^m, m\lambda_i^m, \cdots, m^{p_i-1}\lambda_i^m$ をすべての $i=1,\cdots,t$ について集めたもの B も解空間 W を張る．ところが，これらの数列の合計が $p_1+\cdots+p_t=n$ で解空間 W の次元も n である(定理 4.11)から，B は一次独立でなければならない．ゆえに，B は V の基底である．∎

注意 4.7 線形差分方程式(4.26)の係数 $a_0, a_1, \cdots, a_{n-1}$ がすべて実数である場合には，(4.26)の解空間 V の基底として次のようなものをとることもできる．すなわち，ρ_i $(i=1,\cdots,r)$ を A の実固有値，$\sigma_j\cos\theta_j\pm\sqrt{-1}\sigma_j\sin\theta_j\,(j=1,\cdots,t)$ を A の複素固有値とすると，

$$\rho_i^m, m\rho_i^m, \cdots, m^{p_i-1}\rho_i^m \qquad (i=1,\cdots,r),$$

$$\sigma_j^m\cos m\theta_j, m\sigma_j^m\cos m\theta_j, \cdots, m^{p_j-1}\sigma_j^m\cos m\theta_j,$$

$$\sigma_j^m\sin m\theta_j, m\sigma_j^m\sin m\theta_j, \cdots, m^{p_j-1}\sigma_j^m\sin m\theta_j \qquad (j=1,\cdots,t)$$

は解空間 W の基底である．同様の注意は，定理 4.13 において係数行列 A が実数行列である場合にもあてはまる(Aの実ジョルダン標準形を利用すればよい)．

例 4.11 Fibonacci 数列を定める線形差分方程式

$$x(m+2) = x(m)+x(m+1) \qquad (m=0, 1, 2, \cdots) \tag{4.35}$$

に対しては，系 4.5 の $\phi(x)$ は $\phi(x)=x^2-x-1$ である．$\phi(x)=0$ の根を求めると $\lambda_1=(1+\sqrt{5})/2$，$\lambda_2=(1-\sqrt{5})/2$ でどちらも単根である．したがって $\{\lambda_1{}^m, \lambda_2{}^m\}$ が (4.35) の解空間の基底の一つとなる．ゆえに，(4.35) の一般解は

$$x(m) = c_1\left(\frac{1+\sqrt{5}}{2}\right)^m + c_2\left(\frac{1-\sqrt{5}}{2}\right)^m$$

という形に表わされる．初期値が $x(0)=0$，$x(1)=1$ である場合には，c_1, c_2 は

$$c_1+c_2 = 0,$$

$$\frac{c_1(1+\sqrt{5})}{2}+\frac{c_2(1-\sqrt{5})}{2} = 1$$

によって定められ $c_1=1/\sqrt{5}$，$c_2=-1/\sqrt{5}$ となる．したがって，Fibonacci 数列は

$$x(m) = \frac{1}{\sqrt{5}}\left\{\left(\frac{1+\sqrt{5}}{2}\right)^m - \left(\frac{1-\sqrt{5}}{2}\right)^m\right\} \qquad (m=0, 1, 2, \cdots)$$

という形にも表わすことができる．▌

注意 4.8　$\boldsymbol{b}_0, \boldsymbol{b}_1, \boldsymbol{b}_2, \cdots$ を任意に予め与えられた n 次元のベクトルの列とするとき．

$$\boldsymbol{x}(m+1) = A\boldsymbol{x}(m)+\boldsymbol{b}_m \qquad (m=0, 1, 2, \cdots) \tag{4.36}$$

という形の方程式を 1 階の非同次線形差分方程式という．これに対して，いままで考えて来た差分方程式 (4.28) を同次線形差分方程式とよんで区別する．非同次線形差分方程式 (4.36) の解 $\boldsymbol{x}(m)$ は，初期値を $\boldsymbol{x}(0)$ とすると，(4.36) を $m=0, 1, 2, \cdots$ の順に計算すればわかるように，

$$\boldsymbol{x}(m) = A^m\boldsymbol{x}(0)+\sum_{j=0}^{m-1}A^{m-j-1}\boldsymbol{b}_j \qquad (m=0, 1, 2, \cdots)$$

によって与えられる．

§4.4 行列の関数

A を n 次の正方行列とする．複素数に複素数を対応させる任意の関数 $f(x)$ が与えられたとき，**行列の関数** $f(A)$ を定義するのが本節の目的である．$f(x)$ が x の多項式である場合の自然な拡張となるようにする．

行列 A のすべての相異なる固有値 $\lambda_1, \cdots, \lambda_s$ の全体 $\Sigma_A=\{\lambda_1, \cdots, \lambda_s\}$ を A の**スペクトル**とよぶ．ここで，A の最小多項式 $\phi_A(x)$ を

$$\psi_A(x) = (x-\lambda_1)^{m_1}(x-\lambda_2)^{m_2}\cdots(x-\lambda_s)^{m_s} \tag{4.37}$$

と1次因子の積に分解しておく($m_1+\cdots+m_s=m$)．任意の関数 $f(x)$ に対して，m 個の数

$$f(\lambda_k), f'(\lambda_k), \cdots, f^{(m_k-1)}(\lambda_k) \qquad (k=1, \cdots, s)$$

をスペクトル Σ_A 上の $f(x)$ の値とよび，これらをまとめて記号的に $f(\Sigma_A)$ で表わす．さらに，二つの関数 $f(x), g(x)$ の Σ_A 上の値がすべて一致すること，すなわち

$$f(\lambda_k) = g(\lambda_k), f'(\lambda_k) = g'(\lambda_k), \cdots, f^{(m_k-1)}(\lambda_k) = g^{(m_k-1)}(\lambda_k) \qquad (k=1, \cdots, s)$$

であることを $f(\Sigma_A)=g(\Sigma_A)$ と書く．

関数 $f(x)$ に対して $f(\Sigma_A)=r(\Sigma_A)$ であるような多項式 $r(x)$ が存在するとき，$r(x)$ を A に関する $f(x)$ の**補間多項式**とよび，$f(A)$ を

$$f(A) = r(A)$$

によって定義する．

このように $f(A)$ を補間多項式 $r(x)$ によって定義すると，$r(x)$ の選び方に任意性が残るが，$f(A)$ がそのような任意性によらずに一意的に定まることは次のようにしてわかる．$r(x), p(x)$ を $f(\Sigma_A)=r(\Sigma_A), f(\Sigma_A)=p(\Sigma_A)$ なる二つの多項式とすると，$h(x)=r(x)-p(x)$ は

$$h(\lambda_k) = 0, h'(\lambda_k) = 0, \cdots, h^{(m_k-1)}(\lambda_k) = 0 \qquad (k=1, \cdots, s)$$

を満たす．これは $h(x)$ が $(x-\lambda_k)^{m_k}$ $(k=1, \cdots, s)$ で割り切られることを意味するが，これらの因子はすべて互いに素であるので $h(x)$ はその積

$$\psi_A(x) \equiv (x-\lambda_1)^{m_1}\cdots(x-\lambda_s)^{m_s}$$

で割り切られなければならない．したがって，$h(x)=u(x)\psi_A(x)$．そこで，$\psi_A(x)$ が A の最小多項式であることに注意すれば $h(A)=O$ すなわち $r(A)=p(A)$ を得る．ゆえに，$f(A)$ は多項式の選び方によらずに $f(x)$ と A に対して一意的に定まる．また，任意の $f(x)$ と A に対して補間多項式が存在することはまもなく示される．

注意 4.9　$f(x)$ がとくに x の多項式であれば，$r(x)$ として $f(x)$ をとることができる．したがって，この場合にはここで述べた $f(A)$ の定義と§1.1で述べた $f(A)$ の定義とは一致する．

例 4.12 ジョルダン細胞 $J=J(p,\alpha)$ の最小多項式は $\phi_J(x)=(x-\alpha)^p$ で固有値は α ただ一つであるから，$f(x)$ の補間多項式は

$$r(x) = f(\alpha)+\frac{f'(\alpha)}{1!}(x-\alpha)+\cdots+\frac{f^{(p-1)}(\alpha)}{(p-1)!}(x-\alpha)^{p-1}$$

で与えられる．したがって，$N=J-\alpha E$ とおけば

$$f(J) = f(\alpha)+\frac{f'(\alpha)}{1!}N+\cdots+\frac{f^{(p-1)}(\alpha)}{(p-1)!}N^{p-1}$$

$$= \begin{bmatrix} f(\alpha) & \frac{f'(\alpha)}{1!} & \cdots\cdots & \frac{f^{(p-1)}(\alpha)}{(p-1)!} \\ & f(\alpha) & \ddots & \vdots \\ & & \ddots & \frac{f'(\alpha)}{1!} \\ O & & & f(\alpha) \end{bmatrix} \tag{4.38}$$

を得る．これは $f(x)$ が x の多項式である場合の式(3.18)の一般化である．▌

例 4.13 行列 A がブロック対角行列 $A=A_1\oplus\cdots\oplus A_s$ であれば，

$$f(A) = f(A_1)\oplus\cdots\oplus f(A_s)$$

である．実際，$r(x)$ を $f(x)$ の補間多項式とすると $f(A)=r(A)$ であるが，$r(A)=r(A_1)\oplus\cdots\oplus r(A_s)$ であるので

$$f(A) = r(A_1)\oplus\cdots\oplus r(A_s). \tag{4.39}$$

一方，A の最小多項式 $\phi_A(x)$ は A のあらゆるブロック $A_1,\cdots,A_s$ の最小多項式の倍多項式でなければならない．したがって，$f(\Sigma_A)=r(\Sigma_A)$ から

$$f(\Sigma_{A_1}) = r(\Sigma_{A_1}),\cdots,f(\Sigma_{A_s}) = r(\Sigma_{A_s})$$

を得る．よって，$f(A_1)=r(A_1),\cdots,f(A_s)=r(A_s)$．これと(4.39)とから $f(A)=f(A_1)\oplus\cdots\oplus f(A_s)$ を得る．▌

定理 4.14 二つの行列 A,B が相似ならば $f(A),f(B)$ も相似である．すなわち，$B=S^{-1}AS$ ならば $f(B)=S^{-1}f(A)S$ である．

証 相似変換によって最小多項式は変化しないから，$f(A)=r(A)$ かつ $f(B)=r(B)$ なる補間多項式 $r(x)$ が存在する．ところが，多項式に対しては $r(B)=$

$S^{-1}r(A)S$ であるので，$f(B)=S^{-1}f(A)S$ である．▎

定理4.14と例4.12，例4.13を利用すれば，$f(A)$ を求めるのに $f(x)$ の補間多項式を計算する必要がないことがわかる．すなわち，A のジョルダン標準形を $S^{-1}AS=J\equiv J_1\oplus\cdots\oplus J_t$ (J_i はジョルダン細胞) とするとき，$S^{-1}f(A)S=f(J_1)\oplus\cdots\oplus f(J_t)$ であるから $f(A)=S(f(J_1)\oplus\cdots\oplus f(J_t))S^{-1}$. そこで，各 $f(J_i)$ に対して(4.38)式を代入すれば $f(A)$ が求められる．(ここに $f(J_i)$ は補間多項式を利用しないでも $f(x)$ だけで直接に定まっていることに注意すること.)

さて，いままで $f(x)$ の補間多項式が少なくとも一つは存在することを仮定して話を進めてきたが，ここで任意の $f(x)$ と A に対して $f(\Sigma_A)=r(\Sigma_A)$ を満たす多項式 $r(x)$ が必ず存在することを示そう．そのためには，そのような多項式を具体的に与えてやればよい．そのうちの一つは次式で与えられる "Lagrange–Sylvester の補間多項式" である:

$$r(x)=\sum_{k=1}^{s}[\alpha_{k1}+\alpha_{k2}(x-\lambda_k)+\cdots+\alpha_{km_k}(x-\lambda_k)^{m_k-1}]\psi_k(x). \quad (4.40)$$

ただし，$\psi_k(x)=\psi_A(x)/(x-\lambda_k)^{m_k}$ で

$$\alpha_{kj}=\frac{1}{(j-1)!}\left[\frac{f(x)}{\psi_k(x)}\right]^{(j-1)}_{x=\lambda_k} \qquad (k=1,\cdots,s;j=1,\cdots,m_k) \quad (4.41)$$

である．((4.40)右辺の[…]の中は $f(x)/\psi_k(x)$ の $x=\lambda_k$ の周りの Taylor 展開における最初の m_k 個の項の和であることに注意.) (4.40)の $r(x)$ が $f(\Sigma_A)=r(\Sigma_A)$ を満たすことは次のようにしてわかる．(4.40)の両辺を $\psi_A(x)$ で割った式

$$\frac{r(x)}{\psi_A(x)}=\sum_{k=1}^{s}\left[\frac{\alpha_{k1}}{(x-\lambda_k)^{m_k}}+\frac{\alpha_{k2}}{(x-\lambda_k)^{m_k-1}}+\cdots+\frac{\alpha_{km_k}}{x-\lambda_k}\right]$$

を $r(x)/\psi_A(x)$ の部分分数展開の式とみなすと，係数 α_{kj} は

$$\alpha_{kj}=\frac{1}{(j-1)!}\left[\frac{r(x)}{\psi_k(x)}\right]^{(j-1)}_{x=\lambda_k} \qquad (k=1,\cdots,s;\ j=1,\cdots,m_k) \quad (4.42)$$

で与えられる．そこで，各 $k=1,\cdots,s$ について(4.41)と(4.42)の右辺の微分をそれぞれ

$$\alpha_{k1}=\frac{f(\lambda_k)}{\psi_k(\lambda_k)},\quad \alpha_{k2}=f(\lambda_k)\left[\frac{1}{\psi_k(x)}\right]'_{x=\lambda_k}+f'(\lambda_k)\frac{1}{\psi_k(\lambda_k)},\cdots \quad (4.43)$$

$$\alpha_{k1}=\frac{r(\lambda_k)}{\psi_k(\lambda_k)},\quad \alpha_{k2}=r(\lambda_k)\left[\frac{1}{\psi_k(x)}\right]'_{x=\lambda_k}+r'(\lambda_k)\frac{1}{\psi_k(\lambda_k)},\cdots \quad (4.44)$$

のように展開したものを，順に比較することによって，$f(\lambda_k)=r(\lambda_k)$, $f'(\lambda_k)=r'(\lambda_k), \cdots, f^{(m_k-1)}(\lambda_k)=r^{(m_k-1)}(\lambda_k)$ が導かれる．よって，$r(x)$ は補間多項式である．

(4.40)の性質を詳しく調べるために次のように変形してみる．(4.40)に(4.43)を代入して $f(\lambda_k), f'(\lambda_k), \cdots$ に関してまとめなおすと

$$r(x)=\sum_{k=1}^{s}[f(\lambda_k)\varphi_{k1}(x)+f'(\lambda_k)\varphi_{k2}(x)+\cdots+f^{(m_k-1)}(\lambda_k)\varphi_{km_k}(x)] \quad (4.45)$$

という形に書くことができる．ここに，$\varphi_{kj}(x)$ は明らかに次数が m より小さい x の多項式であり，関数 $f(x)$ にはよらずに行列 A だけによって完全に定まる．したがって，$\varphi_{kj}(x)$ は，A のスペクトル Σ_A 上の値が $f^{(j-1)}(\lambda_k)=1$ かつ $f^{(l)}(\lambda_i)=0$ ($l \neq j-1$ または $i \neq k$ のとき) であるような関数 $f(x)$ の Lagrange-Sylvester 補間多項式に一致する．m 個の関数 $\varphi_{kj}(x)$ $(k=1, \cdots, s; j=1, \cdots, m_k)$ は一次独立である．なぜならば，

$$\sum_{k=1}^{s}\sum_{j=1}^{m_k} c_{kj}\varphi_{kj}(x)=0 \quad (4.46)$$

とすると，$r^{(j-1)}(\lambda_k)=c_{kj}$ $(k=1, \cdots, s; j=1, \cdots, m_k)$ であるような任意の多項式 $r(x)$ に対してその Lagrange-Sylvester 補間式を $r_0(x)$ とすれば，(4.45)より

$$r_0(x)=\sum_{k=1}^{s}\sum_{j=1}^{m_k} c_{kj}\varphi_{kj}(x)=0$$

を得るので，すべての k, j に対して $c_{kj}=0$ でなければならないからである．

そこで，$Z_{kj}=\varphi_{kj}(A)$ とおけば(4.45)と $f(A)=r(A)$ から

$$f(A)=\sum_{k=1}^{s}[f(\lambda_k)Z_{k1}+f'(\lambda_k)Z_{k2}+\cdots+f^{(m_k-1)}(\lambda_k)Z_{km_k}] \quad (4.47)$$

を得る．(4.47)は任意の行列の関数 $f(A)$ が m 個の行列 Z_{kj} $(k=1, \cdots, s; j=1, \cdots, m_k)$ の一次結合として表わされることを示している．この意味で Z_{kj} は A の**基底**とよばれる．これらの行列 Z_{kj} も一次独立である．なぜならば，

$$\sum_{k=1}^{s}\sum_{j=1}^{m_k} c_{kj}Z_{kj}=O$$

とすると，$Z_{kj}=\varphi_{kj}(A)$ を代入すれば

$$r(A)=O, \quad (4.48)$$

$$r(x)=\sum_{k=1}^{s}\sum_{j=1}^{m_k} c_{kj}\varphi_{kj}(x). \quad (4.49)$$

ところが，$\varphi_{kj}(x)$ の次数はすべて m より小なので $r(x)$ の次数も m より小である．一方，$r(A)=O$ から $r(x)$ が A の最小多項式 $\psi_A(x)$（次数は m）によって割り切られなければならないので $r(x)=0$ となり，(4.49) から (4.46) の形の式を得る．ゆえに，上と同様にして $c_{kj}=0$ である．したがって，行列 A を与えたとき，$f(x)$ があらゆる関数にわたって動くときの $f(A)$ の全体 $\{f(A)\}$ は m 次元のベクトル空間をなす（m は A の最小多項式の次数）．

例 4.14　例 4.4 の行列 A に対して基底 Z_{kj} を求めてみよう．最小多項式は $\psi_A(x)=(x-2)(x-3)^2$ であるから，$\psi_1(x)=(x-3)^2$, $\psi_2(x)=x-2$ とおけば $\lambda_1=2$, $\lambda_2=3$ として

$$\alpha_{11}=\frac{f(\lambda_1)}{\psi_1(\lambda_1)}=f(\lambda_1),$$

$$\alpha_{21}=\frac{f(\lambda_2)}{\psi_2(\lambda_2)}=f(\lambda_2),$$

$$\begin{aligned}\alpha_{22}&=f(\lambda_2)\left[\frac{1}{\psi_2(x)}\right]'_{x=\lambda_2}+f'(\lambda_2)\frac{1}{\psi_2(\lambda_2)}\\&=-f(\lambda_2)+f'(\lambda_2).\end{aligned}$$

したがって，

$$\begin{aligned}f(A)=&f(\lambda_1)(A-3E)^2+f(\lambda_2)(A-2E)\\&+(-f(\lambda_2)+f'(\lambda_2))(A-3E)(A-2E).\end{aligned}$$

ゆえに，

$$Z_{11}=(A-3E)^2,\ Z_{21}=-(A-4E)(A-2E),$$

$$Z_{22}=(A-3E)(A-2E).$$

▮

定理 4.15　$f_1(x),\cdots,f_p(x)$ を x の任意の関数，$g(u_1,\cdots,u_p)$ を $u_1,\cdots,u_p$ の任意の多項式，A を任意の正方行列とする．$r_1(x),\cdots,r_p(x)$ がそれぞれ A に関する $f_1(x),\cdots,f_p(x)$ の補間多項式であれば，$g(r_1(x),\cdots,r_p(x))$ は A に関する $h(x)=g(f_1(x),\cdots,f_p(x))$ の補間多項式である．とくに，$h(A)=g(f_1(A),\cdots,f_p(A))$ である．

証　$r_1(x),\cdots,r_p(x)$ が $f_1(x),\cdots,f_p(x)$ の補間多項式であるとすれば，まず，$f_1(\lambda_k)=r_1(\lambda_k),\cdots,f_p(\lambda_k)=r_p(\lambda_k)$．したがって，

$$h(\lambda_k)=g(f_1(\lambda_k),\cdots,f_p(\lambda_k))=g(r_1(\lambda_k),\cdots,r_p(\lambda_k)).$$

次に，$h'(\lambda_k)=[g(f_1(x),\cdots,f_p(x))]'_{x=\lambda_k}$ は，$g(u_1,\cdots,u_p)$ が $u_1,\cdots,u_p$ の多項式なので，右辺の微分を実行すると $f_1(\lambda_k),\cdots,f_p(\lambda_k)$ と $f_1'(\lambda_k),\cdots,f_p'(\lambda_k)$ の多項式になるが，これらに $f_j(\lambda_k)=r_j(\lambda_k)$，$f_j'(\lambda_k)=r_j'(\lambda_k)$ を代入して再びまとめなおせば

$$h'(\lambda_k)=[g(r_1(x),\cdots,r_p(x))]'_{x=\lambda_k}$$

が得られる．同様にして，$h''(\lambda_k)=[g(f_1(x),\cdots,f_p(x))]''_{x=\lambda_k}$ は右辺の微分を実行すると $f_j(\lambda_k)$，$f_j'(\lambda_k)$，$f_j''(\lambda_k)$ の多項式となるが，これらに $f_j(\lambda_k)=r_j(\lambda_k)$，$f_j'(\lambda_k)=r_j'(\lambda_k)$，$f_j''(\lambda_k)=r_j''(\lambda_k)$ を代入してまとめなおせば

$$h''(\lambda_k)=[g(r_1(x),\cdots,r_p(x))]''_{x=\lambda_k}$$

が得られる．以下同様にして，結局 A のスペクトル Σ_A 上の $h(x)$ と $g(r_1(x),\cdots,r_p(x))$ の値が一致することが結論される．▌

例 4.15 $g(u_1,u_2)=u_1u_2$，$f_1(x)=e^x$，$f_2(x)=e^{-x}$ とおき $f_1(A),f_2(A)$ をそれぞれ e^A,e^{-A} で表わす．$h(x)=g(f_1(x),f_2(x))=e^x\cdot e^{-x}=1$ であるから $h(x)=1$. ゆえに，$h(A)=E$. 一方，定理 4.15 により $h(A)=g(f_1(A),f_2(A))=g(e^A,e^{-A})=e^A\cdot e^{-A}$. したがって，

$$e^A\cdot e^{-A}=E$$

を得る．▌

例 4.16 上の例と同様にして，$g(u_1,u_2)=u_1^2+u_2^2$，$f_1(x)=\cos x$，$f_2(x)=\sin x$ とおき，$f_1(A),f_2(A)$ をそれぞれ $\cos A,\sin A$ と書けば

$$\cos^2 A+\sin^2 A=E. \ ▌$$

例 4.17 $g(u_1,u_2)=u_1u_2$，$f_1(x)=x-a$，$f_2(x)=1/(x-a)$ とおけば，$f_2(x)$ およびその微分は $x=a$ を除いて定義されるので，$f_2(A)$ は A が固有値 a をもたない限り定義される．また，明らかに $f_1(A)=A-aE$. そこで，定理 4.15 を適用すれば $f_1(A)f_2(A)=E$ すなわち $(A-aE)f_2(A)=E$. ゆえに，$f_2(A)=(A-aE)^{-1}$ を得る．▌

例 4.18 $f_1(x)=f_2(x)=\sqrt{x}$ とする．A を任意の正則行列とすると A は固有値 0 をもたないので，$f_1(x),f_2(x)$ は A のすべての固有値を含む適当な複素領域でその微分まで含めて定義される．そこで，$f_3(x)=x$ とおくと，$f_1(x)f_2(x)=f_3(x)$ であるから，$f_1(A)f_2(A)=f_3(A)=A$. すなわち，$f_1(A)=f_2(A)$ を $\sqrt{A}$

で表わせば，$(\sqrt{A^2})=A$ である．∎

§4.5　行列の級数

A を任意の n 次正方行列とし，A の最小多項式 $\psi_A(x)$ を

$$\psi_A(x)=(x-\lambda_1)^{m_1}\cdots(x-\lambda_s)^{m_s}\qquad (i\neq j \text{ のとき } \lambda_i\neq\lambda_j)$$

とおく $(m=m_1+\cdots+m_s)$．

関数の列 $f_1(x), f_2(x), \cdots, f_p(x), \cdots$ に対して

$$\lim_{p\to\infty} f_p(\lambda_k),\ \lim_{p\to\infty} f'_p(\lambda_k), \cdots, \lim_{p\to\infty} f_p^{(m_k-1)}(\lambda_k)\qquad (k=1,\cdots,s)$$

がすべて存在するとき，$f_p(x)\,(p=1,2,\cdots)$ はスペクトル Σ_A 上で極限値をもつといい，さらにある関数 $f(x)$ に対して

$$\lim_{p\to\infty} f_p(\lambda_k)=f(\lambda_k),\ \lim_{p\to\infty} f'_p(\lambda_k)=f'(\lambda_k), \cdots, \lim_{p\to\infty} f_p^{(m_k-1)}(\lambda_k)=f^{(m_k-1)}(\lambda_k)$$
$$(k=1,\cdots,s)$$

であるとき，列 $f_p(x)\,(p=1,2,\cdots)$ はスペクトル Σ_A 上で $f(x)$ に**収束**するという．このことを記号的に

$$\lim_{p\to\infty} f_p(\Sigma_A)=f(\Sigma_A)$$

と書く．

定理 4.16　行列の列 $f_p(A)\,(p=1,2,\cdots)$ は $f_p(x)$ がスペクトル Σ_A 上で収束するときそしてそのときに限り収束する．このとき，

$$\lim_{p\to\infty} f_p(\Sigma_A)=f(\Sigma_A)$$

ならば

$$\lim_{p\to\infty} f_p(A)=f(A)$$

である．

証　$f_p(A)$ を (4.47) の形に展開すると

$$f_p(A)=\sum_{k=1}^{s}[f_p(\lambda_k)Z_{k1}+f'_p(\lambda_k)Z_{k2}+\cdots+f_p^{(m_k-1)}(\lambda_k)Z_{km_k}]\qquad(4.50)$$

である．いま，$f_p(x)\,(p=1,2,\cdots)$ が Σ_A 上で極限値をもつとすれば，(4.50) 右辺の係数 $f_p^{(j-1)}(\lambda_k)$ はすべて極限値をもつが，Z_{kj} は A だけによって定まり p や $f_p(x)$ には依存しないから，(4.50) の右辺は極限値をもつ．このことは $\lim_{p\to\infty} f_p(A)$ が存在することを意味する．このとき，$f_p(x)$ が Σ_A 上である関数 $f(x)$

に収束するならば，(4.50)の右辺は

$$\sum_{k=1}^{s}[f(\lambda_k)Z_{k1}+f'(\lambda_k)Z_{k2}+\cdots+f^{(m_k-1)}(\lambda_k)Z_{km_k}]$$

に収束する．これは $f(A)$ にほかならないから，$\lim_{p\to\infty} f_p(A)=f(A)$ である．

逆に，$\lim_{p\to\infty} f_p(A)$ が存在するとすると(4.50)右辺の極限が存在しなければならない．ところが，$Z_{kj}\,(k=1,\cdots,s;j=1,\cdots,m_k)$ は p に依存せず，かつ一次独立な行列の組であるから，(4.50)右辺の極限が存在するためには，すべての係数 $f_p^{(j-1)}(\lambda_k)$ の極限が存在しなければならない．ゆえに $\lim_{p\to\infty} f_p(\Sigma_A)$ が存在する．∎

任意の複素数の列 $a_0, a_1, a_2, \cdots$ と任意の n 次正方行列 A_0，A に対して，

$$\sum_{p=0}^{\infty}a_p(A-A_0)^p = a_0E+a_1(A-A_0)+a_2(A-A_0)^2+\cdots$$

という形の行列の無限和を A_0 のまわりの A の**ベキ級数**という．ベキ級数に関して次の定理が成立する．

定理 4.17 関数 $f(x)$ の $x=x_0$ のまわりのベキ級数展開

$$f(x) = \sum_{p=0}^{\infty}a_p(x-x_0)^p$$

が与えられたとしよう．ただし，収束領域は $|x-x_0|<\rho$ であるとする．正方行列 A の固有値がすべてこの級数の収束領域に含まれるならば，行列級数 $\sum_{p=0}^{\infty}a_p(A-x_0E)^p$ は極限をもち

$$f(A) = \sum_{p=0}^{\infty}a_p(A-x_0E)^p$$

である．

証 ベキ級数 $\sum_{p=0}^{\infty}a_p(x-x_0)^p$ はその収束領域 $|x-x_0|<\rho$ の内部では任意階の微分が定義され項別微分が許されるので，$f_p(x)=\sum_{q=0}^{p}a_q(x-x_0)^q$ とおけば，$|x-x_0|<\rho$ なる x に対して

$$f^{(j-1)}(x) = \lim_{p\to\infty} f_p^{(j-1)}(x)$$

となる．したがって，A の固有値 λ_k がすべて $|\lambda_k-x_0|<\rho$ を満たせば

$$f(\Sigma_A) = \lim_{p\to\infty} f_p(\Sigma_A)$$

である．そこで，定理 4.16 により $f(A)=\lim_{p\to\infty} f_p(A)$．すなわち

$$f(A) = \sum_{p=0}^{\infty} a_p (A - x_0 E)^p$$

を得る. ▌

例 4.19　指数関数のベキ級数

$$e^x = \sum_{p=0}^{\infty} \frac{1}{p!} x^p$$

の収束半径は ∞ であるから，任意の正方行列 A に対して

$$e^A = \sum_{p=0}^{\infty} \frac{1}{p!} A^p$$

が成立する．これを行列 A の**指数関数**とよぶ．とくに，$e^O = E$ である(O は零行列，E は単位行列)．▌

例 4.20　任意の複素数 x に対して $\cos x = \sum_{p=0}^{\infty} \frac{(-1)^p}{(2p)!} x^{2p}$，$\sin x = \sum_{p=0}^{\infty} \frac{(-1)^p}{(2p+1)!} x^{2p+1}$ であるから，任意の行列 A に対して

$$\cos A = \sum_{p=0}^{\infty} \frac{(-1)^p}{(2p)!} A^{2p}, \quad \sin A = \sum_{p=0}^{\infty} \frac{(-1)^p}{(2p+1)!} A^{2p+1}. ▌$$

例 4.21　(**Neumann 級数**)　$f(x) = x^{-1}$ のとき $f(B)$ は B の逆行列 B^{-1} に一致することは例 4.17 で述べた($a=0$)．そこで，ベキ級数

$$(1-x)^{-1} = 1 + x + x^2 + \cdots \qquad (|x| < 1)$$

を利用すると，A の固有値の絶対値がすべて 1 より小であるとき

$$(E - A)^{-1} = E + A + A^2 + \cdots$$

であることがわかる．▌

例 4.22　$f(x) = \log x$ に対して $f(A)$ を $\log A$ で表わし A の**対数関数**という．ベキ級数 $\log x = \sum_{p=1}^{\infty} \frac{(-1)^{p-1}}{p} (x-1)^p$ を利用すれば，すべての固有値 λ が $|\lambda - 1| < 1$ を満足する任意の行列 A に対して

$$\log A = \sum_{p=1}^{\infty} \frac{(-1)^{p-1}}{p} (A - E)^p$$

が成り立つ．▌

例 4.23　ジョルダン細胞 $J(p, \alpha)$ と任意の実数に対して $A = tJ(p, \alpha)$ とおくとき，e^A を求めてみよう．$f(x) = e^x$ を $x = t\alpha$ のまわりに展開すると

$$e^x = e^{t\alpha} \sum_{p=0}^{\infty} \frac{1}{p!} (x - t\alpha)^p$$

であるから，

$$e^{tJ(p,\alpha)} = e^{t\alpha}\sum_{p=0}^{\infty}\frac{1}{p!}(tJ(p,\alpha)-t\alpha E)^p$$

が得られる．$F=A-t\alpha E$ とおくと F は例3.5で述べた行列 N の t 倍であり，$N^k=0\,(k\geq p)$．したがって，

$$e^{tJ(p,\alpha)} = e^{t\alpha}\sum_{p=0}^{p-1}\frac{1}{p!}t^pN^p$$

$$= \begin{bmatrix} e^{\alpha t} & \dfrac{te^{\alpha t}}{1!} & \dfrac{t^2e^{\alpha t}}{2!} & \cdots\cdots & \dfrac{t^{p-1}e^{\alpha t}}{(p-1)!} \\ & e^{\alpha t} & \dfrac{te^{\alpha t}}{1!} & \ddots & \vdots \\ & & \ddots & \ddots & \dfrac{t^2e^{\alpha t}}{2!} \\ & & & \ddots & \dfrac{te^{\alpha t}}{1!} \\ O & & & & e^{\alpha t} \end{bmatrix}.$$

もちろん，ここで $t=1$ とおいたものは，例4.12の結果と一致する．▌

極限概念に関連して，ここで行列の微分を定義しよう．$A(t)=[a_{ij}(t)]$ を (i,j) 成分 $a_{ij}(t)$ が実変数 t の関数であるような任意の $m\times n$ 行列とする．$\dfrac{d}{dt}a_{ij}(t)$ を (i,j) 成分とする行列のことを行列 $A(t)$ の**微分**といい，$\dfrac{d}{dt}A(t)$ で表わす．

例 4.24 t を任意の実数として $F(t)=e^{tA}$ の微分を求めてみよう．例4.19に示した e^A のベキ級数を利用すると

$$e^{tA} = \sum_{p=0}^{\infty}\frac{1}{p!}t^pA^p$$

となるが，右辺の被加項 $\dfrac{1}{p!}t^pA^p$ の (i,j) 成分を $t^pa_{ij}^{(p)}$ と書けば e^{tA} の (i,j) 成分 $a_{ij}(t)$ は

$$a_{ij}(t) = \sum_{p=0}^{\infty}t^pa_{ij}^{(p)}$$

と表わされる．$a_{ij}^{(p)}$ は t によらないので，右辺は t のベキ級数であり収束半径は∞である．ベキ級数は収束領域の範囲内で項別微分が許されるので

$$\frac{d}{dt}a_{ij}(t) = \sum_{p=1}^{\infty}pt^{p-1}a_{ij}^{(p)}.$$

ゆえに，$\dfrac{d}{dt}e^{tA}=\sum_{p=1}^{\infty}\dfrac{p}{p!}t^{p-1}A^{p}=A\sum_{p=1}^{\infty}\dfrac{1}{(p-1)!}t^{p-1}A^{p-1}$．すなわち，任意の t に対して

$$\frac{d}{dt}e^{tA}=Ae^{tA}=e^{tA}A$$

を得る．▌

$A(t), B(t)$ をそれぞれ t を変数とする $m\times n$ 行列，$n\times l$ 行列とすれば

$$\frac{d}{dt}(A(t)B(t))=\left(\frac{d}{dt}A(t)\right)B(t)+A(t)\left(\frac{d}{dt}B(t)\right) \tag{4.51}$$

が成り立つ．実際，$A(t)$ の (i,j) 成分を $a_{ij}(t)$，$B(t)$ の (i,j) 成分を $b_{ij}(t)$ とすると，$A(t)B(t)$ の (i,j) 成分 $c_{ij}(t)$ は

$$c_{ij}(t)=\sum_{k=1}^{n}a_{ik}(t)b_{kj}(t)$$

であるから

$$\frac{d}{dt}c_{ij}(t)=\sum_{k=1}^{n}\left(\frac{d}{dt}a_{ik}(t)\right)b_{kj}(t)+\sum_{k=1}^{n}a_{ik}(t)\frac{d}{dt}b_{kj}(t).$$

右辺第1項の $\dfrac{d}{dt}a_{ik}(t)$ は $\dfrac{d}{dt}A(t)$ の (i,k) 成分であり，第2項の $\dfrac{d}{dt}b_{kj}(t)$ は $\dfrac{d}{dt}B(t)$ の (k,j) 成分であるから(4.51)が成り立つ．特に，$B(t)=A(t)^{-1}$ なら $A(t)B(t)=E$ であるから，$O=\left(\dfrac{d}{dt}A(t)\right)A(t)^{-1}+A(t)\left(\dfrac{d}{dt}A(t)^{-1}\right)$，ゆえに，$\dfrac{d}{dt}A(t)^{-1}=-A(t)^{-1}\left(\dfrac{d}{dt}A(t)\right)A(t)^{-1}$.

§4.6　定係数線形微分方程式

§4.3で線形差分方程式に対して行なったのとほぼ平行した議論が定係数線形微分方程式に対しても可能である．

実変数 t の n 個の(複素数値)関数 $x_1(t),\cdots,x_n(t)$ に対する

$$\left.\begin{aligned}\frac{d}{dt}x_1(t)&=a_{11}x_1(t)+a_{12}x_2(t)+\cdots+a_{1n}x_n(t),\\ \frac{d}{dt}x_2(t)&=a_{21}x_1(t)+a_{22}x_2(t)+\cdots+a_{2n}x_n(t),\\ &\cdots\cdots\cdots\cdots\cdots\cdots\\ \frac{d}{dt}x_n(t)&=a_{n1}x_n(t)+a_{n2}x_2(t)+\cdots+a_{nn}x_n(t)\end{aligned}\right\} \tag{4.52}$$

という形の微分方程式を**1階の定係数連立微分方程式**という．ただし a_{ij} $(i,j=1,\cdots,n)$ は t によらない定数である．この方程式を満足する解 $x_1(t),\cdots,x_n(t)$ は初期値 $x_1(0),\cdots,x_n(0)$ を与えてやるとすべての t に対する値が一意的に定まる[1)]．

方程式(4.52)は，係数 a_{ij} を (i,j) 成分とする n 次正方行列を A とし，$\boldsymbol{x}(t)=[x_1(t),\cdots,x_n(t)]^T$ とおけば，

$$\frac{d}{dt}\boldsymbol{x}(t) = A\boldsymbol{x}(t) \tag{4.53}$$

と書かれる．初期値は $\boldsymbol{x}(0)$ という形にまとめられる．

例 4.25 2変数 $x_1(t), x_2(t)$ に関する線形微分方程式は

$$\frac{d}{dt}x_1(t) = a_{11}x_1(t)+a_{12}x_2(t),$$

$$\frac{d}{dt}x_2(t) = a_{21}x_1(t)+a_{22}x_2(t)$$

である．この方程式の解の性質は後に詳しく調べる．▌

定係数線形微分方程式(4.53)を満たす解 $\boldsymbol{x}(t)$ の全体 W がベクトル空間をなすことは容易に確かめられる．このベクトル空間 W を(4.53)の**解空間**という．

定理 4.18 定係数線形微分方程式(4.53)の解について次のことが成り立つ．

1) 初期値を $\boldsymbol{x}(0)$ とするとき，方程式(4.53)の解は

$$\boldsymbol{x}(t) = e^{tA}\boldsymbol{x}(0) \tag{4.54}$$

と書き表わすことができる．

2) 方程式(4.53)の解空間 W の次元は n であり，初期値 $\boldsymbol{x}(0)$ に対してそれから定まる関数 $\boldsymbol{x}(t)$ を対応させる対応は K^n から W への同型対応である．

証 1) $\boldsymbol{x}(t)=e^{tA}\boldsymbol{x}(0)$ とおけば $\dfrac{d}{dt}\boldsymbol{x}(t) = \left(\dfrac{d}{dt}e^{tA}\right)\boldsymbol{x}(0)+e^{tA}\dfrac{d}{dt}\boldsymbol{x}(0) = \left(\dfrac{d}{dt}e^{tA}\right)\boldsymbol{x}(0)$．すると，例4.24により $\dfrac{d}{dt}\boldsymbol{x}(t)=Ae^{tA}\boldsymbol{x}(0)=A\boldsymbol{x}(t)$ であるから，$\boldsymbol{x}(t)=e^{tA}\boldsymbol{x}(0)$ は(4.53)の解である．また，例4.19から，$t=0$ とすると $e^{0A}=e^{O}$

1) 差分方程式の場合には自明であったこの解の存在と一意性は，一般の微分方程式の場合には厳密な証明を要する．これについては微分方程式論の本(たとえば，『常微分方程式』福原満洲雄著，岩波全書 等を参照されたい．(4.52)の形の方程式の場合には，後の定理4.18により具体的に存在と一意性を示すことができる．

$=E$ であるから $\boldsymbol{x}(0)$ は初期値 $\boldsymbol{x}\ (t=0)$ と一致する．逆に，$\boldsymbol{x}(t)$ が (4.53) の解であるとすると，$\boldsymbol{y}(t)=e^{-tA}\boldsymbol{x}(t)$ とおけば

$$\frac{d}{dt}\boldsymbol{y}(t)=\left(\frac{d}{dt}e^{-tA}\right)\boldsymbol{x}(t)+e^{-tA}\frac{d}{dt}\boldsymbol{x}(t)$$
$$=-Ae^{-tA}\boldsymbol{x}(t)+e^{-tA}A\boldsymbol{x}(t)=(-Ae^{-tA}+e^{-tA}A)\boldsymbol{x}(t)=\boldsymbol{o}.$$

(e^{-tA} は A のベキ級数として表わされるので A と交換可能.) したがって，$\boldsymbol{y}(t)$ は t によらない定数行列である．これを $\boldsymbol{c}$ と書けば $\boldsymbol{c}=e^{-tA}\boldsymbol{x}(t)$．両辺に e^{tA} を左から掛ければ $e^{tA}\boldsymbol{c}=(e^{tA}e^{-tA})\boldsymbol{x}(t)$．ところが，例 4.15 により $e^{tA}e^{-tA}=E$ であるから $\boldsymbol{x}(t)=e^{tA}\boldsymbol{c}$ を得る．ここで $t=0$ とおけば，$\boldsymbol{x}(0)=e^{0A}\boldsymbol{c}=e^{o}\boldsymbol{c}=E\boldsymbol{c}=\boldsymbol{c}$ である．ゆえに，$\boldsymbol{x}(t)=e^{tA}\boldsymbol{x}(0)$ を得る．

2) 任意の初期値 $\boldsymbol{x}(0)\in K^n$ に対して (4.53) の解 (4.54) を対応させる対応を φ とすれば $\varphi(c_1\boldsymbol{x}_1(0)+c_2\boldsymbol{x}_2(0))=c_1\varphi(\boldsymbol{x}_1(0))+c_2\varphi(\boldsymbol{x}_2(0))$ であることは容易に確かめられる．さらに，(4.54) において e^{tA} は任意の t に対して正則 (e^{-tA} が逆行列) であるので，初期値が異なれば解も異なる．ゆえに，φ は K^n から解空間 W への一対一対応である．したがって，$\varphi:K^n\to W$ は同型対応となり定理 1.12 より $\dim W=\dim K^n=n$ である．▌

例 4.26 A, B が交換可能な n 次正方行列であれば

$$e^Ae^B=e^{A+B} \tag{4.55}$$

である．このことはいろいろなやり方で確かめることができるが，定理 4.18 を用いて示すこともできる．まず，$F(t)=e^{tA}e^{tB}$ とおけば例 4.24 と (4.51) から

$$\frac{d}{dt}F(t)=(Ae^{tA})e^{tB}+e^{tA}(Be^{tB})$$

となるが，A と B が交換可能であるから

$$e^{tA}B=\left(\sum_{p=0}^{\infty}\frac{1}{p!}(tA)^p\right)B$$
$$=\sum_{p=0}^{\infty}\frac{1}{p!}(tA)^pB=\sum_{p=0}^{\infty}\frac{1}{p!}B(tA)^p$$
$$=B\left(\sum_{p=0}^{\infty}\frac{1}{p!}(tA)^p\right)=Be^{tA}$$

なので，$\dfrac{d}{dt}F(t)=(A+B)e^{tA}e^{tB}=(A+B)F(t)$．一方，$G(t)=e^{t(A+B)}$ とおけば，

例4.24により $\dfrac{d}{dt}G(t)=(A+B)e^{t(A+B)}=(A+B)G(t)$. したがって, $F(t), G(t)$ の第 i 列ベクトルをそれぞれ $\boldsymbol{f}_i(t), \boldsymbol{g}_i(t)$ とすれば, $\boldsymbol{f}_i(t)$ と $\boldsymbol{g}_i(t)$ は同一の定係数線形微分方程式 $\dfrac{d}{dt}\boldsymbol{x}(t)=(A+B)\boldsymbol{x}(t)$ を満足する. ところが, $F(0)=G(0)=E$ なので $\boldsymbol{f}_i(0)=\boldsymbol{g}_i(0)$. ゆえに, 定理4.18により $F(t)=G(t)$, すなわち $e^{tA}e^{tB}=e^{t(A+B)}$. そこで, とくに $t=1$ とおけば(4.55)が得られる. ▌

定理4.18は, 定係数線形微分方程式の解を求めるには, e^{tA} を計算すればよいことを示している. e^{tA} は原理的には, 例4.24に示した e^{tA} のベキ級数展開からも定められるが, この方法は有理的でなく, 解の性質の見透しも悪い. ジョルダン標準形が利用できるときにはずっと見透しのよい次のような方法がある. まず, A のジョルダン標準形を $S^{-1}AS=J_1\oplus\cdots\oplus J_r\ (J_i=J(p_i,\lambda_i))$ とする. 例4.19により

$$
\begin{aligned}
e^{S^{-1}tAS} &= \sum_{p=0}^{\infty}\frac{1}{p!}(S^{-1}tAS)^p \\
&= \sum_{p=0}^{\infty}\frac{1}{p!}S^{-1}(tA)^pS = S^{-1}\left(\sum_{p=0}^{\infty}\frac{1}{p!}(tA)^p\right)S \\
&= S^{-1}e^{tA}S
\end{aligned}
$$

であるから, $e^{tA}=S(e^{S^{-1}tAS})S^{-1}$. さらに, 任意の正方行列 B, C に対して

$$
\begin{aligned}
e^{B\oplus C} &= \sum_{p=0}^{\infty}\frac{1}{p!}(B\oplus C)^p = \sum_{p=0}^{\infty}\frac{1}{p!}(B^p\oplus C^p) \\
&= \left(\sum_{p=0}^{\infty}\frac{1}{p!}B^p\right)\oplus\left(\sum_{p=0}^{\infty}\frac{1}{p!}C^p\right) = e^B\oplus e^C
\end{aligned}
$$

であるから

$$
\begin{aligned}
e^{S^{-1}tAS} &= e^{(tJ_1\oplus\cdots\oplus tJ_r)} \\
&= e^{tJ_1}\oplus\cdots\oplus e^{tJ_r}.
\end{aligned}
$$

結局 e^{tA} の計算はいくつかのジョルダン細胞 $J(p_i,\lambda_i)$ に対する $e^{tJ(p_i,\lambda_i)}$ の計算に帰着される. そこで, 例4.23の結果を用いて, $e^{tA}=S(e^{tJ_1}\oplus\cdots\oplus e^{tJ_r})S^{-1}$ とすればよい.

注意4.10　e^{tA} は任意の A と t に対して正則であるが, その行列式は次のように求められる. A のジョルダン標準形を $S^{-1}AS=J_1\oplus\cdots\oplus J_r(J_i=J(\lambda_i,p_i))$ とすると, $S^{-1}e^{tA}S=e^{t(S^{-1}AS)}=e^{tJ_1}\oplus\cdots\oplus e^{tJ_r}$ であるから

$$\det e^{tA} = \det(S^{-1}e^{tA}S)$$
$$= \det(e^{tJ_1}\oplus\cdots\oplus e^{tJ_r})$$
$$= (\det e^{tJ_1})\cdot\cdots\cdot(\det e^{tJ_r}).$$

一方，例2.9の1)により $\det e^{tJ_i}$ は e^{tJ_i} の固有値の積であるが，例4.23を用いると $\det e^{tJ_i}=(e^{t\lambda_i})^{p_i}$. したがって，例2.9の2)により $\det e^{tA}=(e^{t\lambda_1})^{p_1}\cdot\cdots\cdot(e^{t\lambda_r})^{p_r}=e^{t(p_1\lambda_1+\cdots+p_r\lambda_r)}=e^{t(\mathrm{tr}A)}$. すなわち $\det e^{tA}=e^{t(\mathrm{tr}A)}(\neq 0)$，とくに $\det e^A=e^{\mathrm{tr}A}$.

e^{tA} の表現としては，定理4.8と類似の次の表現もある.

定理 4.19 A を n 次正方行列とする. $\lambda_1,\cdots,\lambda_s$ を A のすべての相異なる固有値，$\psi^A(x)=(x-\lambda_1)^{m_1}\cdots(x-\lambda_s)^{m_s}$ を A の最小多項式，$p_i(x)$ を定理4.8で定義した多項式とすれば，

$$e^{tA} = \sum_{i=0}^{s}\left\{e^{\lambda_i t}\sum_{j=1}^{m_i-1}\frac{t^j}{j!}(A-\lambda_i E)^j\right\}p_i(A) \tag{4.56}$$

である.

証 定理4.8の証明の中で示したように，$P_i=p_i(A)$ は A の λ_i に属する一般固有ベクトル空間 $\Omega(\lambda_i)$ への射影子である $(i=1,\cdots,s)$. そこでは，任意の $\boldsymbol{x}\in K^n$ に対して $j\geq m_i$ のとき $(A-\lambda_i E)^j P_i\boldsymbol{x}=\boldsymbol{0}$ であることも示した. すると，

$$e^{tA}(P_i\boldsymbol{x}) = e^{\lambda_i tE}e^{t(A-\lambda_i E)}(P_i\boldsymbol{x})$$
$$= e^{\lambda_i t}\sum_{j=0}^{\infty}\frac{t^j}{j!}(A-\lambda_i E)^j P_i\boldsymbol{x}$$
$$= e^{\lambda_i t}\sum_{j=0}^{m_i-1}\frac{t^j}{j!}(A-\lambda_i E)^j P_i\boldsymbol{x}$$

である. ここで，$\lambda_i tE$ と $t(A-\lambda_i E)$ が交換可能であるため $e^{tA}=e^{\lambda_i tE+t(A-\lambda_i E)}=e^{\lambda_i tE}e^{t(A-\lambda_i E)}$ が成り立つことを用いた(例4.26参照). $E=P_1+\cdots+P_s$ であるから $\boldsymbol{x}=P_1\boldsymbol{x}+\cdots+P_s\boldsymbol{x}$. したがって，任意の $\boldsymbol{x}\in K^n$ に対して

$$e^{tA}\boldsymbol{x} = \sum_{i=1}^{s}e^{tA}P_i\boldsymbol{x}$$
$$= \sum_{i=1}^{s}e^{\lambda_i t}\left\{\sum_{j=0}^{m_i-1}\frac{t^j}{j!}(A-\lambda_i E)^j P_i\right\}\boldsymbol{x}.$$

となるので，(4.56)が成立する. ▌

例 4.27 線形微分方程式

$$\frac{d}{dt}\begin{bmatrix} x_1(t) \\ x_2(t) \\ x_3(t) \end{bmatrix} = \begin{bmatrix} -2 & 4 & 4 \\ -4 & 5 & 3 \\ 4 & -3 & -1 \end{bmatrix}\begin{bmatrix} x_1(t) \\ x_2(t) \\ x_3(t) \end{bmatrix}$$

を考えよう．右辺の係数行列を A とすると，例4.6に示したように，A の固有値は $\lambda_1=2$(重根)と $\lambda_2=-2$ である．また，$p_1(x)=-(x+2)(x-6)/16$，$p_2(x)=(x-2)^2/6$ であり，

$$P_1 = p_1(A) = \begin{bmatrix} 0 & 1 & 1 \\ -1 & 2 & 1 \\ 1 & -1 & 0 \end{bmatrix}, \quad P_2 = p_2(A) = \begin{bmatrix} 1 & -1 & -1 \\ 1 & -1 & -1 \\ -1 & 1 & 1 \end{bmatrix}$$

である．したがって，

$$\begin{aligned} e^{tA} &= e^{2t}P_1 + te^{2t}(A-2E)P_1 + e^{-2t}P_2 \\ &= \begin{bmatrix} e^{-2t} & e^{2t}-e^{-2t} & e^{2t}-e^{-2t} \\ -e^{2t}+e^{-2t} & (2-t)e^{2t}-e^{-2t} & (1-t)e^{2t}-e^{-2t} \\ e^{2t}-e^{-2t} & (-1+t)e^{2t}+e^{-2t} & te^{2t}+e^{-2t} \end{bmatrix}. \end{aligned}$$

解は初期条件を $\boldsymbol{x}(0)=[x_1(0), x_2(0), x_3(0)]^T$ とすれば $e^{tA}\boldsymbol{x}(0)$ で与えられる．▌

線形微分方程式(4.53)の解空間 W の任意の基底を $\boldsymbol{x}_1(t), \cdots, \boldsymbol{x}_n(t)$ とするとき，各 t に対して $\boldsymbol{x}_1(t), \cdots, \boldsymbol{x}_n(t)$ を列ベクトルとする n 次正方行列 $F(t)=[\boldsymbol{x}_1(t), \cdots, \boldsymbol{x}_n(t)]$ を(4.53)の**基本行列**という，基本行列 $F(t)$ が一つ求められると，(4.53)の任意の解は $F(t)$ の列ベクトルの一次結合として表わされる．

定理 4.20　S を任意の正則行列とするとき，

$$F(t) = e^{tA}S \tag{4.57}$$

は線形微分方程式(4.53)の基本行列の一つである．また，任意の基本行列は適当な正則行列 S によって(4.57)のように表わされる．

証　証明の方法は差分方程式の場合と全く同様．▌

系 4.6　A のジョルダン標準形を $S^{-1}AS=\Lambda$ とすると

$$F(t) = Se^{t\Lambda}$$

は(4.53)の基本行列である．

証　$S^{-1}e^{tA}S=e^{S^{-1}tAS}=e^{t(S^{-1}AS)}=e^{t\Lambda}$ であるから，$e^{tA}S=Se^{t\Lambda}$．▌

定理 4.21　n 次正方行列 A のジョルダン標準形を $S^{-1}AS=J_1\oplus\cdots\oplus J_r$ とし，

各ジョルダン細胞を $J_i=J(p_i,\lambda_i)$ とおく $(i=1,\cdots,r)$．変換行列 S の列ベクトル $\boldsymbol{s}_1,\cdots,\boldsymbol{s}_n$ をこの順に p_1 個，$\cdots$，p_r 個に分割したものを $\boldsymbol{s}_1^{(1)},\cdots,\boldsymbol{s}_{p_1}^{(1)};\cdots;\boldsymbol{s}_1^{(r)},\cdots,\boldsymbol{s}_{p_r}^{(r)}$ と表わせば，p_i 個のベクトル

$$
\begin{aligned}
&e^{\lambda_i t}\boldsymbol{s}_1^{(i)},\\
&e^{\lambda_i t}\boldsymbol{s}_2^{(i)}+\frac{te^{\lambda_i t}}{1!}\boldsymbol{s}_1^{(i)},\\
&e^{\lambda_i t}\boldsymbol{s}_3^{(i)}+\frac{te^{\lambda_i t}}{1!}\boldsymbol{s}_2^{(i)}+\frac{t^2e^{\lambda_i t}}{2!}\boldsymbol{s}_1^{(i)},\\
&\cdots\cdots\cdots\cdots\cdots\\
&e^{\lambda_i t}\boldsymbol{s}_{p_i}^{(i)}+\frac{te^{\lambda_i t}}{1!}\boldsymbol{s}_{p_i-1}^{(i)}+\cdots+\frac{t^{p_i-1}e^{\lambda_i t}}{(p_i-1)!}\boldsymbol{s}_1^{(i)}
\end{aligned}
\tag{4.58}
$$

をすべての $i=1,\cdots,r$ について集めたものは線形微分方程式(4.53)の解空間 W の基底になっている．

証　系4.6により $F(t)=Se^{t(J_1\oplus\cdots\oplus J_r)}=S(e^{tJ_1}\oplus\cdots\oplus e^{tJ_r})$ は(4.53)の基本行列であるから，$S(e^{tJ_1}\oplus\cdots\oplus e^{tJ_r})$ の列ベクトルを $\boldsymbol{u}_1(t),\cdots,\boldsymbol{u}_n(t)$ とすれば，$\boldsymbol{u}_1(t),\cdots,\boldsymbol{u}_n(t)$ は(4.53)の解空間 W の基底である．そこで，例4.23を用い，定理4.13と同様に考えて $\boldsymbol{u}_1(t),\cdots,\boldsymbol{u}_n(t)$ を計算すればよい．∎

ここで，$x(t)$ に関する n 階の線形微分方程式

$$
\frac{d^n}{dt^n}x(t)=a_{n-1}\frac{d^{n-1}}{dt^{n-1}}x(t)+\cdots+a_1\frac{d}{dt}x(t)+a_0 \tag{4.59}
$$

を考えてみよう．この方程式は，例3.12ですでに述べたように，

$$
x_1(t)=x(t),\ \ x_2(t)=\frac{d}{dt}x(t),\cdots,x_n(t)=\frac{d^{n-1}}{dt^{n-1}}x(t)
$$

とおき，さらに $\boldsymbol{x}(t)=[x_1(t),\cdots,x_n(t)]^T$ とおくことによって，(4.53)の特別の場合である

$$
\frac{d}{dt}\boldsymbol{x}(t)=\begin{bmatrix}0 & 1 & 0 & \cdots & 0\\ \vdots & & \ddots & \ddots & \vdots\\ \vdots & 0 & & \ddots & 0\\ \vdots & \vdots & \ddots & & \\ 0 & 0 & \cdots\ 0 & & 1\\ & & & \ddots & \\ a_0 & a_1 & \cdots & \cdots & a_{n-1}\end{bmatrix}\boldsymbol{x}(t)
$$

という方程式に書きかえることができる．この場合には，定理4.21は次のよ

うになる.

系 4.7 n 階の線形微分方程式(4.59)に対して

$$\phi(x) = x^n - a_{n-1}x^{n-1} - \cdots - a_1 x - a_0$$

とおく，$\phi(x)$ を

$$\phi(x) = (x-\lambda_1)^{p_1}\cdots(x-\lambda_r)^{p_r} \qquad (i \neq j \text{ のとき } \lambda_i \neq \lambda_j)$$

と分解したとき，p_i 個の関数

$$x_1^{(i)}(t) = e^{\lambda_i t},$$
$$x_2^{(i)}(t) = te^{\lambda_i t},$$
$$\cdots\cdots\cdots\cdots\cdots$$
$$x_{p_i}^{(i)}(t) = t^{p_i-1}e^{\lambda_i t}$$

をすべての $i=1,\cdots,r$ について集めたものは(4.59)の解空間 U の基底である.

証 系 4.5 の証明に述べた議論と全く同様にして，(4.58)の第1成分だけを $i=1,\cdots,r$ について集めたものは微分方程式(4.59)の解空間 U を張る．したがって，U は

$$e^{\lambda_i t}, te^{\lambda_i t}, \cdots, t^{p_i-1}e^{\lambda_i t} \qquad (i=1,\cdots,r)$$

によって張られる．これらの関数の全体 B は合計 $p_1+\cdots+p_r=n$ 個で U の次元も n である(定理 4.18)から B は一次独立，ゆえに，B は U の基底である. ▌

注意 4.11 線形微分方程式(4.59)の係数 $a_0, a_1, \cdots, a_{n-1}$ がすべて実数である場合には，(4.59)の解空間 U の基底として次のようなものをとることができる．すなわち ρ_i $(i=1,\cdots,r)$ を A の実固有値，$\sigma_j \cos\theta_j \pm \sqrt{-1}\,\theta_j \sin\theta_j$ $(j=1,\cdots,t)$ を A の複素固有値とすると，

$$e^{\rho_i t}, te^{\rho_i t}, \cdots, t^{p_i-1}e^{\rho_i t} \qquad (i=1,\cdots,r),$$
$$e^{\sigma_j t}\cos\theta_j t, te^{\sigma_j t}\cos\theta_j t, \cdots, t^{p_j-1}e^{\sigma_j t}\cos\theta_j t,$$
$$e^{\sigma_j t}\sin\theta_j t, te^{\sigma_j t}\sin\theta_j t, \cdots, t^{p_j-1}e^{\sigma_j t}\sin\theta_j t \qquad (j=1,\cdots,t)$$

は解空間 U の基底である．同様の注意は，定理 4.21 において係数行列 A が実数行列である場合にも成立するが詳細は省略する(A の実ジョルダン標準形を利用すればよい).

注意 4.12 $\boldsymbol{b}(t)=[b_1(t),\cdots,b_n(t)]^T$ を任意に与えられた n 次元のベクトル関数とするとき，$\boldsymbol{x}(t)$ に関する方程式

$$\frac{d}{dt}\boldsymbol{x}(t) = A\boldsymbol{x}(t)+\boldsymbol{b}(t) \tag{4.60}$$

を一階の非同次定係数線形微分方程式という．これに対して，いままで考えてきた方程

式(4.53)を**同次定係数線形微分方程式**とよんで区別する．非同次線形微分方程式(4.60)の解は次のように表わすことができる．積分

$$\boldsymbol{x}_0(t) = \int_0^t e^{(t-u)A}\boldsymbol{b}(u)du$$

を考えると，

$$\begin{aligned}\frac{d}{dt}\boldsymbol{x}_0(t) &= \boldsymbol{b}(t)+\int_0^t\left(\frac{\partial}{\partial t}e^{(t-u)A}\right)\boldsymbol{b}(u)du \\ &= \boldsymbol{b}(t)+\int_0^t Ae^{(t-u)A}\boldsymbol{b}(u)du \\ &= \boldsymbol{b}(t)+A\int_0^t e^{(t-u)A}\boldsymbol{b}(u)du \\ &= \boldsymbol{b}(t)+A\boldsymbol{x}_0(t)\end{aligned}$$

であるから，$\boldsymbol{x}_0(t)$は(4.60)の解の一つである．$\boldsymbol{x}_0(t)$の初期値は明らかに$\boldsymbol{x}_0(0)=\boldsymbol{o}$である．そこで，$\boldsymbol{x}(t)=\boldsymbol{y}(t)+\boldsymbol{x}_0(t)$とおいて(4.60)に代入すれば

$$\frac{d}{dt}\boldsymbol{y}(t) = A\boldsymbol{y}(t) \tag{4.61}$$

を得る．したがって，(4.60)の任意の解$\boldsymbol{x}(t)$は$\boldsymbol{x}_0(t)$と(4.61)の解$\boldsymbol{y}(t)$の和として表わされる．(4.61)を初期条件$\boldsymbol{y}(0)=\boldsymbol{x}(0)$のもとで解いた解を$\boldsymbol{y}(t)$とすれば$\boldsymbol{y}(t)+\boldsymbol{x}_0(t)$の初期値は$\boldsymbol{x}(0)$となる．

注意 4.13(**Heaviside の演算子法**)　1変数の非同次線形微分方程式

$$\frac{d^n}{dt^n}x(t) = a_{n-1}\frac{d^{n-1}}{dt^{n-1}}x(t)+\cdots+a_1\frac{d}{dt}x(t)+a_0x(t)+b(t) \tag{4.62}$$

の一つの解は次のようにして求めることができる．すなわち，多項式

$$\begin{aligned}\varphi(x) &= x^n-a_{n-1}x^{n-1}-\cdots-a_1x-a_0 \\ &\equiv (x-\lambda_1)^{m_1}\cdot\cdots\cdot(x-\lambda_s)^{m_s} \qquad (i\neq j\text{ のとき }\lambda_i\neq\lambda_j)\end{aligned}$$

の逆数を部分分数展開した式を

$$\frac{1}{\varphi(x)} = \sum_{i=1}^{s}\sum_{j=1}^{m_i}\frac{c_{ij}}{(x-\lambda_i)^j}$$

とするとき，

$$x(t) = \sum_{i=1}^{s}\sum_{j=1}^{m_i}c_{ij}\int_0^t\frac{(t-u)^{j-1}}{(j-1)!}e^{\lambda_i(t-u)}b(u)du$$

は初期条件$x(0)=0$を満たす一つの解である．このことは，この$x(t)$をもとの方程式に直接代入することによって確かめられる．

線形微分方程式(4.53)の解の性質は本質的にe^{tA}の性質によって規定される．

そこで，$t\to+\infty$ としたときの(4.53)の解の振舞を調べるために，$t\to+\infty$ のときの e^{tA} の振舞について考えよう．これについては§4.2の定理4.9，定理4.10と類似の次の定理が成立する．

定理 4.22 A を n 次正方行列とする．e^{tA} が極限 $\lim_{t\to+\infty} e^{tA}$ をもつためには，次の二条件が成り立つことが必要十分である．

1) A のすべての固有値 λ は $\mathrm{Re}\lambda<0$ であるかまたは $\lambda=0$ である．ただし，$\mathrm{Re}\lambda$ は λ の実部を表わす．

2) A が固有値 $\lambda=0$ をもつときには，$\lambda=0$ は A の最小多項式 $\phi_A(x)$ の単純な零点である．

証 定理4.9に述べたように，e^{tA} が極限をもつことと $S^{-1}e^{tA}S=e^{t(S^{-1}AS)}$ が極限をもつこととは等価である(S は任意の正則行列)．そこで S として A のジョルダン標準形 $S^{-1}AS=J_1\oplus\cdots\oplus J_s\ (J_i=J(p_i,\lambda_i))$ における変換行列 S をとると，$S^{-1}e^{tA}S=e^{tJ_1}\oplus\cdots\oplus e^{tJ_s}$ となるので，各 e^{tJ_i} の収束だけを考えればよい．e^{tJ_i} の成分は，例4.23により，

$$e^{\lambda_i t},\ te^{\lambda_i t},\ \cdots,\ t^{p_i-1}e^{\lambda_i t} \tag{4.63}$$

を除いてすべて0である．これらがすべて極限値をもつためには $\mathrm{Re}\lambda_i<0$ であるか $\lambda_i=0$ であることが必要である．$\mathrm{Re}\lambda_i<0$ のときは明らかに(4.63)のすべての項が極限値0をもつ．$\lambda_i=0$ のときには，(4.63)の項がすべて極限値をもつためには，$p_i=1$ でなければならない．したがって，A の最小多項式を $\phi_A(x)$ とすると，λ_i は $\phi_A(x)$ の単純な零点でなければならない．逆に，条件1)，2)が成立するとすれば，これらの議論を逆にたどることによって $\lim_{t\to+\infty} e^{tA}$ が存在することがわかる．▌

定理 4.23 極限 $\lim_{t\to+\infty} e^{tA}=B$ が存在するとき，B は次のように与えられる．

1) A のすべての固有値 λ に対して $\mathrm{Re}\lambda<0$ である場合は，$B=O$ である．

2) A が固有値 $\lambda_1=0$ をもつ場合は，A の一般固有ベクトル空間への分解を $\Omega(\lambda_1=0)\oplus\Omega(\lambda_2)\oplus\cdots\oplus\Omega(\lambda_s)$ としたとき，$\Omega(\lambda_2)\oplus\cdots\oplus\Omega(\lambda_s)$ に沿っての $\Omega(\lambda_1=0)$ への射影が B である．

証 e^{tA} を $e^{\lambda_i t}, t^j, (A-\lambda_i E)^j, p_i(A)$ で表わす式(4.56)を用いて定理4.10の証明と同様にして証明することができる．▌

系 4.8 線形微分方程式(4.53)の任意の初期条件のもとでの解 $\boldsymbol{x}(t)$ に対して

$\lim_{t\to+\infty} \boldsymbol{x}(t)=\boldsymbol{o}$ となるための必要十分条件は，係数行列 A のすべての固有値が負の実部をもつこと $\mathrm{Re}\lambda<0$ である．また，(4.53)の任意の解 $\boldsymbol{x}(t)$ が $t\to+\infty$ のとき有界となるための必要十分条件は，A のすべての固有値 λ に対して $\mathrm{Re}\lambda\leq 0$ でありかつ $\mathrm{Re}\lambda=0$ なる固有値 λ は A の最小多項式 $\phi_A(x)$ の単純な零点であることである．▌

系 4.9　線形微分方程式(4.53)の任意の解 $\boldsymbol{x}(t)$ が $t\to+\infty$ および $t\to-\infty$ のとき有界であるためには，係数行列 A が対角化可能でかつ固有値がすべて純虚数であることが必要十分である．▌

系 4.8 と系 4.9 の証明は定理 4.22 の証明から明らかであろう．

注意 4.14　系 4.8 前半の条件「行列 A のすべての固有値 λ に対して $\mathrm{Re}\lambda<0$ である」かどうかは，A が実数行列の場合には，A の固有値を直接求めないでも，次のような有理演算によって判定できることが知られている．一般に，x の実数係数の多項式

$$\varphi(x) = a_0x^n+b_0x^{n-1}+a_1x^{n-2}+b_1x^{n-3}+\cdots \qquad (a_0>0)$$

に対して，その係数から作られる n 次正方行列

$$H = \begin{bmatrix} b_0 & b_1 & b_2\cdots\cdots\cdots\cdots b_{n-1} \\ a_0 & a_1 & a_2\cdots\cdots\cdots\cdots a_{n-1} \\ 0 & b_0 & b_1\cdots\cdots\cdots\cdots b_{n-2} \\ 0 & a_0 & a_1\cdots\cdots\cdots\cdots a_{n-2} \\ 0 & 0 & b_0\cdots\cdots\cdots\cdots b_{n-3} \\ 0 & 0 & a_0\cdots\cdots\cdots\cdots a_{n-3} \\ \cdots\cdots & \cdots\cdots & \cdots\cdots\cdots\cdots \\ \cdots\cdots & \cdots\cdots & \cdots\cdots\cdots\cdots \end{bmatrix}$$

を **Hurwitz 行列**という．ただし，$k>[n/2]$ のとき $a_k=0$，$k>[(n-1)/2]$ のとき $b_k=0$ であるとする．行列 H の第1行から第 i 行までと第1列から第 i 列までを取り出して作られる i 次の小行列を H_i とすると，$\varphi(x)=0$ のすべての根 λ に対して $\mathrm{Re}\lambda<0$ であるための必要十分条件は

$$\det H_1>0, \det H_2>0, \cdots, \det H_n>0 \tag{4.64}$$

が成り立つことである(**Routh-Hurwitz の定理**)．そこで，$\varphi(x)$ として A の特性多項式(に適当な符号を乗じたもの)をとれば系 4.8 前半の条件の判定を(4.64)によって行なうことができる．

実際に(4.64)の判定を行なうには，上の行列 H を LDU 分解し($L=[l_{ij}]=$対角成分が1の左下三角行列; $D=[e_{ij}]=$対角行列; $U=[u_{ij}]=$対角成分が1の右上三角行列)，すべての i に対して $d_{ii}>0$ であることを確かめてもよいが，もっと直接的で効率のよい算法がある(伊理正夫著『数値計算』，朝倉書店，1982参照).

§4.7　2元連立線形微分方程式の解の分類

定係数線形微分方程式

$$\frac{d}{dt}\begin{bmatrix} x_1(t) \\ x_2(t) \end{bmatrix} = \begin{bmatrix} a_{11} & a_{12} \\ a_{21} & a_{22} \end{bmatrix}\begin{bmatrix} x_1(t) \\ x_2(t) \end{bmatrix} \tag{4.65}$$

を考えよう．ただし，$a_{ij}\,(i,j=1,2)$ はすべて実数であるとする．

数ベクトル空間 K^2 における基底変換を行なって $[x_1(t), x_2(t)]^T$ を

$$\begin{bmatrix} x_1(t) \\ x_2(t) \end{bmatrix} = S\begin{bmatrix} y_1(t) \\ y_2(t) \end{bmatrix} \qquad (\det S \neq 0) \tag{4.66}$$

という形の変換で $[y_1(t), y_2(y)]^T$ に変換すると，方程式(4.65)は $y_1(t), y_2(t)$ に関する方程式

$$S\frac{d}{dt}\begin{bmatrix} y_1(t) \\ y_2(t) \end{bmatrix} = \begin{bmatrix} a_{11} & a_{12} \\ a_{21} & a_{22} \end{bmatrix} S \begin{bmatrix} y_1(t) \\ y_2(t) \end{bmatrix},$$

あるいは，

$$\frac{d}{dt}\begin{bmatrix} y_1(t) \\ y_2(t) \end{bmatrix} = \left(S^{-1}\begin{bmatrix} a_{11} & a_{12} \\ a_{21} & a_{22} \end{bmatrix} S\right)\begin{bmatrix} y_1(t) \\ y_2(t) \end{bmatrix} \tag{4.67}$$

という方程式に変換される．(4.67)もやはり2元連立定係数線形微分方程式である．

そこで，変数変換(4.66)によって互いに移り得る微分方程式を区別しないで同一のものとみなして，(4.65)の形の線形微分方程式の全体を定性的に分類する問題を考える．それには(4.65)右辺の係数行列のジョルダン標準形の分類を考えればよい．

以下では，実ジョルダン標準形にもとづいて，(4.65)の解 $x_1(t), x_2(t)$ がどのような特徴を有するかを，t をパラメータとした平面曲線 $[x_1(t), x_2(t)]^T$ の形に表わして，調べてみよう．

A を(4.65)右辺の係数行列とすると，A は2次の実行列であるからその実ジ

ョルダン標準形は

$$\begin{bmatrix} \lambda & 0 \\ 0 & \mu \end{bmatrix}, \begin{bmatrix} \lambda & 1 \\ 0 & \lambda \end{bmatrix}, \begin{bmatrix} \mu & -\nu \\ \nu & \mu \end{bmatrix} \qquad (\nu \neq 0)$$

の三つの型に分類される．調べるべき方程式のクラスは，したがって，

$$\text{(I)} \qquad \frac{d}{dt}\begin{bmatrix} x_1 \\ x_2 \end{bmatrix} = \begin{bmatrix} \lambda & 0 \\ 0 & \mu \end{bmatrix}\begin{bmatrix} x_1 \\ x_2 \end{bmatrix}, \tag{4.68}$$

$$\text{(II)} \qquad \frac{d}{dt}\begin{bmatrix} x_1 \\ x_2 \end{bmatrix} = \begin{bmatrix} \lambda & 1 \\ 0 & \lambda \end{bmatrix}\begin{bmatrix} x_1 \\ x_2 \end{bmatrix}, \tag{4.69}$$

$$\text{(III)} \qquad \frac{d}{dt}\begin{bmatrix} x_1 \\ x_2 \end{bmatrix} = \begin{bmatrix} \mu & -\nu \\ \nu & \mu \end{bmatrix}\begin{bmatrix} x_1 \\ x_2 \end{bmatrix} \qquad (\nu \neq 0) \tag{4.70}$$

の三つである．ただし，λ, μ, ν は実数である．

型 I 方程式(4.68)を書き下すと

$$\frac{dx_1}{dt} = \lambda x_1, \quad \frac{dx_2}{dt} = \mu x_2 \tag{4.71}$$

である．

I-1: rank $A=0$ の場合($\lambda=\mu=0$): $x_1=c_1, x_2=c_2$ (c_1, c_2 は定数)であるから，x_1 を横軸にとり x_2 を縦軸にとって図示すると解は“**一点**”になる(点の位置は初期条件によって定まる．図4.1)．

I-2: rank $A=1$ の場合(たとえば，$\lambda\neq 0, \mu=0$ として一般性を失わない): $x_1=c_1e^{\lambda t}$，$x_2=c_2$ であるから，横軸に平行な半直線が得られる(図4.2．矢印はパラメータ t の増大する方向を表わす)．

I-3: rank $A=2$ の場合($\lambda\neq 0, \mu\neq 0$. $|\lambda|\leq|\mu|$ として一般性を失わない.):

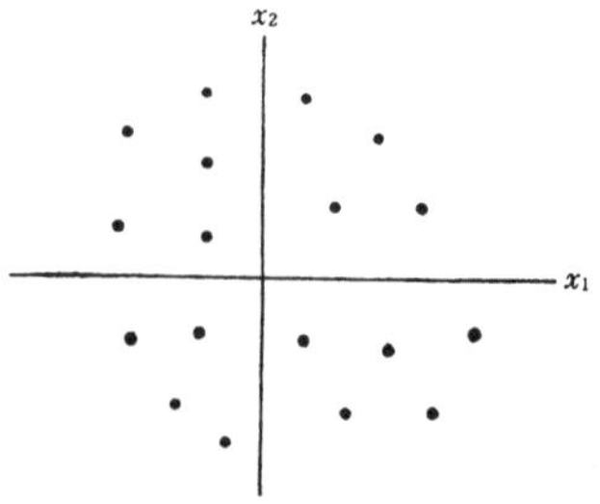

図4.1

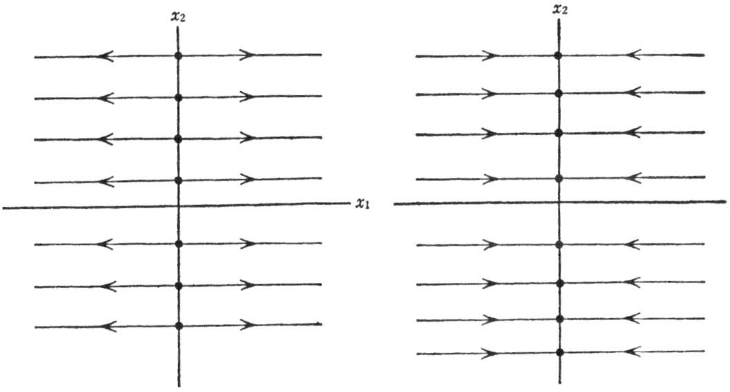

(a)　$\lambda>0$　　(b)　$\lambda<0$

図 4.2

(4.71)の第2式を第1式で辺々割れば $\dfrac{dx_2}{dx_1}=\gamma\dfrac{x_2}{x_1}\left(\gamma=\dfrac{\mu}{\lambda}\right)$. ゆえに $\dfrac{dx_2}{x_2}=\gamma\dfrac{dx_1}{x_1}$. したがって, $x_2=cx_1{}^{\gamma}$ を得る.

I-3-1. $\gamma=1$ の場合:　$x_2=cx_1$ となり, 解は原点を通る**放射半直線**である (図 4.3).

I-3-2. $\gamma>1$ の場合:　解曲線は $x_2=cx_1{}^{\gamma}$ で与えられる. (図 4.4)

I-3-3. $\gamma=-1$ の場合:　$x_1x_2=c$ となり, 解は**双曲線**を表わす (図 4.5).

I-3-4. $\gamma<-1$ の場合:　解曲線は $x_2=cx_1{}^{\gamma}$ (図 4.6).

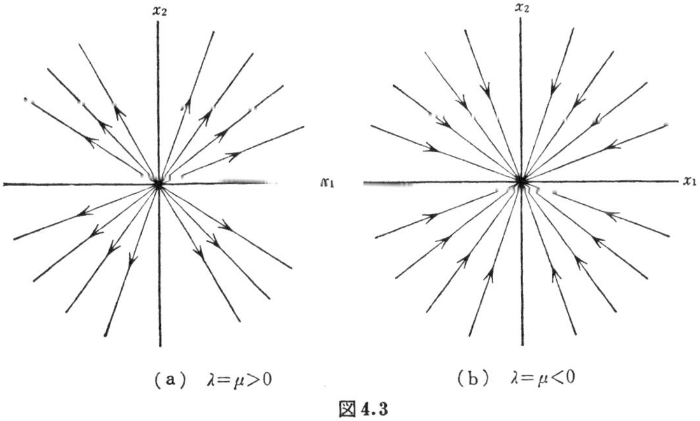

(a)　$\lambda=\mu>0$　　(b)　$\lambda=\mu<0$

図 4.3

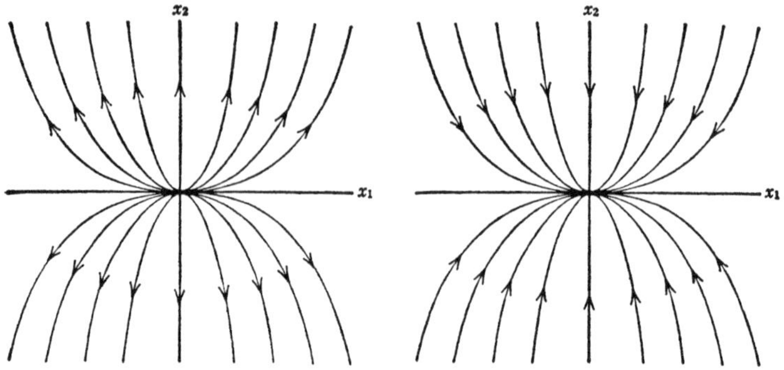

（a）$\mu>\lambda>0$　（b）$\mu<\lambda<0$

図 4.4

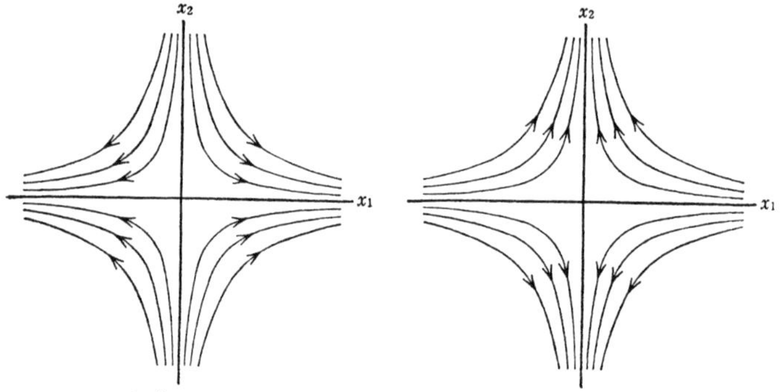

（a）$\lambda=-\mu>0$　（b）$\lambda=-\mu<0$

図 4.5

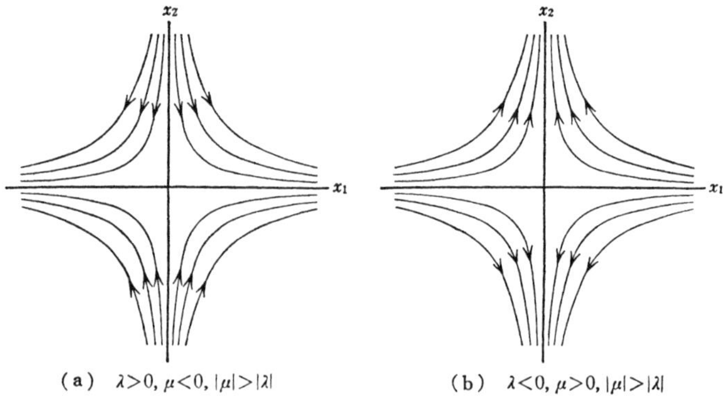

（a）$\lambda>0,\ \mu<0,\ |\mu|>|\lambda|$　（b）$\lambda<0,\ \mu>0,\ |\mu|>|\lambda|$

図 4.6

型 II　方程式(4.69)を書き下すと

$$\frac{dx_1}{dt} = \lambda x_1 + x_2, \quad \frac{dx_2}{dt} = \lambda x_2 \tag{4.72}$$

II-1.　rank $A=1$ の場合($\lambda=0$):　(4.72)を解いて $x_2=c_2$, $x_1=c_2t+c_1$. したがって，解は横軸に平行な直線である(図4.7).

解の運動速度(と向き)は x_2 座標で定まる($x_2=0$ のときは“点”になる).

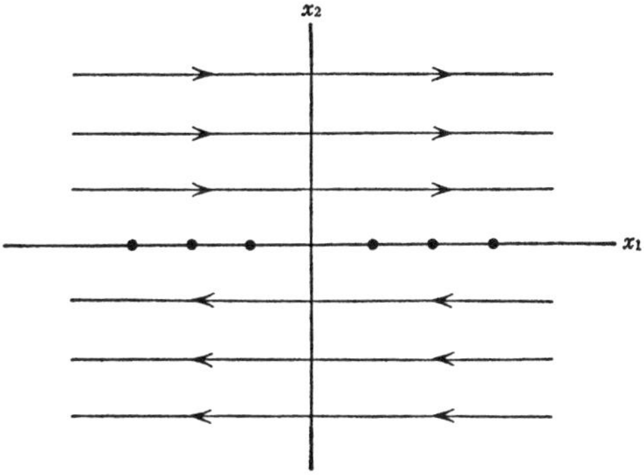

図 4.7　$\lambda=0$

II-2.　rank $A=2$ の場合($\lambda\neq 0$):　(4.72)の第2式より $x_2=c_2e^{\lambda t}$. これを第1式に代入して $dx_1/dt=\lambda x_1+c_2e^{\lambda t}$. すなわち，$x_1=(c_2t+c_1)e^{\lambda t}$. パラメータ t を消去すれば解曲線が

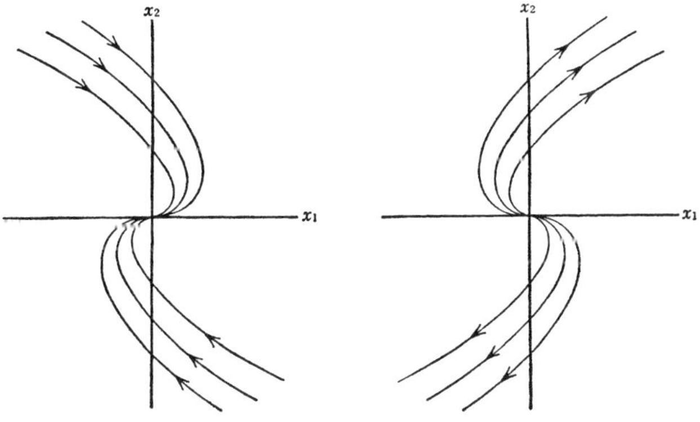

(a)　$\lambda<0$　　(b)　$\lambda>0$

図 4.8

$$x_1 = \frac{1}{\lambda} x_2 \log|x_2| + c x_2$$

で与えられることがわかる(図 4.8).

型 III　方程式(4.70)を書き下すと

$$\frac{dx_1}{dt} = \mu x_1 - \nu x_2, \quad \frac{dx_2}{dt} = \nu x_1 + \mu x_2 \qquad (\nu \neq 0) \tag{4.73}$$

となる．(4.73)の第1式に x_1 を掛け第2式に x_2 を掛けたものを辺々加えると

$$\frac{d}{dt}(x_1{}^2 + x_2{}^2) = 2\mu(x_1{}^2 + x_2{}^2). \tag{4.74}$$

さらに，(4.73)の第1式に x_2 を掛けたものから第2式に x_1 を掛けたものを辺々引けば

$$\frac{d}{dt}\left(\frac{x_2}{x_1}\right) = \nu\left(1 + \frac{x_2{}^2}{x_1{}^2}\right) \tag{4.75}$$

を得る．ここで変数変換 $x_1 = r\cos\theta$，$x_2 = r\sin\theta$ を行なえば，(4.74)，(4.75)は

$$\frac{dr}{dt} = \mu r, \quad \frac{d}{dt}\tan\theta = \nu(1 + \tan^2\theta) \tag{4.76}$$

となる．これを解いて

$$r = c_1 e^{\mu t}, \qquad \theta = \nu t + c_2$$

を得る．(この場合は，$\nu \neq 0$ なのでつねに rank $A = 2$ である．)

III-1.　$\mu = 0$ の場合：　$r = c_1$ であるから，解は原点を中心とする**同心円**である(図 4.9).

III-2.　$\mu \neq 0$ の場合：　解は**対数螺線**である(図 4.10).

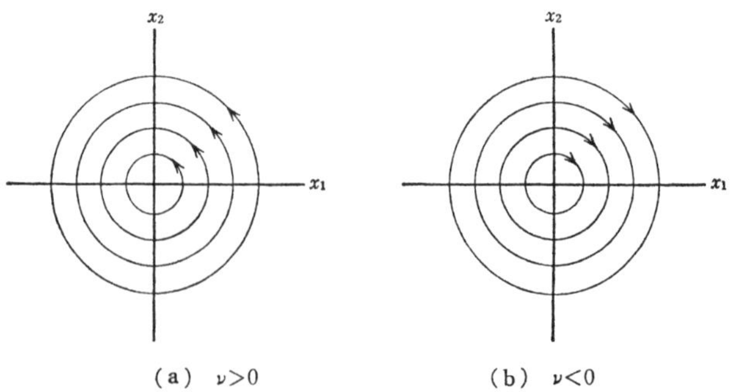

(a)　$\nu > 0$　　　　(b)　$\nu < 0$

図 4.9　$\mu = 0$

§4.8 行列 $f(A)$ のジョルダン標準形

(a) $\mu>0, \nu>0$
(b) $\mu<0, \nu<0$
(c) $\mu<0, \nu>0$
(d) $\mu>0, \nu<0$

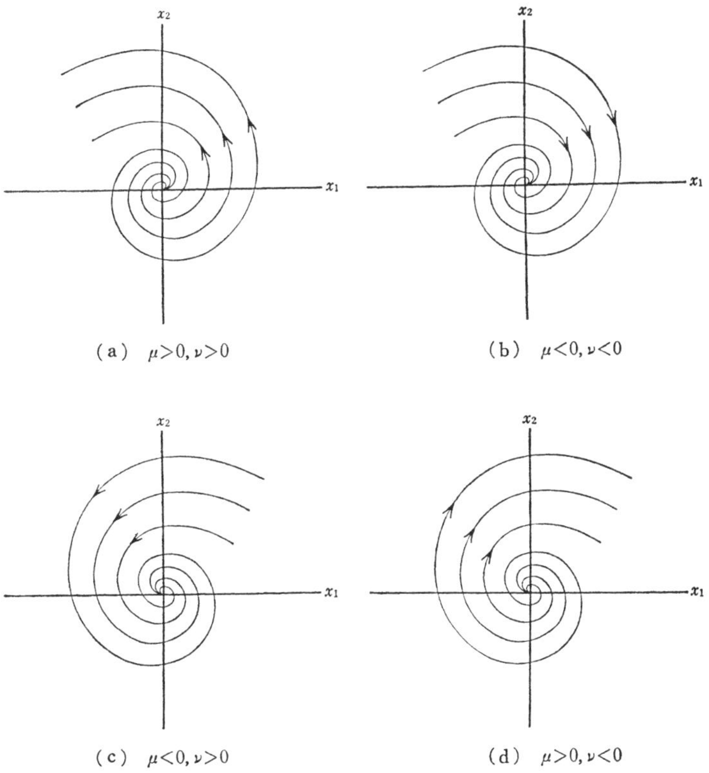

図 4.10

§4.8 行列 $f(A)$ のジョルダン標準形

A を n 次の正方行列, $f(x)$ を A のスペクトル Σ_A 上で値をもつ任意の関数とするとき, 行列関数 $f(A)$ のジョルダン標準形を A のジョルダン標準形をもとにして求めることを考えよう. A と $f(A)$ のジョルダン標準形を同一の変換行列を用いて同時に達成することは一般に不可能であるが, A のジョルダン標準形に現われる細胞の組が与えられたとき, それをもとに $f(A)$ のジョルダン標準形に現われる細胞の組を構成することは比較的容易である. このとき, $f(A)$ を $f(A)$ のジョルダン標準形に移す変換行列も, A を A のジョルダン標準形に移す変換行列から出発して計算することができる.

Aのジョルダン標準形

$$S^{-1}AS = J_1 \oplus \cdots \oplus J_s \qquad (J_i = J(p_i, \lambda_i)) \tag{4.77}$$

が与えられたとしよう．すると，定理4.14と例4.13により

$$\begin{aligned} S^{-1}f(A)S &= f(J_1 \oplus \cdots \oplus J_s) \\ &= f(J_1) \oplus \cdots \oplus f(J_s) \end{aligned} \tag{4.78}$$

となるので，$f(A)$のジョルダン標準形を求めるには$f(J_1), \cdots, f(J_s)$の各々のジョルダン標準形を計算してその直和を作ればよい．例4.12により，各$i=1, \cdots, s$に対して

$$f(J_i) = \begin{bmatrix} f(\lambda_i) & \dfrac{f'(\lambda_i)}{1!} & \dfrac{f''(\lambda_i)}{2!} & \cdots & \dfrac{f^{(p_i-1)}(\lambda_i)}{(p_i-1)!} \\ & f(\lambda_i) & \dfrac{f'(\lambda_i)}{1!} & \ddots & \vdots \\ & & \ddots & \ddots & \dfrac{f''(\lambda_i)}{2!} \\ & & & \ddots & \dfrac{f'(\lambda_i)}{1!} \\ O & & & & f(\lambda_i) \end{bmatrix}$$

であることに注意すれば，まず$f(J_i)$の固有値は$f(\lambda_i), \cdots, f(\lambda_i)$（$p_i$個）であることがわかる．そこで，すべての$j=1, \cdots, p_i-1$に対して$f^{(j)}(\lambda_i)=0$である場合とそうでない場合にわける．前者の場合には，$f(J_i)$はこのままでジョルダン標準形になっている．細胞はp_i個の1次行列

$$[f(\lambda_i)], \cdots, [f(\lambda_i)] \qquad (p_i\text{個}) \tag{4.79}$$

である．後者の場合には$f^{(j)}(\lambda_i) \neq 0$であるものが存在するから，そのような最小の$j$を$l_i$とし$(1 \leq l_i \leq p_i-1)$，$p_i$を$l_i$で割った商を$q_i$とし余りを$r_i$とする：

$$p_i = q_i l_i + r_i \qquad (0 \leq r_i < l_i). \tag{4.80}$$

$F_i = f(J_i) - f(\lambda_i)E_i$（$E_i$は$p_i$次の単位行列）とおくと，$F_i$は

$$F_i = \begin{bmatrix} 0 & \cdots & 0 & a_i & & * \\ & \ddots & & \ddots & \ddots & \\ & & \ddots & & \ddots & a_i \\ & & & \ddots & & 0 \\ & O & & & \ddots & \vdots \\ & & & & & 0 \end{bmatrix} \qquad (a_i \equiv f^{(l_i)}(\lambda_i)/l_i! \neq 0)$$

という形の行列である．$a_i \neq 0$ であるから $\mathrm{rank}\, F_i = p_i - l_i$ である．さらに，

$$F_i{}^2 = \begin{bmatrix} 0 & \cdots & 0 & a_i{}^2 & & * \\ & \ddots & & \ddots & \ddots & \\ & & \ddots & & \ddots & a_i{}^2 \\ & & & \ddots & & 0 \\ & O & & & \ddots & \vdots \\ & & & & & 0 \end{bmatrix}$$

で，したがって，$\mathrm{rank}\, F_i{}^2 = p_i - 2l_i$．さらに，$\mathrm{rank}\, F_i{}^3 = p_i - 3l_i, \cdots$，$\mathrm{rank}\, F_i{}^{q_i} = p_i - q_i l_i$；$F_i{}^k = O\,(k > q_i)$ である．ゆえに，

$$\begin{aligned} \mathrm{null}\,(f(J_i) - f(\lambda_i)E_i)^k &= kl_i \qquad (k = 1, \cdots, q_i), \\ &= p_i \qquad (k > q_i). \end{aligned}$$

を得る．したがって，§3.1の7)により，行列$f(J_i)$のジョルダン標準形におけるジョルダン細胞は，(4.80)において$r_i = 0$のときには

$$J(q_i, f(\lambda_i)), \cdots, J(q_i, f(\lambda_i)) \qquad (l_i \text{ 個}) \tag{4.81}$$

であり，$r_i > 0$のときには

$$\left.\begin{array}{ll} J(q_i+1, f(\lambda_i)), \cdots, J(q_i+1, f(\lambda_i)) & (r_i \text{ 個}) \\ J(q_i, f(\lambda_i)), \cdots, J(q_i, f(\lambda_i)) & (l_i - r_i \text{ 個}) \end{array}\right\} \tag{4.82}$$

である．このような操作をすべての$i = 1, \cdots, s$に対して行ない，その過程で得られた(4.79)または(4.81)あるいは(4.82)のジョルダン細胞を集めたものが行列$f(A)$のジョルダン標準形における細胞を構成する．$f(A)$を$f(A)$のジョルダン標準形に移す変換行列Tを求めるには，各々の$f(J_i)$を$f(J_i)$のジョルダン標準形に移す変換行列R_iを求めて$R = R_1 \oplus \cdots \oplus R_s$とおき$T = SR$とすればよい．ただし，$S$は(4.77)における行列$A$の変換行列である．

注意 4.15 上記の導き方からわかるように，行列$f(A)$のジョルダン細胞は一般に行

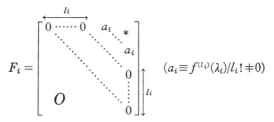

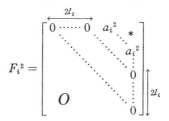

列Aのジョルダン細胞の各々をさらにいくつかのジョルダン細胞に“細分”することによって得られる．詳しくいうと，Aのジョルダン細胞を$J(p_1, \lambda_1), \cdots, J(p_s, \lambda_s)$としたとき，$f(A)$のジョルダン細胞は

$$J(p_{11}, f(\lambda_1)), \cdots, J(p_{1m_1}, f(\lambda_1)) \qquad (p_{11}+\cdots+p_{1m_1}=p_1),$$
$$J(p_{21}, f(\lambda_2)), \cdots, J(p_{2m_2}, f(\lambda_2)) \qquad (p_{21}+\cdots+p_{2m_2}=p_2),$$
$$\cdots\cdots\cdots\cdots\cdots\cdots\cdots\cdots\cdots\cdots$$
$$J((p_{s1}, f(\lambda_s), \cdots, J(p_{sm_s}, f(\lambda_s)) \qquad (p_{s1}+\cdots+p_{sm_s}=p_s)$$

ということになる．

例 4.28 第3章例3.4の行列Aを例にとろう．Aのジョルダン細胞は

$$J(2, -1), \ J(2, 2)$$

の二つである．$f(x)=x^2+2x$とすると$f(-1)=-1$，$f'(-1)=0$であるので，Aの細胞$J(2, -1)$から$f(A)=A^2+2A$の細胞$J(1, -1)$，$J(1, -1)$が得られる．また，$f(2)=8$，$f'(2)=6$であるので，Aの細胞$J(2, 2)$からは$f(A)$の細胞$J(2, 8)$が得られる．したがって，$f(A)$のジョルダン細胞は$J(1, -1), J(1, -1)$, $J(2, 8)$の3個である．▌

一般に，行列Aのジョルダン細胞が$J(p_1, \lambda_1), \cdots, J(p_s, \lambda_s)$であるとき，細胞の個数$s$と次数$p_1, \cdots, p_s$の組$(s; p_1, \cdots, p_s)$を$A$の**ジョルダン型**という．二つのジョルダン型$(s; p_1, \cdots, p_s)$と$(m_1+\cdots+m_s; p_{11}, \cdots, p_{1m_1}, \cdots, p_{s1}, \cdots, p_{sm_s})$が$p_1=p_{11}+\cdots+p_{1m_1}, \cdots, p_s=p_{s1}+\cdots+p_{sm_s}$を満たすとき，後者を前者の**細分**であるという．$f(A)$のジョルダン型はAのジョルダン型の細分である．行列Aと$f(A)$のジョルダン型が一致するための条件は次の定理で与えられる．

定理 4.24 行列Aと$f(A)$のジョルダン型が一致するための必要十分条件は，Aの最小多項式を

$$\phi_A(x) = (x-\lambda_1)^{m_1} \cdots (x-\lambda_t)^{m_t} \qquad (i \neq j \text{ のとき } \lambda_i \neq \lambda_j)$$

としたとき，すべての$i=1, \cdots, t$に対して$m_i>1$なら$f'(\lambda_i) \neq 0$となっていることである．

証 Aのジョルダン細胞$J_i=J(p_i, \lambda_i)$の各々に対してJ_iと$f(J_i)$のジョルダン型が一致するための条件を求めればよい．そのためには，(4.80)において$l_i=1$，$r_i=0$であることが必要十分である．これは注意3.11により$m_i>1$の

ときには $f'(\lambda_i)\neq 0$ であることと等価である. ▌

例 4.29 正則行列 A の逆行列 A^{-1} のジョルダン型を考えよう. 例4.17により $f(x)=1/x$ とおくと $A^{-1}=f(A)$ であるが, A の任意の固有値 λ(A が正則であるため $\lambda\neq 0$)に対して $f'(\lambda)=-1/\lambda^2\neq 0$. ゆえに, 定理4.24により A と A^{-1} のジョルダン型は一致する. ▌

例 4.30 $f(x)=ax+b\,(a\neq 0)$ に対して $f(A)=aA+bE$. 任意の x に対して $f'(x)=a\neq 0$ であるから, A と $aA+bE$ のジョルダン型は一致する. ▌

例 4.31 行列 A と転置行列 A^T はジョルダン型のみならずジョルダン細胞そのものが一致する. これを示すのに, A^T が $f(A)$ の形には表わされないので, 定理4.24を用いることはできない. 第3章で述べた単因子に基づく方法によればよい(A と A^T の単因子は一致する!). このことは A と A^T とが相似変換で結ばれることも意味していることに注意. ▌

第4章の問題

問題 1 次の行列Aに対して A^m と e^{tA} を求めよ.

$$1)\ \begin{bmatrix} 1 & 0 & 4 \\ 2 & 4 & -3 \\ -2 & -1 & 6 \end{bmatrix} \qquad 2)\ \begin{bmatrix} 4 & 1 & -2 \\ 2 & 4 & -3 \\ 4 & 2 & -2 \end{bmatrix}$$

問題 2 ある正整数 m に対して $A^m=E$ であればAは対角化可能行列であることを示せ.

問題 3 次の差分方程式を解け. ただし, $x_1(0)=x_2(0)=x_3(0)=1$.

$$\begin{aligned} x_1(m+1) &= -3x_1(m)-x_2(m)-x_3(m), \\ x_2(m+1) &= x_1(m)+2x_3(m), \\ x_3(m+1) &= -x_1(m)-2x_2(m)-4x_3(m). \end{aligned}$$

問題 4 次の微分方程式を解け. ただし, $x_1(0)=x_2(0)=x_3(0)=1$.

$$\begin{aligned} \frac{d}{dt}x_1(t) &= -2x_1(t)-4x_2(t)+4x_3(t), \\ \frac{d}{dt}x_2(t) &= 4x_1(t)+7x_2(t)-5x_3(t), \\ \frac{d}{dt}x_3(t) &= 4x_1(t)+5x_2(t)-3x_3(t). \end{aligned}$$

問題 5 Gを任意の正定値エルミート行列とする．二つのG-正規行列A, Bが，$S^*GS=E$であるようなある正則行列Sによる相似変換によって同時に対角化できる($S^{-1}AS, S^{-1}BS$が対角行列になる)ための必要十分条件はAとBが交換可能であることである．これを証明せよ．

問題 6 $f_1(x)=x^{-1}, f_2(x)=\sqrt{x}, f_3(x)=\log x$とする．行列

$$A=\begin{bmatrix} a & 1 & 0 \\ 0 & a & 1 \\ 0 & 0 & a \end{bmatrix} \qquad (a \neq 0)$$

に対して$f_1(A), f_2(A), f_3(A)$を求めよ．

問題 7 次の行列Aに対して$\lim_{m\to\infty} A^m$が存在するかどうかを判定し，存在するならばそれを求めよ．

$$1)\ \begin{bmatrix} -1 & 1 & 3 \\ 0 & 1 & 6 \\ -1 & 1 & -1 \end{bmatrix} \qquad 2)\ \begin{bmatrix} \frac{1}{12} & \frac{1}{12} & -\frac{1}{12} \\ \frac{11}{12} & -\frac{1}{12} & \frac{1}{12} \\ \frac{1}{3} & \frac{1}{3} & \frac{2}{3} \end{bmatrix} \qquad 3)\ \begin{bmatrix} \frac{3}{2} & -\frac{1}{2} & -\frac{1}{2} \\ \frac{1}{2} & \frac{1}{2} & -\frac{1}{2} \\ \frac{1}{2} & -\frac{1}{2} & \frac{1}{2} \end{bmatrix}$$

問題 8 A, Bを交換可能なn次の対角化可能行列とする．A, Bの固有値をそれぞれ$\alpha_1, \cdots, \alpha_n; \beta_1, \cdots, \beta_n$とするとき，$f(\alpha_1)=\beta_1, \cdots, f(\alpha_n)=\beta_n$なる$x$の任意の多項式を$f(x)$とすれば$f(A)=B$であることを証明せよ．

問題 9 n次正方行列Aが

$$\lim_{m\to\infty} \frac{A^m}{m} = O$$

を満たすとき，極限

$$\lim_{m\to\infty} \frac{1}{m+1} \sum_{k=0}^{m} A^k = B$$

が存在することを示し，Bは$AB=B$を満たすことを証明せよ．

問題 10

$$R(\theta)=\begin{bmatrix} \cos\theta & -\sin\theta \\ \sin\theta & \cos\theta \end{bmatrix}$$

と定義するとき，n次の直交行列Aは$R(\theta_1)\oplus\cdots\oplus R(\theta_t)\oplus E_p\oplus(-E_q)$の形の行列と相似であることを示せ($2t+p+q=n$)．ただし，$E_r$は$r$次の単位行列である．

問題 11 右の行列をAとする．$\alpha_1\alpha_n=\alpha_2\alpha_{n-1}=\cdots=\alpha_{i+1}\alpha_{n-i}=\alpha_n\alpha_1$であれば$A$は対角化可能行列であることを示せ．

$$\begin{bmatrix} O & & \alpha_1 \\ & \alpha_2 & \\ \alpha_n & & O \end{bmatrix}$$

第5章　ジョルダン標準形の構造安定性

§5.1　摂動行列

いままで n 次行列 A のジョルダン標準形について述べて来たが，行列 A からそのジョルダン標準形 J をつくる操作は，“連続量”である A の成分から“離散量”である J の細胞の個数と次数(A のジョルダン型)を決定するという過程を含んでいるため，A の成分の微小な変動に対して J の細胞の個数と次数は“ほとんどすべての場所で”変化しないものの，所々で不連続的に変化するという現象が起こる．たとえば，零行列の各成分に微小変動を加えると，変動がいくら小さくても，どんな個数と次数の細胞をもつジョルダン標準形でも生起する可能性がある．

行列 A の成分を微小に変動させることを**摂動**とよぶ．行列 A がある物理系・工学系の数学モデルとして使われている場合には，行列 A の各成分の値はその物理系・工学系を構成する要素や“構造”に関するある種の測定によって定められたものであろうから，測定誤差の影響で摂動が不可避的に起こる．また，第3章の注意3.1でも述べたように，A のジョルダン標準形を数値的に求める過程においても，数値計算に伴なう不可避的な丸め誤差の影響で A の摂動と等価な現象が起こり得る．したがって，行列 A のある性質がもとの物理系・工学系に対して意味をもつためには，その性質が A の摂動に対して安定であるかどうか，あるいは，安定でなければどのような変化を受けるかを調べておく必要がある．とくに，ジョルダン標準形に対するこの種の問題をジョルダン標準形の**構造安定性**の問題とよぶ．

ジョルダン標準形の構造安定性に関する基本的性質を調べるためには，次の

ような種類の摂動だけを考えれば十分である．すなわち，F を任意の定数行列とするとき，摂動のパラメータ ε(複素数)を用いて表わされる行列 $F(\varepsilon)=\varepsilon F$ を**摂動行列**とよび，$A+F(\varepsilon)$ を摂動 $F(\varepsilon)=\varepsilon F$ が A に加わった結果の行列であるとみなす．ここに，F は摂動の“方向”を定めるとみなされるので，F を**摂動方向行列**とよぶ．また，$F(0)=O$(零行列)であり，ε が微小であるとき $F(\varepsilon)$ の各成分も微小である．以下では，微小な摂動だけを考えるので，十分小さなある正数 $\rho>0$ に対して $|\varepsilon|\leq\rho$ なる範囲の ε だけを考えればよい．ε が実際にどのような値をとるかは一般に未知であるから，行列 A のジョルダン標準形が構造安定であるかどうかということは，「$A+F(\varepsilon)$ のジョルダン標準形が——ε が $|\varepsilon|\leq\rho$ の範囲のどの値をとるかによらずに——同一のままにとどまるかどうか」ということであるとする．

§5.2　一般固有ベクトル空間の摂動

本節では，ジョルダン標準形そのものの構造安定性について考える前に，$A+F(\varepsilon)$ の一般固有ベクトル空間が $\varepsilon\to 0$ のときどのように振舞うか，あるいは，それが A の一般固有ベクトル空間とどのような関係を有するかについて調べてみよう．そのために，一般固有ベクトル空間に対応する射影子 P_i に対して，行列多項式による表現(第2章定理2.18の証明参照)とは別のもう一つの表現を導入する．

n 次行列 A に対して，パラメータ y(複素数)の有理式を成分とする行列 $R(y)$

$$R(y)=(A-yE)^{-1} \tag{5.1}$$

を A の**レゾルベント**という．A のすべての相異なる固有値を $\lambda_1, \cdots, \lambda_s$ とすると $A-yE$ の相異なる固有値は $\lambda_1-y, \cdots, \lambda_s-y$ であるから，行列 $R(y)$ は A のスペクトル $\Sigma_A=\{\lambda_1, \cdots, \lambda_s\}$ に属さないすべての複素数 y に対して定義され，しかも正則である(例2.9参照)．

レゾルベントの重要な性質の一つは，次の**レゾルベント方程式**が成り立つことである：

$$R(y_1)-R(y_2)=(y_1-y_2)R(y_1)R(y_2) \tag{5.2}$$

このことは，(5.2)の左辺が $R(y_1)(A-y_2E)R(y_2)-R(y_1)(A-y_1E)R(y_2)$ に等しいことから容易にわかる．($R(y_1)$ と $R(y_2)$ が交換可能であることにも注意)．

定理5.1 $R(y)$ の各成分は A のスペクトル Σ_A に属さない任意の点においてyの正則関数である.

証 $y_0 \notin \Sigma_A$ ならば $y_0 \in C$, $C \cap \Sigma_A = \emptyset$ なる開集合 C が存在する. $y \in C$ $(y \neq y_0)$ なる任意の点 y に対して, (5.2)で $y_1 = y, y_2 = y_0$ とおけば

$$\frac{R(y)-R(y_0)}{y-y_0} = R(y)R(y_0). \tag{5.3}$$

一方, (5.3)の右辺の $R(y)$ の各成分は y の有理関数であるから, $R(y)$ は y に関して連続である. したがって,

$$\left.\frac{dR(y)}{dy}\right|_{y=y_0} = \lim_{y\to y_0}\frac{R(y)-R(y_0)}{y-y_0} = (\lim_{y\to y_0} R(y))R(y_0) = R(y_0)R(y_0).$$

すなわち, $R(y)$ は $y=y_0$ において微分可能である. y_0 は Σ_A に属さない任意の点であったから, 定理が成立する. ▌

さて, A の最小多項式を $\psi_A(x) = (x-\lambda_1)^{m_1}\cdot\cdots\cdot(x-\lambda_s)^{m_s}$ とする. A のスペクトル Σ_A 上で値をもつ任意の関数 $f(x)$ に対して

$$f(A) = \sum_{k=1}^{s}[f(\lambda_k)Z_{k1}+f'(\lambda_k)Z_{k2}+\cdots+f^{(m_k-1)}(\lambda_k)Z_{km_k}] \tag{5.4}$$

が成立する. ここに, Z_{kj} は $f(x)$ によらず A だけによって定まる行列である(§4.4の(4.47)式を参照). いままでと同様, $1/\psi_A(x)$ を

$$\frac{1}{\psi_A(x)} = \frac{u_1(x)}{(x-\lambda_1)^{m_1}}+\cdots+\frac{u_s(x)}{(x-\lambda_s)^{m_s}} \tag{5.5}$$

と部分分数展開して, $g_k(x) = \psi_A(x)/(x-\lambda_k)^{m_k}$, $p_k(x) = u_k(x)g_k(x)$ とおこう. (5.5)の両辺に $\psi_A(x)$ を乗じると

$$1 = u_1(x)g_1(x)+\cdots+u_s(x)g_s(x) = p_1(x)+\cdots+p_s(x)$$

となる. この式およびこの式を x に関して適当な回数微分した式において $x = \lambda_1, \cdots, \lambda_s$ とおけば, $p_k(\lambda_k)=1$, $p_k^{(j)}(\lambda_k)=0$ $(j=1,\cdots,m_k-1)$, $p_k^{(j)}(\lambda_l)=0$ $(l\neq k,$ $j=0,1,\cdots,m_l-1)$ となるので, $f(x)=p_k(x)$ に対する(5.4)式から

$$p_k(A) = Z_{k1} \qquad (k=1,\cdots,s) \tag{5.6}$$

を得る. 一方, 固有値 λ_k に属する A の一般固有ベクトル空間を Ω_k $(k=1,\cdots,s)$ とし, $\Omega_1\oplus\cdots\oplus\Omega_{k-1}\oplus\Omega_{k+1}\oplus\cdots\oplus\Omega_s$ に沿った Ω_k への射影子を P_k とすると, 定理2.18の証明で述べたように, $P_k = p_k(A)$ である. ゆえに

$$Z_{k1} = P_k. \tag{5.7}$$

次に，$f(x)=1/(x-y)$ とおけば，例4.17により，A のレゾルベント $R(y)$ は $R(y)=f(A)$ と表わされる．$f^{(j)}(x)=(-1)^j j!/(x-y)^{j+1}$ であることに注意して，(5.4)を用いると

$$R(y)=\sum_{k=1}^{s}\sum_{j=1}^{m_k}\frac{\tilde{Z}_{kj}}{(\lambda_k-y)^j} \tag{5.8}$$

が得られる．ただし，$\tilde{Z}_{kj}=(-1)^{j-1}(j-1)!Z_{kj}$ とおいた．そこで，Γ_l を固有値 λ_l のみを内部に含みそれ以外の固有値を含まない任意の閉曲線(向きは反時計廻り)とすれば，複素関数論における留数の定理によって

$$\begin{aligned}-\frac{1}{2\pi i}\int_{\Gamma_l}R(y)dy &= -\sum_{k=1}^{s}\sum_{j=1}^{m_k}\tilde{Z}_{kj}\left\{\frac{1}{2\pi i}\int_{\Gamma_l}\frac{1}{(\lambda_k-y)^j}dy\right\}\\ &= \tilde{Z}_{l1}=Z_{l1}\end{aligned}$$

であるから，(5.7)と併せて，射影子 P_k をレゾルベント $R(y)$ で表わす式

$$P_k=-\frac{1}{2\pi i}\int_{\Gamma_k}R(y)dy \tag{5.9}$$

を得る(i は虚数単位：$i=\sqrt{-1}$)．

さて，ここで，$F(\varepsilon)=\varepsilon F$ を§5.1で定義した摂動行列として，$A+\varepsilon F$ の一般固有ベクトル空間に対する射影子が $\varepsilon\to 0$ としたときどのように振舞うかについて調べよう．まず，εF は $\varepsilon\to 0$ のとき零行列に近づくので，$A+\varepsilon F$ の特性多項式は A の特性多項式に近づき，従って $A+\varepsilon F$ の固有値は $\varepsilon\to 0$ のとき A の固有値 $\lambda_1, \cdots, \lambda_s$ のいずれか一つに近づく．そこで，$A+\varepsilon F$ のすべての相異なる固有値を，$\varepsilon\to 0$ のとき A のどの固有値に収束するかに従って分類したものを

$$\begin{gathered}\lambda_{11}(\varepsilon), \lambda_{12}(\varepsilon), \cdots, \lambda_{1p_1}(\varepsilon);\\ \lambda_{21}(\varepsilon), \lambda_{22}(\varepsilon), \cdots, \lambda_{2p_2}(\varepsilon);\\ \cdots\cdots\cdots\\ \lambda_{s1}(\varepsilon), \lambda_{s2}(\varepsilon), \cdots, \lambda_{sp_s}(\varepsilon)\end{gathered}$$

と書く($\varepsilon\to 0$ のとき $\lambda_{kj}(\varepsilon)\to\lambda_k$ $(k=1,\cdots,s; j=1,\cdots,p_k)$)．$\lambda_{kj}(\varepsilon)$ の重複度を h_{kj} とすれば，$h_{k1}+\cdots+h_{kp_k}=h_k$ (h_k は A の固有値 λ_k の重複度)である．$\lambda_{kj}(\varepsilon)$ に属する $A+\varepsilon F$ の一般固有ベクトル空間を $\Omega_{kj}(\varepsilon)$ で表わし，この $\Omega_{kj}(\varepsilon)$ を除いたすべての $\Omega_{il}(\varepsilon)$ ($i\neq k$ または $i=k$ かつ $j\neq l$) の直和に沿って $\Omega_{kj}(\varepsilon)$ 上へ射影する射影子を $P_{kj}(\varepsilon)$ で表わす．$\mathrm{Im}P_{kj}(\varepsilon)=\Omega_{kj}(\varepsilon)$ であるから，$P_{kj}(\varepsilon)$ が $\varepsilon\to 0$ の

ときどのように振舞うかを調べれば，$\Omega_{kj}(\varepsilon)$ が $\varepsilon\to 0$ のときどのように振舞うかがわかる．

いま，$P_k(\varepsilon)$ を

$$P_k(\varepsilon) = P_{k1}(\varepsilon)+\cdots+P_{kp_k}(\varepsilon) \tag{5.10}$$

と定義すれば，明らかに，$P_k(\varepsilon)$ は一般固有ベクトル空間の直和 $\Omega_{k1}(\varepsilon)\oplus\cdots\oplus\Omega_{kp_k}(\varepsilon)$ の上へ――それ以外のすべての一般固有ベクトル空間の直和に沿って――射影する射影子であり，$\mathrm{rank}\,P_k(\varepsilon)=\mathrm{rank}\,P_{k1}(\varepsilon)+\cdots+\mathrm{rank}\,P_{kp_k}(\varepsilon)=h_{k1}+\cdots+h_{kp_k}=h_k$ である．

定理 5.2 射影子 $P_k(\varepsilon)$ の各成分は，$\rho_0>0$ が十分小さなある正数であるとき，$|\varepsilon|\le\rho_0$ において ε の正則関数である $(k=1,\cdots,s)$．さらに，$\varepsilon\to 0$ のとき，$P_k(\varepsilon)$ は固有値 λ_k に対応する A の射影子 P_k に収束する．

証 $A(\varepsilon)=A+\varepsilon F$ とおき，$A(\varepsilon)$ のレゾルベント

$$R(y,\varepsilon) = (A(\varepsilon)-yE)^{-1} \tag{5.11}$$

を考える．任意の $y\notin\Sigma_A$ (Σ_A は A のスペクトル) に対して，$R(y)$ は定義されるから

$$A(\varepsilon)-yE = A-yE+\varepsilon F = (E+\varepsilon FR(y))(A-yE) \tag{5.12}$$

が成り立つ．ところで，$A(\varepsilon)$ の固有値は $\varepsilon\to 0$ のとき A の固有値に収束するから，十分小なる $|\varepsilon|\le\rho_1$ $(\rho_1>0)$ に対して $A(\varepsilon)-yE$ の固有値は 0 でない ($y\notin\Sigma_A$ だから)，すなわち，$A(\varepsilon)-yE$ は正則行列である．したがって，$A(\varepsilon)-yE$ の逆行列が存在し，そして(5.12)により

$$R(y,\varepsilon) = R(y)(E+\varepsilon FR(y))^{-1} \tag{5.13}$$

が存在する．いま，Λ を Σ_A と共通部分をもたない任意のコンパクトな集合とすると，$R(y)$ の (i,j) 成分 $r_{ij}(y)$ は Λ において y の連続関数(定理 5.1)であり，有界である．すなわち，ある定数 $M>0$ に対して $|r_{ij}(y)|\le M$ $(y\in\Lambda\,;\,i,j=1,\cdots,n)$．したがって，$-\varepsilon FR(y)$ の (i,j) 成分を $e_{ij}(y,\varepsilon)$ とすれば，任意の $f_0>0$ に対して，ある正数 $\rho_0>0$ が存在し，$y\in\Lambda$，$|\varepsilon|\le\rho_0$ ならば

$$|e_{ij}(y,\varepsilon)| \le nf_0M$$

である．そこで，$-\varepsilon FR(y)$ の任意の固有値を ν，固有ベクトルを $[u_1,\cdots,u_n]^T$ とすると，$nf_0M(|u_1|+\cdots+|u_n|)\ge|\nu|\cdot|u_i|$ $(|u_i|=\max(|u_1|,\cdots,|u_n|)>0)$ であるから，$n^2f_0M\ge|\nu|$ を得る．f_0 は任意であったから，f_0 を $n^2f_0M=1/2$ なるよう

に定めることができる．すると，$-\varepsilon FR(y)$ の固有値の絶対値は 1/2 以下である($\forall|\varepsilon|\le\rho_0, \forall y\in\Lambda$ に対して一様有界!)．そこで，例 4.21 の結果を用いれば，(5.13)右辺の $(\cdots)^{-1}$ を行列級数の形に展開することができて

$$R(y,\varepsilon)=R(y)\sum_{i=0}^{\infty}(-\varepsilon FR(y))^i$$
$$=R(y)+\sum_{i=1}^{\infty}\varepsilon^i R^{(i)}(y) \tag{5.14}$$

を得る．ただし，

$$R^{(i)}(y)=(-1)^i R(y)\overbrace{FR(y)FR(y)\cdots FR(y)}^{2i\text{個}(i\text{組})}. \tag{5.15}$$

上で述べた $-\varepsilon FR(y)$ の固有値の一様有界性から，(5.14)は $|\varepsilon|\le\rho_0$，$y\in\Lambda$ に対して一様収束をする(したがって，$R(y,\varepsilon)$ は $|\varepsilon|\le\rho_0$ において ε の正則関数である)．そこで，$A(\varepsilon)$ の固有値 $\lambda_{kj}(\varepsilon)$ を内部に含みそれ以外の固有値はすべて外部にあるような閉曲線(反時計廻り)を一つ選んで $\Gamma_{kj}(\varepsilon)$ とし，さらに，$\lambda_{k1}(\varepsilon)$, $\cdots, \lambda_{kp_k}(\varepsilon)$ を内部に含みそれ以外の固有値はすべて外部にあるような閉曲線(反時計廻り)を Γ_k としよう．(ε が十分小なるとき，Γ_k は ε によらないように選ぶことができる．$\Gamma_{kj}(\varepsilon)$ も Γ_k もコンパクトな集合である．) すると，(5.9)を行列 $A+F(\varepsilon)$ に対して適用した式と複素関数論における Cauchy の定理から

$$P_k(\varepsilon)=P_{k1}(\varepsilon)+\cdots+P_{kp_k}(\varepsilon)$$
$$=-\frac{1}{2\pi i}\int_{\Gamma_{k1}(\varepsilon)}R(y,\varepsilon)dy-\cdots-\frac{1}{2\pi i}\int_{\Gamma_{kp_k}(\varepsilon)}R(y,\varepsilon)dy$$
$$=-\frac{1}{2\pi i}\int_{\Gamma_k}R(y,\varepsilon)dy$$

という表式も得られる．この式に(5.14)を代入すると，Λ として曲線 Γ_k をとった場合を考えれば，上に述べた一様収束性から項別積分が可能で，

$$P_k(\varepsilon)=-\frac{1}{2\pi i}\int_{\Gamma_k}[R(y)+\sum_{l=1}^{\infty}\varepsilon^l R^{(l)}(y)]dy$$
$$=P_k+\sum_{l=1}^{\infty}\varepsilon^l P^{(l)}, \tag{5.16}$$
$$P^{(l)}=-\frac{1}{2\pi i}\int_{\Gamma_k}R^{(l)}(y)dy$$

となる．ここに，P_k は A の固有値 λ_k に属する一般固有ベクトル空間に対する射影子である．(5.16)の右辺は ε のベキ級数であるから，射影子 $P_k(\varepsilon)$ の各成

分は ε の正則関数であり $(|\varepsilon|\leq\rho_0)$, また, $\varepsilon\to 0$ のとき $P_k(\varepsilon)$ が P_k に収束することは明らかである. ▌

系 5.1 $A+\varepsilon F$ の一般固有ベクトル空間 $\Omega_{kj}(\varepsilon)$ $(j=1,\cdots,p_k)$ の直和 $\Omega_{k1}(\varepsilon)\oplus\cdots\oplus\Omega_{kp_k}(\varepsilon)$ と A の一般固有ベクトル空間 Ω_k とは次元が等しく, $\varepsilon\to 0$ のとき前者は後者に収束する $(k=1,\cdots,s)$.

証 $\mathrm{Im}\, P_k(\varepsilon)=\Omega_{k1}(\varepsilon)\oplus\cdots\oplus\Omega_{kp_k}(\varepsilon)$, $\mathrm{Im}\, P_k=\Omega_k$ かつ $\mathrm{rank}\, P_k(\varepsilon)=h_k=\mathrm{rank}\, P_k$ である. そこで, 定理 5.2 を用いればよい. ▌

定理 5.3 固有値 $\lambda_{kj}(\varepsilon)$ に属する $A+\varepsilon F$ の任意の固有ベクトル $\boldsymbol{u}(\varepsilon)=[u_1(\varepsilon),\cdots,u_n(\varepsilon)]^T$ $(|u_1(\varepsilon)|^2+\cdots+|u_n(\varepsilon)|^2=1)$ の $\varepsilon\to 0$ のときの集積点は, 固有値 λ_k に属する A の固有ベクトル空間の中にある $(k=1,\cdots,s\,;\,j=1,\cdots,p_k)$.

証 $\boldsymbol{u}(\varepsilon)=[u_1(\varepsilon),\cdots,u_n(\varepsilon)]^T$ $(|u_1(\varepsilon)|^2+\cdots+|u_n(\varepsilon)|^2=1)$ を固有値 $\lambda_{kj}(\varepsilon)$ に属する任意の固有ベクトルとすると,

$$(A+\varepsilon F-\lambda_{kj}(\varepsilon)E)\boldsymbol{u}(\varepsilon)=\boldsymbol{o}. \tag{5.17}$$

$|x_1|^2+\cdots+|x_n|^2=1$ を満たすベクトル $[x_1,\cdots,x_n]^T$ の全体はコンパクトな集合をなすから, 0 に収束する任意の数列 $\varepsilon_1,\varepsilon_2,\cdots\to 0$ に対して $\boldsymbol{u}(\varepsilon_1),\boldsymbol{u}(\varepsilon_2),\cdots$ は集積点をもつ. 任意の集積点を $\boldsymbol{u}_0=[u_1{}^0,\cdots,u_n{}^0]^T$ とすると, $|u_1{}^0|^2+\cdots+|u_n{}^0|^2=1$ すなわち $\boldsymbol{u}_0\neq\boldsymbol{o}$. そこで, $\lim_{j\to\infty}\boldsymbol{u}(\varepsilon_{l_j})=\boldsymbol{u}_0$ なる ε_k の部分列 $\varepsilon_{l_1},\varepsilon_{l_2},\cdots\to 0$ を一つとり, (5.17) において $\varepsilon=\varepsilon_{l_j}$ とおき $j\to\infty$ とすれば

$$(A-\lambda_k E)\boldsymbol{u}_0=\boldsymbol{o}.$$

ゆえに, $\boldsymbol{u}_0$ は λ_k に属する A の固有ベクトルである. すなわち, $A+\varepsilon F$ の固有ベクトル $\boldsymbol{u}(\varepsilon)$ の $\varepsilon\to 0$ のときの任意の集積点は A の固有ベクトルである. ▌

例 5.1 $n=2$ として

$$A=\begin{bmatrix}0 & 1\\ 0 & 0\end{bmatrix},\quad F=\begin{bmatrix}0 & 0\\ 1 & 0\end{bmatrix}$$

の場合を考えよう. A の固有値は 0(重根)で, $A+\varepsilon F$ の固有値は $\sqrt{\varepsilon}$ と $-\sqrt{\varepsilon}$ の二つである. 簡単な計算により, $\sqrt{\varepsilon}$ と $-\sqrt{\varepsilon}$ に対応する射影子 $P_{11}(\varepsilon)$, $P_{12}(\varepsilon)$ はそれぞれ

$$P_{11}(\varepsilon)=\begin{bmatrix}1/2 & 1/2\sqrt{\varepsilon}\\ \sqrt{\varepsilon}/2 & 1/2\end{bmatrix},\quad P_{12}(\varepsilon)=\begin{bmatrix}1/2 & -1/2\sqrt{\varepsilon}\\ -\sqrt{\varepsilon}/2 & 1/2\end{bmatrix}$$

で与えられることがわかる. 明らかに, $P_{11}(\varepsilon), P_{12}(\varepsilon)$ は $\varepsilon\to 0$ のとき発散する.

$\mathrm{Im}\,P_{11}(\varepsilon)\,(=\mathrm{Ker}\,P_{12}(\varepsilon))$ は $[1,\sqrt{\varepsilon}]^T$ の張る1次元ベクトル空間(固有値 $\sqrt{\varepsilon}$ に属する固有ベクトル空間)で，$\mathrm{Im}\,P_{12}(\varepsilon)(=\mathrm{Ker}\,P_{11}(\varepsilon))$ は $[1,-\sqrt{\varepsilon}]^T$ の張る1次元ベクトル空間(固有値 $-\sqrt{\varepsilon}$ に属する固有ベクトル空間)である．明らかに，$\varepsilon\to 0$ のとき $\mathrm{Im}\,P_{11}(\varepsilon)$, $\mathrm{Im}\,P_{12}(\varepsilon)$ はともに $[1,0]^T$ の張る1次元ベクトル空間(固有値0に属する A の固有ベクトル空間)に収束する．また $P_1(\varepsilon)=P_{11}(\varepsilon)+P_{12}(\varepsilon)$ (式(5.10)参照)は

$$P_1(\varepsilon)=\begin{bmatrix}1&0\\0&1\end{bmatrix}$$

となるから，定数行列(したがって，ε の正則関数でもある)である．$\mathrm{Im}\,P_1(\varepsilon)=K^2$ (全空間)であり，固有値0に属する A の一般固有ベクトル空間 $(=K^2)$ とも一致する．▌

例 5.2 同じく $n=2$ で

$$A=\begin{bmatrix}0&1\\0&0\end{bmatrix},\quad F=\begin{bmatrix}1&0\\0&0\end{bmatrix}$$

とすると，$A+\varepsilon F$ の固有値は ε と0で，固有ベクトルはそれぞれ $[1,0]^T$, $[1,-\varepsilon]^T$，射影子は

$$P_{11}(\varepsilon)=\begin{bmatrix}1&1/\varepsilon\\0&0\end{bmatrix},\quad P_{12}(\varepsilon)=\begin{bmatrix}0&-1/\varepsilon\\0&1\end{bmatrix}$$

である．この場合には，$\varepsilon\to 0$ のとき，$P_{11}(\varepsilon), P_{12}(\varepsilon)$ は発散するが，$P_1(\varepsilon)=P_{11}(\varepsilon)+P_{12}(\varepsilon)=\begin{bmatrix}1&0\\0&1\end{bmatrix}$ となる．また，$A+\varepsilon F$ の固有ベクトルはともに A の固有ベクトル $[1,0]^T$ に収束する．▌

例 5.3 $n=3$ として

$$A=\begin{bmatrix}0&1&0\\0&0&0\\0&0&1\end{bmatrix},\quad F=\begin{bmatrix}0&0&0\\1&0&0\\1&0&0\end{bmatrix}$$

の場合を考える．A の固有値は0(重根)と1(単根)であり，$A+\varepsilon F$ の固有値は $\sqrt{\varepsilon}, -\sqrt{\varepsilon}, 1$ の3個である．$\sqrt{\varepsilon}$ に属する $A+\varepsilon F$ の固有ベクトルは

$$\boldsymbol{u}_1(\varepsilon)=[1,\sqrt{\varepsilon},\varepsilon/(1-\varepsilon)]^T,$$

$-\sqrt{\varepsilon}$ に属する $A+\varepsilon F$ の固有ベクトルは

$$\boldsymbol{u}_2(\varepsilon)=[1,-\sqrt{\varepsilon},\varepsilon/(1-\varepsilon)]^T$$

で与えられる．また，1 に属する $A+\varepsilon F$ の固有ベクトルは $[0,\ 0,1]^T$ である．$\sqrt{\varepsilon}$, $-\sqrt{\varepsilon}$, 1 に対応する射影子 $P_{11}(\varepsilon), P_{12}(\varepsilon), P_{21}(\varepsilon)\equiv P_2(\varepsilon)$ はそれぞれ

$$P_{11}(\varepsilon)=\begin{bmatrix} 1/2 & 1/2\sqrt{\varepsilon} & 0 \\ \sqrt{\varepsilon}/2 & 1/2 & 0 \\ \varepsilon/2(\sqrt{\varepsilon}-1) & \sqrt{\varepsilon}/2(\sqrt{\varepsilon}-1) & 0 \end{bmatrix},$$

$$P_{12}(\varepsilon)=\begin{bmatrix} 1/2 & -1/2\sqrt{\varepsilon} & 0 \\ -\sqrt{\varepsilon}/2 & 1/2 & 0 \\ -\varepsilon/2(\sqrt{\varepsilon}+1) & \sqrt{\varepsilon}/2(\sqrt{\varepsilon}+1) & 0 \end{bmatrix},$$

$$P_{21}(\varepsilon)=\begin{bmatrix} 0 & 0 & 0 \\ 0 & 0 & 0 \\ \varepsilon/(1-\varepsilon) & \varepsilon/(1-\varepsilon) & 1 \end{bmatrix}$$

となる．$\varepsilon\to 0$ のとき $P_{11}(\varepsilon), P_{12}(\varepsilon)$ は発散するが，$P_{21}(\varepsilon)$ は収束する．一方，

$$P_1(\varepsilon)=P_{11}(\varepsilon)+P_{12}(\varepsilon)=\begin{bmatrix} 1 & 0 & 0 \\ 0 & 1 & 0 \\ \varepsilon/(\varepsilon-1) & \varepsilon/(\varepsilon-1) & 0 \end{bmatrix}$$

であるから，$P_1(\varepsilon)$ の各成分は $|\varepsilon|<1$ において ε の正則関数で $\varepsilon\to 0$ のとき収束する：

$$P_1=\lim_{\varepsilon\to 0} P_1(\varepsilon)=\begin{bmatrix} 1 & 0 & 0 \\ 0 & 1 & 0 \\ 0 & 0 & 0 \end{bmatrix}.$$

したがって，定理 5.2 によれば，固有値 0 に属する A の一般固有ベクトル空間は $[1,0,0]^T$ と $[0,1,0]^T$ で張られることになる．さらに，$\varepsilon\to 0$ のとき，$\boldsymbol{u}_1(\varepsilon)$, $\boldsymbol{u}_2(\varepsilon)$ はともに $[1,0,0]^T$ に収束するから，系 5.1 と定理 5.3 によれば，固有値 0 に属する A の固有ベクトル空間は $[1,0,0]^T$ で張られる 1 次元ベクトル空間になる．これらは直接に確かめられる事実と一致する．▌

さて，これまで，幾つかの射影子の和として定義される(式(5.10)参照)射影子 $P_k(\varepsilon)$ の性質について調べて来たが，個々の射影子 $P_{kj}(\varepsilon)$ は，例 5.1〜例 5.3 で見たように，$P_k(\varepsilon)$ とは異なり，$\varepsilon\to 0$ のとき一般には収束しない．この性質を詳しく調べてみよう．

まず，$A+\varepsilon F$ の固有値 $\lambda_{kj}(\varepsilon)$ の ε の関数としての性質は，要するに代数方程式の根のその係数への依存性のことであるから，よく知られているように，次

のようになる[1]. すなわち, $\varepsilon\to 0$ のとき A の固有値 λ_k に収束する固有値 $\lambda_{k1}(\varepsilon)$, $\cdots$, $\lambda_{kp_k}(\varepsilon)$ は一般には ε の1価関数ではなく, ε が複素平面上で $\varepsilon=0$ のまわりを反時計廻りに一周するとき, これら固有値の全体 $\{\lambda_{k1}(\varepsilon), \cdots, \lambda_{kp_k}(\varepsilon)\}$ 上にある置換を引き起こすような多価解析関数(代数関数)である. 置換は幾つかの巡回置換の組に分解されるから, それに対応して $\lambda_{k1}(\varepsilon)$, $\cdots$, $\lambda_{kp_k}(\varepsilon)$ も幾つかの組に分かれ, 各々の組(**サイクル**という)の中では, ε が0のまわりを一周するとき巡回置換が起きる. これらのサイクルがそれぞれ r_1 個, $\cdots$, r_l 個の固有値から成るとき, r_i は第 i 番目のサイクルの**周期**といわれる $(i=1, \cdots, l)$. いま, 簡単のために, $r=r_i$ とおき, 第 i 番目のサイクルに属する固有値の全体を(適当に番号を振りなおして) $\mu_1(\varepsilon), \cdots, \mu_r(\varepsilon)$ とすれば, これらは $z=\varepsilon^{1/r}$ ($=\varepsilon$ の r 乗根の一つの分岐)のある正則関数 $h(z)$ を用いて

$$\left.\begin{aligned}\mu_1(\varepsilon) &= h(z),\\ \mu_2(\varepsilon) &= h(\omega z),\\ &\vdots\\ \mu_r(\varepsilon) &= h(\omega^{r-1}z)\end{aligned}\right\}\qquad(5.18)$$

と表わすことができる $(\omega\equiv e^{2\pi i/r})$. ε が0のまわりを一周すると, $\mu_1(\varepsilon)\to\mu_2(\varepsilon)\to\cdots\to\mu_r(\varepsilon)\to\mu_1(\varepsilon)$ の順に巡回置換が引き起こされる.

定理 5.4　$A+\varepsilon F$ の固有値 $\lambda_{kl}(\varepsilon)$ が2以上の周期 $r\geq 2$ をもつサイクルに属するならば, $\lambda_{kl}(\varepsilon)$ に対応する射影子 $P_{kl}(\varepsilon)$ は $0<|\varepsilon|\leq\rho_0$ (ρ_0 は十分小さなある正数)において ε の正則関数であって, しかも, $\varepsilon\to 0$ のとき発散する $(k=1, \cdots, s; l=1, \cdots, p_k)$.

証　$A(\varepsilon)=A+\varepsilon F$ のレゾルベント $R(y, \varepsilon)=(A(\varepsilon)-yE)^{-1}$ を関係式(5.8)を用いて表わすと

$$R(y, \varepsilon)=\sum_{k=1}^{s}\sum_{l=1}^{p_k}\sum_{j=1}^{m_{kl}}\left[\frac{\tilde{Z}_{klj}(\varepsilon)}{(\lambda_{kl}(\varepsilon)-y)^j}\right]\qquad(5.19)$$

となる. ただし, $\tilde{Z}_{klj}(\varepsilon)$ は $A(\varepsilon)$ だけによって定まる n 次行列, m_{kl} は $A(\varepsilon)$ の最小多項式に現われる1次因子 $x-\lambda_{kl}(\varepsilon)$ の重複度である. また, 関係式(5.7)により

$$\tilde{Z}_{kl1}(\varepsilon) = P_{kl}(\varepsilon)$$

1)　たとえば, 竹内端三著『函数論・下』裳華房, 1925; T. Kato: "Perturbation Theory for Linear Operators", Springer-Verlag, 1966 などを見よ.

である．(5.19)は$R(y,\varepsilon)$をyの関数とみたときの部分分数展開である．いま，一般性を失うことなく，$\lambda_{k1}(\varepsilon),\lambda_{k2}(\varepsilon),\cdots,\lambda_{kr}(\varepsilon)$が周期$r\geq 2$のサイクルをなしているとしよう．$\varepsilon$が0のまわりを反時計廻りに一周すると，$\lambda_{k1}(\varepsilon)\to\lambda_{k2}(\varepsilon)\to\cdots\to\lambda_{kr}(\varepsilon)\to\lambda_{k1}(\varepsilon)$の順に巡回置換が引き起こされるが，このとき，(5.19)左辺の$R(y,\varepsilon)$は，定理5.2の証明で示したようにεの1価正則関数であるから不変にとどまる．したがって，(5.19)右辺の部分分数展開において，各jに対する部分和

$$\sum_{k=1}^{s}\sum_{l=1}^{p_k}\left[\frac{\tilde{Z}_{klj}(\varepsilon)}{(\lambda_{kl}(\varepsilon)-y)^j}\right]$$

も不変にとどまらなければならない．とくに，$j=1$に対する部分和

$$\sum_{k=1}^{s}\sum_{l=1}^{p_k}\frac{P_{kl}(\varepsilon)}{\lambda_{kl}(\varepsilon)-y} \tag{5.20}$$

も不変にとどまらなければならない($\tilde{Z}_{kl1}(\varepsilon)=P_{kl}(\varepsilon)$である)．$\lambda_{kl}(\varepsilon)(k=1,\cdots,s;l=1,\cdots,p_k)$は$\varepsilon$の正則関数としてすべて異なることに注意すれば，$\lambda_{k1}(\varepsilon)\to\lambda_{k2}(\varepsilon)\to\cdots\to\lambda_{kr}(\varepsilon)\to\lambda_{k1}(\varepsilon)$なる巡回置換が引き起こされるとき(5.20)が不変にとどまるためには，同時に$P_{k1}(\varepsilon)\to P_{k2}(\varepsilon)\to\cdots\to P_{kr}(\varepsilon)\to P_{k1}(\varepsilon)$なる巡回置換が起こっていなければならない．さらに，$P_{k1}(\varepsilon),\cdots,P_{kr}(\varepsilon)$は$\varepsilon$の関数として，すべて異なる．なぜなら，ある$i\neq j$に対して$P_{ki}(\varepsilon)=P_{kj}(\varepsilon)$とすると，$P_{ki}(\varepsilon)P_{kj}(\varepsilon)=(P_{ki}(\varepsilon))^2=P_{ki}(\varepsilon)\neq O$となり射影子の性質$P_{ki}(\varepsilon)P_{kj}(\varepsilon)=O$に反するからである．したがって，$P_{k1}(\varepsilon),\cdots,P_{kr}(\varepsilon)$はすべて異なる$z=\varepsilon^{1/r}$の1価関数である．

一方，$R(y,\varepsilon)$は$0<|\varepsilon_0|\leq\rho_0$なる任意の点$\varepsilon_0$において正則関数である(定理5.2の証明参照)．そこで，十分小なる正数$\rho_1>0$をとり，$|\varepsilon-\varepsilon_0|\leq\rho_1$なる任意の$\varepsilon$に対して$\lambda_{k1}(\varepsilon)$を内部に含みそれ以外のすべての固有値を外部に含むような閉曲線(反時計廻り)をΓ_{k1}とする(このようなΓ_{k1}は，$\varepsilon_0\neq 0$であるため，ρ_1が十分小であればεによらずに選ぶことができることに注意)．すると，(5.9)により，$P_{k1}(\varepsilon)$は

$$P_{k1}(\varepsilon)=-\frac{1}{2\pi i}\int_{\Gamma_{k1}}R(y,\varepsilon)dy \tag{5.21}$$

と表わされるが，この式の右辺に(5.14)式を代入して項別積分(式(5.14)の右辺は$y\in\Gamma_{k1}$に関して一様収束するので項別積分が可能)すれば，(5.21)の右辺が$|\varepsilon-\varepsilon_0|\leq\rho_1$において正則であること，すなわち，$P_{k1}(\varepsilon)$が$|\varepsilon-\varepsilon_0|\leq\rho_1$にお

いて ε の正則関数であることがわかる.

ε_0 は $0<|\varepsilon_0|\le\rho_0$ の範囲で任意に選んだので，結局 $P_{k1}(\varepsilon)$ は $0<|\varepsilon|\le\rho_0$ の各点において正則である. 以上をまとめれば，$P_{k1}(\varepsilon),\cdots,P_{kr}(\varepsilon)$ は位数 $r-1$ の解析関数 ($\varepsilon=0$ が分岐点) であり，$0<|\varepsilon|\le\rho_0$ において $z=\varepsilon^{1/r}$ の1価正則関数となっていることがわかる. したがって，$P_{kl}(\varepsilon)$ $(l=1,\cdots,r)$ を $\varepsilon=0$ のまわりで $z=\varepsilon^{1/r}$ のベキ級数として Laurent 展開することができる：

$$\begin{aligned} P_{kl}(\varepsilon) &= \sum_{i=-1}^{-\infty}\varepsilon^{i/r}Q_{kl}^{(i)}+\sum_{i=0}^{\infty}\varepsilon^{i/r}Q_{kl}^{(i)} \\ &= \sum_{i=-1}^{-\infty}\varepsilon^{i/r}Q_{kl}^{(i)}+Q_{kl}^{(0)}+\varepsilon^{1/r}Q_{kl}^{(1)}+\cdots. \end{aligned} \tag{5.22}$$

いま，(5.22)の右辺が $\varepsilon^{1/r}$ の負のベキを含まないと仮定すると，(5.22)は

$$P_{kl}(\varepsilon) = Q_{kl}^{(0)}+\varepsilon^{1/r}Q_{kl}^{(1)}+\cdots \tag{5.23}$$

となるが，複素平面上を ε が0のまわりを一周するとき $P_{k1}(\varepsilon)\to P_{k2}(\varepsilon)\to\cdots\to P_{kr}(\varepsilon)\to P_{k1}(\varepsilon)$ の順に入れかわるので，(5.23)の定数項は $Q_{k1}^{(0)}=\cdots=Q_{kr}^{(0)}$ を満たさなければならない. 一方，関係式 $P_{kl}(\varepsilon)P_{k,l+1}(\varepsilon)=O$ において $\varepsilon\to0$ とすると $Q_{kl}^{(0)}Q_{k,l+1}^{(0)}=Q_{kl}^{(0)}Q_{kl}^{(0)}=O$，さらに，$P_{kl}(\varepsilon)P_{kl}(\varepsilon)=P_{kl}(\varepsilon)$ において $\varepsilon\to0$ とすると，$Q_{kl}^{(0)}Q_{kl}^{(0)}=Q_{kl}^{(0)}$ を得るので，$Q_{kl}^{(0)}=O$ でなければならない. すると，$\varepsilon\to0$ のとき $P_{kl}(\varepsilon)\to O$ である. ところで，定理1.1，例2.9，例3.7によって成立する関係式 $\mathrm{rank}\,P_{kl}(\varepsilon)=\mathrm{tr}\,P_{kl}(\varepsilon)$ において $\varepsilon\to0$ とすると，$\mathrm{tr}(\cdot)$ は行列成分の連続関数なので $\mathrm{rank}\,P_{kl}(\varepsilon)=\mathrm{tr}\,P_{kl}(\varepsilon)\to0$. これは，$\mathrm{rank}\,P_{kl}(\varepsilon)=\dim\,\mathrm{Im}\,P_{kl}(\varepsilon)\ge1$ に矛盾する. よって，(5.22)の右辺は $\varepsilon^{1/r}$ の負のベキを含まなければならない. したがって，射影子 $P_{kl}(\varepsilon)$ は $\varepsilon\to0$ のとき発散する. ▌

例 5.4 上で，固有値 $\lambda_{kl}(\varepsilon)$ に対応する射影子 $P_{kl}(\varepsilon)$ が $\varepsilon\to0$ のとき発散することがあることを示したが，ここでその意味について考えてみよう.

1) 一般に，$P^{(1)},P^{(2)},\cdots$ を発散する射影子の列としよう. 一般性を失うことなく $P^{(k)}=[a_{ij}^{(k)}]$ の $(1,1)$ 成分の絶対値 $|a_{11}^{(k)}|$ が $+\infty$ に発散するものとすると，$\boldsymbol{e}_1=[1,0,\cdots,0]^T$ に対し，$\boldsymbol{u}^{(k)}=P^{(k)}\boldsymbol{e}_1=[a_{11}^{(k)},\ a_{21}^{(k)},\ \cdots,\ a_{n1}^{(k)}]^T$，$\boldsymbol{v}^{(k)}=(E-P^{(k)})\boldsymbol{e}_1=[1-a_{11}^{(k)},\ -a_{21}^{(k)},\ \cdots,\ -a_{n1}^{(k)}]^T$ であるから，$\alpha^{(k)}>0,\ \beta^{(k)}>0$ を $\tilde{\boldsymbol{u}}^{(k)}=\alpha^{(k)}\boldsymbol{u}^{(k)}$，$\tilde{\boldsymbol{v}}^{(k)}=-\beta^{(k)}\boldsymbol{v}^{(k)}$ の (E を計量とする) ノルムが1になるように定めれば，$\lim_{k\to\infty}|a_{11}^{(k)}|=\infty$ であるため，$k\to\infty$ のとき $\tilde{\boldsymbol{u}}^{(k)}$ と $\tilde{\boldsymbol{v}}^{(k)}$ は少なくとも一つの共通の集積点 $\boldsymbol{u}_0$ (ノルムが1のベクトル) をもつ. ところが，$\tilde{\boldsymbol{u}}^{(k)}\in\mathrm{Im}\,P^{(k)}$，$\tilde{\boldsymbol{v}}^{(k)}\in\mathrm{Ker}\,P^{(k)}$ な

ので，$\mathrm{Im}\, P^{(k)}$ と $\mathrm{Ker}\, P^{(k)}$ とは $k\to\infty$ のときともに $\boldsymbol{u}_0$ が張るベクトル空間に限りなく接近する．

$A+\varepsilon F$ の固有値 $\lambda_{k1}(\varepsilon)$ が周期2以上のサイクルに属するときには，定理5.4により $P_{k1}(\varepsilon)$ は発散するので，このことは，$A+F(\varepsilon)$ の一般固有ベクトル空間 $\Omega_{k1}(\varepsilon)(=\mathrm{Im}\, P_{k1}(\varepsilon))$ と $\Omega_{k2}(\varepsilon)\oplus\cdots\oplus\Omega_{kp_k}(\varepsilon)(\subseteq \mathrm{Ker}\, P_{k1}(\varepsilon))$ とが，$\varepsilon\to 0$ のとき，次元が1以上のある共通のベクトル空間に限りなく接近することを意味する．(系5.1により，$\Omega_{im}(\varepsilon)$ と $\Omega_{jl}(i\neq j)$ は $\varepsilon\to 0$ のとき限りなく接近することはできないことに注意せよ．) たとえば，例5.1において，$\Omega_{11}(\varepsilon)=\mathrm{Im}\, P_{11}(\varepsilon)=L([1, \sqrt{\varepsilon}]^T)$，$\Omega_{12}(\varepsilon)=\mathrm{Im}\, P_{12}(\varepsilon)=L([1, -\sqrt{\varepsilon}]^T)$ であるから，$\Omega_{11}(\varepsilon), \Omega_{12}(\varepsilon)$ はともに $\varepsilon\to 0$ のとき $[1,0]^T$ で張られる1次元ベクトル空間に接近する．また，例5.3では，$\Omega_{11}(\varepsilon)=\mathrm{Im}\, P_{11}(\varepsilon)=L(\boldsymbol{u}_1(\varepsilon))$，$\Omega_{12}(\varepsilon)=\mathrm{Im}\, P_{12}(\varepsilon)=L(\boldsymbol{u}_2(\varepsilon))$ かつ $\boldsymbol{u}_1(\varepsilon)$, $\boldsymbol{u}_2(\varepsilon)\to[1,0,0]^T$ なので，$\Omega_{11}(\varepsilon)$, $\Omega_{12}(\varepsilon)$ はともに $\varepsilon\to 0$ のとき $[1,0,0]^T$ で張られる1次元ベクトル空間に接近する．

2) 一方，射影子の列 $P^{(1)}, P^{(2)}, \cdots$ がある射影子 P_0 に収束するならば，$\mathrm{Im}\, P^{(k)}$ と $\mathrm{Ker}\, P^{(k)}$ とは $k\to\infty$ のときそれぞれ $\mathrm{Im}\, P_0$ と $\mathrm{Ker}\, P_0$ に収束する．$\mathrm{Im}\, P_0\cap\mathrm{Ker}\, P_0=\{\boldsymbol{o}\}$ であるから，この場合には，$\mathrm{Im}\, P^{(k)}$ と $\mathrm{Ker}\, P^{(k)}$ が1次元以上のある共通のベクトル空間に限りなく接近することはない．▌

§5.3 固有ベクトルの摂動

$A+\varepsilon F$ の固有値 $\lambda_{kj}(\varepsilon)$ に属する固有ベクトルを $\boldsymbol{u}(\varepsilon)$ とすれば，$\varepsilon\to 0$ のとき $\boldsymbol{u}(\varepsilon)$ は A の固有値 λ_k に属する固有ベクトル空間へ向けて中に集積することを定理5.3で示したが，ここでは，その集積の速さについて述べよう．

まず，$A(\varepsilon)=A+\varepsilon F$ とおき $A(\varepsilon)-\lambda_{kj}(\varepsilon)E$ の任意の小行列式 $\Delta(\varepsilon)$ を考えると，$\Delta(\varepsilon)$ は領域 $C=\{\varepsilon: |\varepsilon|\leq\rho\}$ において無限個の零点をもつか高々有限個の零点をもつかのどちらかである．$\Delta(\varepsilon)$ が ε の解析関数であることから，前者の場合には，$\Delta(\varepsilon)$ は C において恒等的に0でなければならない(複素関数論における一致の定理)．恒等的には0でない小行列式は，$\rho_0>0$ を十分小にとれば，$C_0=\{\varepsilon: 0<|\varepsilon|\leq\rho_0\}$ に零点をもたないようにすることができる．すると，定理1.10により，$\lambda_{kj}(\varepsilon)$ に属する $A+\varepsilon F$ の固有ベクトル空間 $\Phi_{kj}(\varepsilon)$ の次元は C_0 において ε に無関係に一定であることが結論される．そこで，簡単のために，dim

$\varPhi_{kj}(\varepsilon)=1$ の場合を考えてみよう．$\lambda_{kj}(\varepsilon)$ に属する $A(\varepsilon)$ の固有ベクトルを $\boldsymbol{u}(\varepsilon)=[u_1(\varepsilon),\cdots,u_n(\varepsilon)]^T$ とすると

$$(A(\varepsilon)-\lambda_{kj}(\varepsilon)E)\boldsymbol{u}(\varepsilon)=\boldsymbol{o} \tag{5.24}$$

である．$\dim \varPhi_{kj}(\varepsilon)=1$ としたから，$\operatorname{rank}(A(\varepsilon)-\lambda_{kj}(\varepsilon)E)=n-1$ なので，$A(\varepsilon)-\lambda_{kj}(\varepsilon)E$ の $(n-1)\times n$ の小行列 $B(\varepsilon)$ で $\operatorname{rank} B(\varepsilon)=n-1$ なるものが存在する．$B(\varepsilon)$ の第 l 列を除外してできる $n-1$ 次小行列式に $(-1)^l$ を乗じたものを $\varDelta_l(\varepsilon)$ とすれば，$\varDelta_1(\varepsilon),\cdots,\varDelta_n(\varepsilon)$ のうち少なくとも一つは ε の関数として 0 ではなく，固有ベクトル $\boldsymbol{u}(\varepsilon)$ は $\boldsymbol{v}(\varepsilon)=[\varDelta_1(\varepsilon),\cdots,\varDelta_n(\varepsilon)]^T$ の定数倍として与えられる．各 $\varDelta_l(\varepsilon)$ は摂動行列 $F(\varepsilon)=\varepsilon F$ の成分 εf_{il} $(i,l=1,\cdots,n)$ と固有値 $\lambda_{kj}(\varepsilon)$ の多項式である．一方，固有値 $\lambda_{kj}(\varepsilon)$ は，それが周期 $r\geq 2$ のサイクルに属するものとすれば，$\varepsilon^{1/r}$ の正則関数なので

$$\lambda_{kj}(\varepsilon)=\lambda_k+\varepsilon^{1/r}\lambda_{kj}^{(1)}+\varepsilon^{2/r}\lambda_{kj}^{(2)}+\cdots \tag{5.25}$$

のように展開することができる．すると，εf_{il} と $\lambda_{kj}(\varepsilon)$ の多項式としての $\varDelta_l(\varepsilon)$ は

$$\varDelta_l(\varepsilon)=v_l^{(0)}+\varepsilon^{1/r}v_l^{(1)}+\varepsilon^{2/r}v_l^{(2)}+\cdots$$

と展開することができる．すなわち，$\boldsymbol{v}^{(m)}=[v_1^{(m)},\cdots,v_n^{(m)}]^T$ $(m=0,1,2,\cdots)$ とおけば

$$\boldsymbol{v}(\varepsilon)=\boldsymbol{v}^{(0)}+\varepsilon^{1/r}\boldsymbol{v}^{(1)}+\varepsilon^{2/r}\boldsymbol{v}^{(2)}+\cdots$$

である．$\boldsymbol{v}^{(m)}\neq\boldsymbol{o}$ なる最小の m を p として

$$\boldsymbol{u}(\varepsilon)=\varepsilon^{-p/r}\boldsymbol{v}(\varepsilon),\ \ \boldsymbol{u}^{(m)}=\boldsymbol{v}^{(m+p)} \qquad (m=0,1,2,\cdots)$$

とおけば，$\boldsymbol{u}^{(0)}\neq\boldsymbol{o}$ で

$$\boldsymbol{u}(\varepsilon)=\boldsymbol{u}^{(0)}+\varepsilon^{1/r}\boldsymbol{u}^{(1)}+\varepsilon^{2/r}\boldsymbol{u}^{(2)}+\cdots \tag{5.26}$$

となる．明らかに，この $\boldsymbol{u}(\varepsilon)$ は固有値 $\lambda_{kj}(\varepsilon)$ に属する $A(\varepsilon)$ の固有ベクトルで方程式(5.24)を満たす．そこで，(5.24)に(5.26)を代入して $\varepsilon\to 0$ とした極限をとれば

$$(A-\lambda_k E)\boldsymbol{u}^{(0)}=\boldsymbol{o}$$

となり，$\boldsymbol{u}^{(0)}$ は固有値 λ_k に属する A の固有ベクトルである．すなわち，式(5.26)は $A+\varepsilon F$ の固有ベクトル $\boldsymbol{u}(\varepsilon)$ が A の固有ベクトル $\boldsymbol{u}^{(0)}$ に収束する速さが一般に $\varepsilon^{1/r}$ のオーダーであること（$\boldsymbol{u}^{(1)}=\boldsymbol{o}$ の場合には $\varepsilon^{2/r}$ 以上のオーダー），よって ε が 0 に近づくよりも $\boldsymbol{u}(\varepsilon)$ が $\boldsymbol{u}^{(0)}$ に近づくのはずっと遅いことを示して

いる．一方，$\lambda_{k1}(\varepsilon), \cdots, \lambda_{kp_k}(\varepsilon)$ に対応する $A+\varepsilon F$ の射影子 $P_{k1}(\varepsilon), \cdots, P_{kp_k}(\varepsilon)$ の和を $P_k(\varepsilon)$ とし，λ_k に対応する A の射影子を P_k とすれば，定理 5.2 によって

$$P_k(\varepsilon) = P_k + \varepsilon P_k^{(1)} + \varepsilon^2 P_k^{(2)} + \cdots \tag{5.27}$$

と展開することができる．そこで，$\boldsymbol{u}(\varepsilon) - \boldsymbol{u}^{(0)}$ を

$$\boldsymbol{u}(\varepsilon) - \boldsymbol{u}^{(0)} = (\boldsymbol{u}(\varepsilon) - P_k\boldsymbol{u}(\varepsilon)) + (P_k\boldsymbol{u}(\varepsilon) - \boldsymbol{u}^{(0)}) \tag{5.28}$$

と分解してみる．$P_k\boldsymbol{u}(\varepsilon)$ は固有ベクトル $\boldsymbol{u}(\varepsilon)$ を A の λ_k に属する一般固有ベクトル空間 Ω_k 上へ射影したベクトルであるから，(5.28) 右辺の第 1 項は $\boldsymbol{u}(\varepsilon)$ の Ω_k からの“ずれ”を表わし，第 2 項は射影したベクトル $P_k\boldsymbol{u}(\varepsilon)$ が A の固有値 λ_k に属する固有ベクトル空間 Φ_k からどのくらい“ずれ”ているかを表わしている ($\Phi_k \subseteq \Omega_k$ であることに注意せよ；図 5.1 参照)．

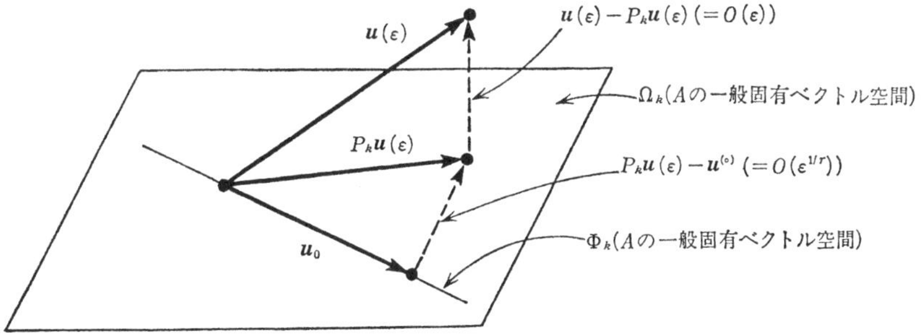

図 5.1

$P_k(\varepsilon)\boldsymbol{u}(\varepsilon) = \boldsymbol{u}(\varepsilon)$ であるから，(5.26)，(5.27) より，(5.28) 右辺の第 1 項は

$$\begin{aligned}\boldsymbol{u}(\varepsilon) - P_k\boldsymbol{u}(\varepsilon) &= P_k(\varepsilon)\boldsymbol{u}(\varepsilon) - P_k\boldsymbol{u}(\varepsilon) = (P_k(\varepsilon) - P_k)\boldsymbol{u}(\varepsilon)\\ &= (\varepsilon P_k^{(1)} + \cdots)(\boldsymbol{u}^{(0)} + \varepsilon^{1/r}\boldsymbol{u}^{(1)} + \cdots)\\ &= \varepsilon P_k^{(1)}\boldsymbol{u}^{(0)} + \cdots\end{aligned}$$

と表わされ，その大きさは一般に ε のオーダーである ($P_k^{(1)} = O$ のときは ε^2 以上のオーダー)．また，第 2 項は，$P_k\boldsymbol{u}^{(0)} = \boldsymbol{u}^{(0)}$ であることと (5.26) より

$$\begin{aligned}P_k\boldsymbol{u}(\varepsilon) - \boldsymbol{u}^{(0)} &= P_k(\boldsymbol{u}^{(0)} + \varepsilon^{1/r}\boldsymbol{u}^{(1)} + \cdots) - P_k\boldsymbol{u}^{(0)}\\ &= P_k\boldsymbol{u}^{(0)} + \varepsilon^{1/r}P_k\boldsymbol{u}^{(1)} + \cdots - P_k\boldsymbol{u}^{(0)}\\ &= \varepsilon^{1/r}P_k\boldsymbol{u}^{(1)} + \cdots\end{aligned}$$

と表わされ，$\varepsilon^{1/r}$ のオーダーである．$|\varepsilon| \ll |\varepsilon^{1/r}|$ であるから，ε が十分小さいとき，第 1 次近似として $\varepsilon^{1/r}$ より高いオーダーの項を無視すれば，(5.28) の右辺にお

いて第2項だけが残る．このことは，「$A+\varepsilon F$ の固有ベクトル $\boldsymbol{u}(\varepsilon)$ は，ε が十分小さいときの第1次近似としては，対応する A の一般固有ベクトル空間 Ω_k の外にははみださない」ことを意味している．

$\dim \Phi_{kj}(\varepsilon)>1$ の場合にも，同様の性質が成立するがその詳細は省略する．

例 5.5　例5.3の場合を考えよう．$A+\varepsilon F$ の固有値 $\sqrt{\varepsilon}$ に属する固有ベクトル $\boldsymbol{u}_1(\varepsilon)=[1, \sqrt{\varepsilon}, \varepsilon/(1-\varepsilon)]^T$ に対して，$P_1\boldsymbol{u}_1(\varepsilon)=[1, \sqrt{\varepsilon}, 0]^T$ であるから，$\boldsymbol{u}_1(\varepsilon)-P_1\boldsymbol{u}_1(\varepsilon)=[0, 0, \varepsilon/(1-\varepsilon)]^T$，また，$\boldsymbol{u}^{(0)}=\lim_{\varepsilon\to 0}\boldsymbol{u}_1(\varepsilon)=[1, 0, 0]^T$ (A の固有値0に属する固有ベクトル)であるから，$P_1\boldsymbol{u}_1(\varepsilon)-\boldsymbol{u}^{(0)}=[0, \sqrt{\varepsilon}, 0]^T$ となる．$\sqrt{\varepsilon}$ より高いオーダーの項を無視すれば，$\boldsymbol{u}_1(\varepsilon)-P_1\boldsymbol{u}_1(\varepsilon)\simeq\boldsymbol{o}$ となり，したがって $\boldsymbol{u}_1(\varepsilon)\simeq P_1\boldsymbol{u}_1(\varepsilon)=[1, \sqrt{\varepsilon}, 0]^T$ である．すなわち，$\boldsymbol{u}_1(\varepsilon)$ は第1次近似として A の固有値0 (重根)に対応する一般固有ベクトル空間 ($[1, 0, 0]^T$ と $[0, 1, 0]^T$ によって張られる)に属している(しかし，$[1, 0, 0]^T$ が張る A の固有ベクトル空間からは $\sqrt{\varepsilon}$ のオーダーで“ずれ”ている)．∎

§5.4　ジョルダン標準形の構造安定性

A, F を n 次の定数行列とする．$\rho>0$ を十分小さなある正数とするとき，$A+\varepsilon F$ のジョルダン型が $|\varepsilon|\leq\rho$ の範囲のすべての ε に対して A のジョルダン型と一致するならば，A のジョルダン標準形は摂動 $F(\varepsilon)=\varepsilon F$ に対して**構造安定**であるといい，そうでないならば**構造不安定**であるという．

本節では，このような構造安定性の問題について述べる．前節までは，摂動に対して一般固有ベクトル空間や固有ベクトル空間が連続的に変化する側面を重視して眺めて来たが(系5.1, 定理5.3)，本節では，ジョルダン標準形が摂動に対して不連続に変化する様子に注目することにする．

最初に，$n=2$ の場合を詳しく調べてみよう．まず，$A=[a_{ij}]$ のジョルダン型を定めるために，$\mu\equiv\mathrm{tr}\,A=a_{11}+a_{22}$，$\nu\equiv\det A=a_{11}a_{22}-a_{12}a_{21}$ とおくと，A の固有値 λ_1, λ_2 は

$$\lambda_1=\frac{\mu+\sqrt{\mu^2-4\nu}}{2}, \qquad \lambda_2=\frac{\mu-\sqrt{\mu^2-4\nu}}{2}$$

で与えられる．条件

a)　　$\mu^2-4\nu\equiv(a_{11}-a_{22})^2+4a_{12}a_{21}=0$

が成立しない場合には，$\lambda_1 \neq \lambda_2$ であるから，A のジョルダン標準形は

$$(\mathrm{I}) \qquad \left[\begin{array}{c:c} \lambda_1 & 0 \\ \hdashline 0 & \lambda_2 \end{array}\right] \qquad (\lambda_1 \neq \lambda_2)$$

である．一方，条件 a) が成立するときは，A の固有値は重根で $\lambda_1 = \lambda_2 = \mu/2$ となる．このとき，$a_{11} - \lambda_1 = a_{21} = a_{12} = a_{22} - \lambda_1 = 0$，すなわち，条件

$$\text{b)} \qquad a_{12} = a_{21} = 0, \quad a_{11} = a_{22}$$

が成立すれば，$\operatorname{rank}(A - \lambda_1 E) = 0$ であり，そうでなければ $\operatorname{rank}(A - \lambda_1 E) = 1$ である．したがって，第3章の§3.1 の 7) により，A のジョルダン標準形は，条件 b) が成立しないときには

$$(\mathrm{II}) \qquad \begin{bmatrix} \lambda_1 & 1 \\ 0 & \lambda_1 \end{bmatrix}$$

であり，条件 b) が成立しているときには

$$(\mathrm{III}) \qquad \left[\begin{array}{c:c} \lambda_1 & 0 \\ \hdashline 0 & \lambda_1 \end{array}\right]$$

である．2次行列のジョルダン標準形の型は以上の (I), (II), (III) だけである．そこで，これらの各々の場合について，摂動を加えたときの行列 $A + \varepsilon F$ がどのような型に変化するか，あるいは，変化しないかを調べてみよう．

まず，$F = [f_{ij}]$，$a_{ij}(\varepsilon) = a_{ij} + \varepsilon f_{ij}$ とおけば，$A + \varepsilon F$ の固有値は

$$\lambda_1(\varepsilon) = \frac{\mu(\varepsilon) + \sqrt{(\mu(\varepsilon))^2 - 4\nu(\varepsilon)}}{2}, \quad \lambda_2(\varepsilon) = \frac{\mu(\varepsilon) - \sqrt{(\mu(\varepsilon))^2 - 4\nu(\varepsilon)}}{2}$$

で与えられる．ただし，

$$\mu(\varepsilon) = a_{11}(\varepsilon) + a_{22}(\varepsilon),$$
$$\nu(\varepsilon) = a_{11}(\varepsilon) a_{22}(\varepsilon) - a_{12}(\varepsilon) a_{21}(\varepsilon).$$

(1) A のジョルダン型が型 (I) である場合 (条件 a) が成立しない場合)：$A + \varepsilon F$ の固有値が重根 ($\lambda_1(\varepsilon) = \lambda_2(\varepsilon)$) であるための条件，すなわち

$$\text{a}') \quad (\mu(\varepsilon))^2 - 4\nu(\varepsilon) \equiv \mu^2 - 4\nu + 2\varepsilon \{(a_{11} - a_{22})(f_{11} - f_{22}) + 2(a_{12} f_{21} + a_{21} f_{12})\}$$
$$+ \varepsilon^2 \{(f_{11} - f_{22})^2 + 4 f_{12} f_{21}\} = 0$$

は，$\mu^2 - 4\nu \neq 0$ であることから，ε が十分小さければ成立しない．ゆえに，$A + \varepsilon F$ のジョルダン型は型 (I) のままにとどまる．したがって，型 (I) のジョルダン

型は“任意の”摂動方向 F に対して構造安定である.

(2)　A のジョルダン型が型(II)である場合(条件 a)が成立し，条件 b)は成立しない場合)：このときは，$\mu^2-4\nu=0$ であるから，重根条件 a′)は

$$2\varepsilon\{(a_{11}-a_{22})(f_{11}-f_{22})+2(a_{12}f_{21}+a_{21}f_{12})\}+\varepsilon^2\{(f_{11}-f_{22})^2+4f_{12}f_{21}\}=0$$

となる．これが(十分小さい任意の) $\varepsilon\neq0$ に対して成立するための条件は

$$(a_{11}-a_{22})(f_{11}-f_{22})+2(a_{12}f_{21}+a_{21}f_{12})=0, \tag{5.29}$$

$$(f_{11}-f_{22})^2+4f_{12}f_{21}\equiv(f_{11}+f_{22})^2-4(f_{11}f_{22}-f_{12}f_{21})=0 \tag{5.30}$$

である．さらに，$\lambda_1(\varepsilon)=\lambda_2(\varepsilon)$ という条件のもとで行列 $A+\varepsilon F-\lambda_1(\varepsilon)E$ の階数が 0 となるための条件 $a_{12}(\varepsilon)=a_{21}(\varepsilon)=0$，$a_{11}(\varepsilon)=a_{22}(\varepsilon)$ は

b′)
$$a_{12}+\varepsilon f_{12}=a_{21}+\varepsilon f_{21}=0, \tag{5.31}$$

$$a_{11}+\varepsilon f_{11}=a_{22}+\varepsilon f_{22} \tag{5.32}$$

と書かれるが，条件 b)が成立していないので，十分小さな ε に対して(5.31)か(5.32)のいずれかは成立しない．したがって，A が型(II)のジョルダン型をもつ場合には，$A+\varepsilon F$ のジョルダン型は型(III)になることはなく，F が条件(5.29)と(5.30)を満たすような摂動方向であるときに限って型(II)のままにとどまり(構造安定)，そうでないときには型(I)に変化する(構造不安定).

(3)　A のジョルダン型が型(III)である場合(条件 a), b)が成立している場合)：この場合には $a_{11}=a_{22}$，$a_{12}=a_{21}=0$ であるから，条件 a′)は

$$(f_{11}-f_{22})^2+4f_{12}f_{21}=0 \tag{5.33}$$

となり，条件 b′)は

$$f_{11}=f_{22},\quad f_{12}=f_{21}=0 \tag{5.34}$$

となる．したがって，$A+\varepsilon F$ のジョルダン標準形は，摂動方向 F が(5.34)を満たすときには((5.33)も満たすので)型(III)のままにとどまり(構造安定)，(5.33)を満たすが(5.34)を満たさないときは型(II)に変化し(構造不安定)，(5.33)を満たさない場合には型(I)に変化する(構造不安定).

以上でわかるように，(I)型が最も安定であり，型(II)が次に安定度が高く，型(III)が最も不安定である(型(I), (II), (III)の順に，それらの型を安定にする摂動方向 F の範囲が狭くなっていく)．摂動方向 F を定めるパラメータは f_{11}, f_{12}, f_{21}, f_{22} の4個であるが，“方向”を定めるパラメータはそれらの比であるから結局本質的な自由度は3となり，摂動方向の全体は3次元射影空間 $\boldsymbol{P}^3$ を

なしていると考えてよい．すると，型(I)は $\boldsymbol{P}^3$ 全体に対して構造安定であり，型(II)は $\boldsymbol{P}^3$ の中の曲線((5.29)と(5.30)で定められる)の上にある摂動方向に対してだけ構造安定であり，また，型(III)は $\boldsymbol{P}^3$ の中の1点((5.34)で定められる)に対応する摂動方向に対してだけ構造安定である．いいかえれば，型(I)以外は $\boldsymbol{P}^3$ の“ほとんどの”摂動方向に対して構造不安定であることになる．

$n=2$ の場合に対するこのような観察は一般の n 次行列の場合にも以下のように一般化することができる．

定理 5.5　$A=[a_{ij}]$ を任意の n 次行列とする．n 次の摂動方向行列 $F=[f_{ij}]$ を適当に選べば，$0<|\varepsilon|\leq 1$ なるすべての ε に対して $A+\varepsilon F$ の n 個の固有値がすべて異なるようにすることができる．

証　A をジョルダン標準形に移す変換行列の一つを S とすれば

$$S^{-1}AS=\begin{bmatrix} \lambda_1 & & & \\ & \lambda_2 & & * \\ & & \ddots & \\ O & & & \lambda_n \end{bmatrix}$$

と書くことができる(右上三角行列)．ただし，$\lambda_1,\cdots,\lambda_n$ は A の固有値である．$0<n\nu<\min\limits_{\substack{i,j\\(\lambda_i\neq\lambda_j)}}|\lambda_i-\lambda_j|$ ($\lambda_1=\lambda_2=\cdots=\lambda_n$ のときは $\nu>0$ を勝手に定める)を満たすように任意に ν を定め，$g_{ii}=\nu i\,(i=1,\cdots,n)$ を対角成分にもつ対角行列を G とすれば，$S^{-1}AS+\varepsilon G$ の固有値は $\lambda_1+\varepsilon g_{11},\cdots,\lambda_n+\varepsilon g_{nn}$ ですべて相異なる($0<|\varepsilon|\leq 1$)．そこで，F を $F=SGS^{-1}$ と定めれば，$S^{-1}AS+\varepsilon G=S^{-1}(A+\varepsilon F)S$ となるので，$A+\varepsilon F$ の固有値も $\lambda_1+\varepsilon g_{11},\cdots,\lambda_n+\varepsilon g_{nn}$ でありすべて相異なる．▌

注意 5.1　上の定理を成立させる摂動方向 F は，実際には，“ほとんどすべての”摂動方向である．このことは以下のようにしてわかる．$A+\varepsilon F$ の固有値 $\lambda=\lambda(\varepsilon)$ が満たすべき方程式は $\det(A+\varepsilon F-\lambda E)=0$ であるが，これ(の符号を変えたもの)を展開すると

$$f(\lambda)=\lambda^n+\gamma_1(\varepsilon,F)\lambda^{n-1}+\cdots+\gamma_{n-1}(\varepsilon,F)\lambda+\gamma_n(\varepsilon,F)=0 \tag{5.35}$$

となる．ただし，$\gamma_i(\varepsilon,F)$ は ε と $f_{kl}\,(k,l=1,\cdots,n)$ のそれぞれに関し高々 i 次の多項式である($F=[f_{kl}]$)．これが重根をもつ(多重固有値をもつ)ためには，(5.35)の左辺を λ に関して微分して得られる方程式

$$g(\lambda)\equiv n\lambda^{n-1}+(n-1)\gamma_1(\varepsilon,F)\lambda^{n-2}+\cdots+\gamma_{n-1}(\varepsilon,F)=0 \tag{5.36}$$

と(5.35)が共通根をもてばよい．$a_0=1, a_i=\gamma_i(\varepsilon,F)$ $(i=1,\cdots,n)$; $b_0=n, b_j=(n-i)\gamma_i(\varepsilon,F)$ $(j=1,\cdots,n-1)$ とおけば，(5.35)と(5.36)が共通根をもつための必要十分条件は

$$
\begin{array}{c}
\overset{\longleftarrow\ 2n-1\ \longrightarrow}{}\\
\begin{array}{c}\uparrow\\ n-1\\ \downarrow\\ \uparrow\\ n\\ \downarrow\end{array}
\left|\begin{array}{cccccc}
a_0 & a_1 & a_2\cdots\cdots a_n & 0\cdots\cdots\cdots\cdots 0 & & \\
0 & a_0 & a_1\cdots\cdots\cdots\cdots a_n & 0\cdots\cdots 0 & & \\
 & & \cdots\cdots\cdots\cdots & & & \\
0 & 0 & \cdots\cdots\cdots\cdots\cdots 0 & a_0\cdots\cdots\cdots a_n & & \\
b_0 & b_1 & b_2\cdots\cdots b_{n-1} & 0\cdots\cdots\cdots 0 & & \\
0 & b_0 & b_1\cdots\cdots\cdots b_{n-1} & 0\cdots\cdots 0 & & \\
 & & \cdots\cdots\cdots\cdots & & & \\
0 & 0 & \cdots\cdots\cdots\cdots\cdots 0 & b_0\cdots\cdots b_{n-1} & &
\end{array}\right| = 0
\end{array}
\tag{5.37}
$$

である((5.37)の左辺を$f(\lambda)$と$g(\lambda)$の終結式という[1]). a_i, b_jはεとf_{kl}の多項式であるから，(5.37)を展開したものをεに関して整理すれば，あるmに対して

$$c_0(F)\varepsilon^m+c_1(F)\varepsilon^{m-1}+\cdots+c_{m-1}(F)\varepsilon+c_m(F)=0$$

という形の方程式を得る．ここに，$c_i(F)$はf_{kl}の多項式である．これが十分小さな任意の$\varepsilon\neq 0$に対して成立するためには,

$$c_0(F)=0,\quad c_1(F)=0,\cdots,\quad c_{m-1}(F)=0,\quad c_m(F)=0 \tag{5.38}$$

でなければならない．これが，$A+\varepsilon F(\varepsilon\neq 0)$が多重固有値をもつために摂動方向$F$が満たすべき方程式である．$c_0(F), c_1(F), \cdots, c_m(F)$のすべてが恒等的に0であることはない(上述の$n=2$の場合を参照せよ)から，(5.38)は摂動方向の全体がなす空間$\boldsymbol{P}^{n^2-1}$(n^2-1次元射影空間)の中のある次元(n^2-1より小)の曲面C(代数的多様体)を定める．したがって，$A+\varepsilon F(\varepsilon\neq 0)$の$n$個の固有値は，$C$を除いたすべての摂動方向$F$(これは$\boldsymbol{P}^{n^2-1}$の中の“ほとんどすべての”点)に対して，すべて相異なる.

定理 5.6 Aのジョルダン標準形は，その対角成分がすべて相異なる(すなわち，固有値がすべて相異なる)対角行列であるとき，任意の摂動方向Fに対して構造安定であり，そうでないときは，ある摂動方向Fに対して構造不安定になる.

証 (1) 一般にn次行列$B=[b_{ij}]$の固有値はn^2個の成分b_{ij} $(i,j=1,\cdots,n)$の連続関数であるから，b_{ij}の変化が十分小さなときにはBの固有値の変化も十分小さい．そこで，まず，Aのジョルダン標準形が対角成分のすべて異なる対角行列(対角成分はAの固有値である)であるとすると，任意の摂動方向Fに対して，十分小さなすべてのε($|\varepsilon|\leq\rho$; ρはFに依存して定まる適当な正数)に対し$A+\varepsilon F$の固有値はすべて相異なる．ゆえに，$A+\varepsilon F$のジョルダン標準形

1) たとえば，ファン・デル・ヴァルデン著，銀林 浩訳『現代代数学』1, 2，東京図書，1959，を見よ.

も対角成分のすべて異なる対角行列となり，A のジョルダン標準形は任意の摂動 F に対して構造安定である．

(2)　次に，A のジョルダン標準形は対角行列であるけれども対角成分のうちに等しいものがある場合を考えよう．A のジョルダン標準形を

$$S^{-1}AS=\begin{bmatrix}\lambda_1 & & & \\ & \lambda_2 & & O \\ & & \ddots & \\ O & & & \lambda_n\end{bmatrix}$$

とし，一般性を失うことなく $\lambda_1=\lambda_2=\lambda$ とする．行列 $G=[g_{ij}]$ を $g_{12}=\mu\neq 0$ で他の成分はすべて 0 であるように定め，$F=SGS^{-1}$ とおくと

$$S^{-1}(A+\varepsilon F)S=\left[\begin{array}{cc|ccc}\lambda & \varepsilon\mu & & & \\ 0 & \lambda & & O & \\ \hline & & \lambda_3 & & O \\ & O & & \ddots & \\ & & O & & \lambda_n\end{array}\right] \tag{5.39}$$

となるが，右辺の行列はブロック対角行列であるから，このジョルダン標準形を求めるには，各ブロックのジョルダン標準形を求めればよい．(5.39)の二番目の対角ブロックはこのままでジョルダン標準形になっているので，一番目の対角ブロック

$$\begin{bmatrix}\lambda & \varepsilon\mu \\ 0 & \lambda\end{bmatrix}\qquad(\mu\neq 0,\ \varepsilon\neq 0)$$

について考えればよい．ところが，この形の行列は第4章の§4.8で述べた議論から，ジョルダン標準形が $J(2,\lambda)$ となる．したがって，(5.39)右辺の行列のジョルダン標準形，すなわち，$A+\varepsilon F\ (\varepsilon\neq 0)$ のジョルダン標準形は $J(2,\lambda)\oplus J(1,\lambda_3)\oplus\cdots\oplus J(1,\lambda_n)$ となり対角行列ではない．よって，A のジョルダン標準形が対角行列であるけれども対角成分に等しいものがある場合には，上のように定めた摂動方向 F に対して A は構造不安定である．

(3)　最後に，A のジョルダン標準形が対角行列でない場合には，定理5.5によって，A のジョルダン標準形はある摂動方向(実際には，“ほとんどの” 摂動方向)に対して構造不安定である．▌

1次のジョルダン細胞だけからなる(しかもすべての固有値が異なる)ジョル

ダン標準形のみが任意の摂動方向 F に対して構造安定であるという定理5.6の主張は，もともと，多重固有値というものがほんのわずかな摂動を受けても――ほとんどの場合――すべてが異なる固有値に分解されてしまうという性質を単に言いかえたに過ぎないともいえる．これは摂動方向 F の自由度 $(=n^2-1)$ が多すぎるためであると考えられる．そこで，F の自由度を制限して，F が $A+\varepsilon F$ のある固有値の多重度を“保存”するような種類の摂動方向であるとした場合に，2次以上のジョルダン細胞がどのような安定性をもっているかについて考えてみよう．

A の固有値 $\lambda_1, \cdots, \lambda_n$ の中に多重固有値があるとして

$$\lambda_1 = \lambda_2 = \cdots = \lambda_p \equiv \lambda,$$
$$\lambda_j \neq \lambda \quad (j=p+1, \cdots, n)$$

とおく．これに対応して $A+\varepsilon F$ の固有値 $\lambda_1(\varepsilon), \cdots, \lambda_n(\varepsilon)$ が

$$\lambda_1(\varepsilon) = \lambda_2(\varepsilon) = \cdots = \lambda_p(\varepsilon) \equiv \lambda(\varepsilon),$$
$$\lambda_j(\varepsilon) \neq \lambda(\varepsilon) \quad (j=p+1, \cdots, n)$$

を満足するとしよう（$\varepsilon \to 0$ のとき $\lambda(\varepsilon) \to \lambda$）．いま，$q=\mathrm{rank}(A-\lambda E)$ とおけば，$A-\lambda E$ の $q+1$ 次以上のあらゆる小行列式は0で q 次の小行列式の中に0でないもの $\Delta_q \neq 0$ が存在する．そこで，$A+\varepsilon F-\lambda(\varepsilon)E$ の小行列式を十分小さな ε について考えると，$A-\lambda E$ における Δ_q と同じ位置にある小行列式 $\Delta_q(\varepsilon)$ は $\lambda(\varepsilon)$ の ε に関する連続性により0でない．ゆえに，

$$\mathrm{rank}(A+\varepsilon F-\lambda(\varepsilon)E) \geq \mathrm{rank}(A-\lambda E) \tag{5.40}$$

が成立する．さらに，摂動方向 F が――固有値の多重度を保存する範囲で――十分な自由度をもっていれば，$A-\lambda E$ において0であった l 次 $(l \geq q+1)$ のある小行列式が $A+\varepsilon F-\lambda(\varepsilon)E$ の対応する位置においては0でなくなる可能性があるので，(5.40)が等号を含まない場合がほとんどである．一般に，B を n 次行列，μ をその固有値とすると，$n-\mathrm{rank}(B-\mu E)$ は固有値 μ に属する B の固有ベクトル空間の次元であり，したがって，B のジョルダン標準形における固有値 μ をもつジョルダン細胞の個数に等しい．よって，(5.40)は $A+\varepsilon F$ の固有値 $\lambda(\varepsilon)$ をもつジョルダン細胞の個数が A の固有値 λ をもつジョルダン細胞の個数より一般に小であることを意味している．一方，固有値 $\lambda(\varepsilon)$ をもつ $A+\varepsilon F$ のジョルダン細胞の次数の合計（$=\lambda(\varepsilon)$ の多重度）と固有値 λ をもつ A

のジョルダン細胞の次数の合計(=λの多重度)はともにpに等しいので，結局，(5.40)から，「Aの固有値λ(多重度p)に属するジョルダン細胞は，λの多重度を保存するような摂動Fを受けると，より少ない個数の(したがって，より大きな次数の)ジョルダン細胞へとまとまる；最大次数(=p次)のただ1個のジョルダン細胞が最も安定である」ということが結論される(本節の最初に述べた$n=2$の場合も参照せよ).

例 5.6

$$A = \begin{bmatrix} 2 & 0 & 1 \\ -1 & 1 & -1 \\ -1 & 0 & 0 \end{bmatrix},\quad F = \begin{bmatrix} -1 & 0 & 0 \\ 1 & 0 & 1 \\ 0 & -1 & -1 \end{bmatrix}$$

に対して，$A+\varepsilon F$の固有値は$1-\varepsilon$(3重根)であり，摂動に対して根の多重性は保存されている．また，Aのジョルダン標準形は$J(2,1)\oplus J(1,1)$で$A+\varepsilon F(\varepsilon\neq 0)$のジョルダン標準形は$J(3,1-\varepsilon)$であるから，摂動によって，$A$のジョルダン標準形に現れる2つのジョルダン細胞がまとまって最大次数(=3)のただ一つのジョルダン細胞に変化している. ∎

次の定理は摂動方向FがAのジョルダン型を保存するための一つの十分条件を与えるが，これは一般にはやや強すぎる条件である.

定理 5.7　Aをn次行列とする．FがAと交換可能なn次の対角化可能行列であれば，Aのジョルダン標準形は摂動$F(\varepsilon)=\varepsilon F$に対して構造安定である.

証　AとFが交換可能であれば，定理4.3の証明で示したように，Fの各固有ベクトル空間はAに関して不変である．一方，Fは対角化可能行列であるから，Fのすべての異なる固有値を$\lambda_1,\cdots,\lambda_s$とし，$\lambda_i$に属する固有ベクトル空間を$\Psi_i$とすると，定理4.2により

$$K^n = \Psi_1 \oplus \cdots \oplus \Psi_s$$

である．そこで，Ψ_iの基底を$\{\boldsymbol{u}_1^{(i)},\cdots,\boldsymbol{u}_{p_i}^{(i)}\}$としてこれらをすべての$i=1,\cdots,s$について集めたものを$B$とすれば，$B$は$K^n$の基底であって$B$に関する$A, F$の表現行列はそれぞれ

$$S^{-1}AS = \begin{bmatrix} \underbrace{A_1}_{p_1} & 0 & & \\ 0 & \underbrace{A_2}_{p_2} & & O \\ & & \ddots & \\ & O & & \underbrace{A_s}_{p_s} \end{bmatrix},$$

$$S^{-1}FS = \begin{bmatrix} \underbrace{\begin{matrix}\lambda_1 & & \\ & \ddots & \\ & & \lambda_1\end{matrix}}_{p_1} & O & & \\ O & \underbrace{\begin{matrix}\lambda_2 & & \\ & \ddots & \\ & & \lambda_2\end{matrix}}_{p_2} & & O \\ & & \ddots & \\ & O & & \underbrace{\begin{matrix}\lambda_s & & \\ & \ddots & \\ & & \lambda_s\end{matrix}}_{p_s} \end{bmatrix}$$

のようになる．行列Sは基底Bのベクトルを列ベクトルとして並べてできる行列である．これらの行列を直和の形に $S^{-1}AS=A_1\oplus\cdots\oplus A_s$，$S^{-1}FS=\Lambda_1\oplus\cdots\oplus\Lambda_s$ (Λ_i は p_i 個の λ_i を対角成分とする対角行列) と書けば，$A+\varepsilon F$ のジョルダン標準形は $A_1+\varepsilon\Lambda_1$, $\cdots$, $A_s+\varepsilon\Lambda_s$ のジョルダン標準形の直和であることがわかる．ところが，各 $A_i+\varepsilon\Lambda_i$ のジョルダン標準形は，A_i のジョルダン標準形に対角行列 $\varepsilon\Lambda_i$ を加えたものであるから，$\varepsilon\Lambda_i$ の対角成分 $\varepsilon\lambda_i$ の値によらずに(すなわち ε の値によらずに)同一のジョルダン型をもつ．したがって，それらの直和である $A+\varepsilon F$ のジョルダン標準形も ε の値に無関係に同一のジョルダン型をもつことになる．ゆえに，A のジョルダン標準形は摂動方向 F に対して構造安定である．▮

定理 5.8　A, F を n 次の任意の行列とする．A のジョルダン標準形が摂動方向 F に対して構造不安定であれば，$A+\varepsilon F\ (\varepsilon\neq 0)$ をジョルダン標準形に移す変換行列 $S(\varepsilon)$ の極限 $\lim_{\varepsilon\to 0} S(\varepsilon)$, $\lim_{\varepsilon\to 0} S^{-1}(\varepsilon)$ が共に存在することはない．

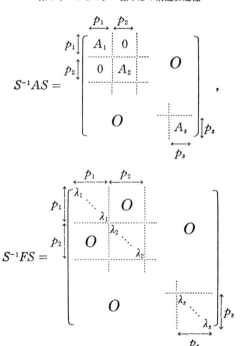

証 Aのジョルダン標準形を$S^{-1}AS=J_0$とし，$A+\varepsilon F$のジョルダン標準形を

$$S^{-1}(\varepsilon)(A+\varepsilon F)S(\varepsilon) = J(\varepsilon) \tag{5.41}$$

とする．Aのジョルダン標準形が構造不安定であれば，十分小さな任意の$\rho>0$に対して$0<|\varepsilon|\leq\rho$の範囲にJ_0と$J(\varepsilon)$のジョルダン型が異なるようなεが存在しなければならない．一方，有限次元の行列に対するジョルダン型の種類は有限個であるから，0に収束するεの列$\varepsilon^{(1)}, \varepsilon^{(2)}, \cdots\to 0$が存在して$J(\varepsilon^{(1)}), J(\varepsilon^{(2)}), \cdots$のジョルダン型はすべて同一でしかも$J_0$のジョルダン型とは異なるようにすることができる．また，$J(\varepsilon^{(k)})$の対角成分は$A+\varepsilon F$の固有値$\lambda_1(\varepsilon^{(k)}), \cdots, \lambda_n(\varepsilon^{(k)})$に一致しており，しかも，各$i=1,\cdots,n$に対して$\lambda_i(\varepsilon^{(1)}), \lambda_i(\varepsilon^{(2)}), \cdots$の集積点は$A$の固有値$\lambda_1, \cdots, \lambda_n$のいずれかに限られる(固有値の連続性)から，$\varepsilon^{(1)}, \varepsilon^{(2)}, \cdots$の部分列$\varepsilon^{(l_1)}, \varepsilon^{(l_2)}, \cdots$を適当に選べば$J(\varepsilon^{(l_1)}), J(\varepsilon^{(l_2)}), \cdots$の対角成分がすべて収束するようにすることができる．この極限の行列をH_0とする．そこで，$S_0=\lim_{\varepsilon\to 0} S(\varepsilon)$と$S_0^{-1}=\lim_{\varepsilon\to 0} S^{-1}(\varepsilon)$とがともに存在すると仮定すると，(5.41)において$\varepsilon=\varepsilon^{(l_1)}, \varepsilon^{(l_2)}, \cdots$とした極限を考えれば

$$S_0^{-1}AS_0 = H_0 \tag{5.42}$$

を得る．式(5.42)はH_0がAのジョルダン標準形であることを意味している．一方，$S^{-1}AS=J_0$としたので，H_0とJ_0がともにAのジョルダン標準形であることになる．ところが，H_0とJ_0のジョルダン型は異なるのであるからジョルダン標準形の一意性に矛盾する．ゆえに，$\lim_{\varepsilon\to 0} S(\varepsilon)$と$\lim_{\varepsilon\to 0} S^{-1}(\varepsilon)$の少なくとも一方は存在しない．∎

注意 5.2 定理5.8により，行列Aのジョルダン標準形が構造不安定であるときには，$A+\varepsilon F$をジョルダン標準形に移す変換行列$S(\varepsilon), S^{-1}(\varepsilon)$をともに"数値的"に求めようとすると，不安定な数値解しか得られないことがわかる．

例 5.7

$$A = \begin{bmatrix} 1 & 0 \\ 0 & 1 \end{bmatrix},\ F = \begin{bmatrix} 0 & 1 \\ 0 & 0 \end{bmatrix}$$

の場合を考えてみよう．$A+\varepsilon F$のジョルダン標準形は，$\varepsilon=0$であるか$\varepsilon\neq 0$であるかに従って

$$\begin{bmatrix} 1 & 0 \\ 0 & 1 \end{bmatrix} \quad \text{あるいは} \quad \begin{bmatrix} 1 & 1 \\ 0 & 1 \end{bmatrix}$$

となる．したがって，A のジョルダン標準形は摂動方向 F に対して構造不安定である．$\varepsilon \neq 0$ のときは，$A+\varepsilon F$ の変換行列として

$$S(\varepsilon) = \begin{bmatrix} 1 & 0 \\ 0 & 1/\varepsilon \end{bmatrix}, \quad S^{-1}(\varepsilon) = \begin{bmatrix} 1 & 0 \\ 0 & \varepsilon \end{bmatrix}$$

をとることができるが，$\lim_{\varepsilon \to 0} S(\varepsilon)$ は存在しない．▮

例 5.8

$$A = \begin{bmatrix} 0 & 0 \\ 0 & 1 \end{bmatrix}, \quad F = \begin{bmatrix} 0 & 1 \\ 0 & 0 \end{bmatrix}$$

とすると，$A+\varepsilon F$ のジョルダン標準形は ε の値に無関係に

$$\left[\begin{array}{c:c} 0 & 0 \\ \hdashline 0 & 1 \end{array}\right]$$

となる(構造安定)．変換行列としては

$$S(\varepsilon) = \begin{bmatrix} 1 & \varepsilon \\ 0 & 1 \end{bmatrix}, \quad S^{-1}(\varepsilon) = \begin{bmatrix} 1 & -\varepsilon \\ 0 & 1 \end{bmatrix}$$

をとることができ，$\lim_{\varepsilon \to 0} S(\varepsilon)$ も $\lim_{\varepsilon \to 0} S^{-1}(\varepsilon)$ も存在している．▮

§5.5　有理標準形の構造安定性

ジョルダン標準形の構造安定性と同様にして有理標準形の構造安定性についても考えることができるが，一つの行列のジョルダン標準形と有理標準形は一対一に対応する(ジョルダン細胞の現われる順序を除いて)ので，前節の結果を解釈しなおすだけで有理標準形の構造安定性に関する性質が得られる．したがって，以下で述べる定理については証明を省略する．読者は前節の定理と本節の定理との対応を考えてみるとよい(第3章も参照せよ)．

n 次行列 A の有理標準形を

$$S^{-1}AS = \begin{bmatrix} C_1 & & & O \\ & C_2 & & \\ & & \ddots & \\ O & & & C_t \end{bmatrix} \tag{5.43}$$

とする．ここで，各ブロック C_i はコンパニオン行列で C_{j+1} の最小多項式は C_j の最小多項式を割り切る($j=1, 2, \cdots, t-1$)．A の有理標準形(5.43)に現われる

コンパニオン行列の個数 t と C_i の次数 d_i の組 $(t; d_1, \cdots, d_t)$ を A の**コンパニオン型**とよぶ.

n 次の摂動方向行列 F を一つとる. $A+\varepsilon F$ のコンパニオン型が, $\rho>0$ を十分小さな正数とするとき, $|\varepsilon|\leq\rho$ なるすべての ε に対して A のコンパニオン型と一致する場合に, A の有理標準形は摂動 $F(\varepsilon)=\varepsilon F$ に対して**構造安定**であるといい, そうでない場合に**構造不安定**であるという.

定理 5.9 A の有理標準形は, それがただ一つのブロックからなるとき, 任意の摂動方向 F に対して構造安定であり, そうでないときは, ある摂動方向(実際にはほとんどすべての摂動方向) F に対して構造不安定である. ▌

定理 5.10 A の有理標準形が摂動方向 F に対して構造不安定であれば, $A+\varepsilon F\ (\varepsilon\neq 0)$ を有理標準形に移す任意の変換行列を $S(\varepsilon)$ とすると, 極限 $\lim_{\varepsilon\to 0} S(\varepsilon)$ と $\lim_{\varepsilon\to 0} S^{-1}(\varepsilon)$ のいずれか一方は存在しない. ▌

§5.6 線形方程式の解の表現の安定性

第4章で線形差分方程式や線形微分方程式について述べたが, ここでは, これらの線形方程式の係数行列がある種の摂動を受けるとき解の表現がどのように変化するかという問題(解の表現の安定性)を考察しよう. 線形方程式の解の構造は, §4.3 と §4.6 で示したように, 係数行列のジョルダン標準形がどのようなジョルダン型を有するかによって基本的に決定されてしまうので, 線形方程式の解の表現の安定性の問題と §5.4 で述べたジョルダン標準形の構造安定性の問題とは密接な関係をもっている.

最初に, 1変数の2階線形差分方程式

$$x(m+2) = a_0x(m)+a_1x(m+1) \quad (m=0, 1, \cdots) \tag{5.44}$$

を初期値 $x(0)=x(1)=1$ のもとで解く問題を考える. これを行列の形に書き表わせば

$$\boldsymbol{x}(m+1) = A\boldsymbol{x}(m), \quad A = \begin{bmatrix} 0 & 1 \\ a_0 & a_1 \end{bmatrix} \tag{5.45}$$

である. ただし, $\boldsymbol{x}(m)=[x_1(m), x_2(m)]^T$, $x_1(m)=x(m), x_2(m)=x(m+1)$ とおいた. 方程式(5.45)は係数 a_0, a_1 を含んでいるが, これらの係数は, ある物理系・工学系に対する測定の結果あるいはある数値計算の処理を経た結果の数値として具体的に定められるものと考えられるので，a_0, a_1はある小さいオーダーεの摂動を含んでいると考えなければならない．(このとき，係数行列Aの二つの成分0と1は摂動に無関係な定数であることに注意すること!)

Aの固有値は

$$\lambda_1=\frac{a_1+\sqrt{a_1{}^2+4a_0}}{2},\quad \lambda_2=\frac{a_1-\sqrt{a_1{}^2+4a_0}}{2}$$

であるから，Aのジョルダン標準形は$\lambda_1\neq\lambda_2$であるか$\lambda_1=\lambda_2$であるかに応じて

$$(\mathrm{I})\qquad \left[\begin{array}{c:c}\lambda_1 & 0\\ \hdashline 0 & \lambda_2\end{array}\right]\qquad (\lambda_1\neq\lambda_2)$$

あるいは

$$(\mathrm{II})\qquad \begin{bmatrix}\lambda & 1\\ 0 & \lambda\end{bmatrix}\qquad (\lambda=\lambda_1=\lambda_2)$$

となる(Aはコンパニオン行列(の転置)であるから，これ以外のジョルダン標準形は現れない)．系4.5を用いて初期値$x(0)=x(1)=1$のもとでの(I)および(II)の場合の解を計算するとそれぞれ

$$x(m)=\frac{\lambda_2-1}{\lambda_2-\lambda_1}\lambda_1{}^m+\frac{1-\lambda_1}{\lambda_2-\lambda_1}\lambda_2{}^m\qquad(\lambda_1\neq\lambda_2),\tag{5.46}$$

$$x(m)=\lambda^m+m(1-\lambda)\lambda^{m-1}\qquad(\lambda=\lambda_1=\lambda_2)\tag{5.47}$$

という形の表式が得られる．

$\lambda_1\neq\lambda_2$である場合の解(5.46)は，差$\lambda_2-\lambda_1$が摂動の影響による変動$\varepsilon^{1/2}$より十分大($|\lambda_2-\lambda_1|\gg|\varepsilon|^{1/2}$)であるときには解の表現として安定している(固有値の変動に関する§5.3の議論を参照せよ)．一方，$\lambda_1\neq\lambda_2$ではあるが，$\lambda_2-\lambda_1$のオーダーが摂動の影響による$|\varepsilon|^{1/2}$の程度である($|\lambda_2-\lambda_1|\lesssim|\varepsilon|^{1/2}$)ときには，(5.46)の右辺に$1/(\lambda_2-\lambda_1)$が現れているために，解の表式(5.46)はオーダーεの摂動に対して不安定になる($1/(\lambda_2-\lambda_1)$はオーダーεの摂動の結果$\lambda_2-\lambda_1$の符号の変化に応じて正の無限大と負の無限大の間を大きく振れ，$\lambda_1{}^m$と$\lambda_2{}^m$の係数$\dfrac{\lambda_2-1}{\lambda_2-\lambda_1}$, $\dfrac{1-\lambda_1}{\lambda_2-\lambda_1}$の個々の意味はなくなる)．しかし，もとの式(5.44)に戻ってみれば，a_iが少々変化しても解$x(m)$の値そのものはそれに応じた変化しかしないわけであるから，解の表現形式としては(5.46)は大変不安定であるといわざるをえない．そこで，$|\lambda_1-\lambda_2|\lesssim|\varepsilon|^{1/2}$である場合には，もともと同一であった

固有値 λ_0(重根)が測定あるいは数値計算による摂動の結果異なる固有値 λ_1, λ_2 になったと考えて，λ_1 と λ_2 をともにその平均値である

$$\lambda_0 = (\lambda_1 + \lambda_2)/2 \tag{5.48}$$

でおきかえてみる．(すなわち，係数行列 A がもともとは 2 重固有値 λ_0 を有していたとするわけである．このことは，もとの方程式(5.44)において係数 a_0, a_1 ($a_0 = -\lambda_1\lambda_2$, $a_1 = \lambda_1 + \lambda_2$ なる関係がある)をそれぞれ $a_0' = -\lambda_0^2$, $a_1' = 2\lambda_0$ でおきかえた方程式を考えることに相当する.)すると，解は，(5.47)により

$$x(m) = \lambda_0{}^m + m(1-\lambda_0)\lambda_0{}^{m-1} \tag{5.49}$$

と表現される．この解の表現は λ_0 が摂動の影響を受けて少し変化しても安定している．このように，$|\lambda_2 - \lambda_1| \lesssim |\varepsilon|^{1/2}$ である場合には，(5.49)が方程式(5.44)の解に対する表現であるとする方がよいと考えられる．

注意 5.3 $|\lambda_2 - \lambda_1| \lesssim |\varepsilon|^{1/2}$ のとき λ_1, λ_2 をともに λ_0 でおきかえるということは，実は，摂動を係数行列 A の固有値の多重性を保つような範囲に制限したことになっている．このような摂動のもとでは，定理 5.6 の次の所で述べたように，最高次数(＝固有値の多重度と等しい次数)のジョルダン細胞は構造安定であるから，型(II)のジョルダン細胞(次数は 2＝固有値 λ_0 の多重度)に対応する解の表現(5.49)が安定であると考えてよい．

以上の議論は n 階の 1 変数線形差分方程式(4.26)に拡張することができる．(4.26)をここでもう一度書けば

$$x(m+n) = a_0 x(m) + a_1 x(m+1) + \cdots + a_{n-1} x(m+n-1)$$
$$(m = 0, 1, 2, \cdots). \tag{5.50}$$

ただし，係数 $a_0, a_1, \cdots, a_{n-1}$ は摂動パラメータ ε の関数 $a_0 = a_0(\varepsilon)$, $a_1 = a_1(\varepsilon)$, $\cdots$, $a_{n-1} = a_{n-1}(\varepsilon)$ であるとする．方程式(5.50)に随伴するコンパニオン行列

$$A = \begin{bmatrix} 0 & 1 & 0 & \cdots\cdots & 0 \\ \vdots & 0 & 1 & & \vdots \\ \vdots & \vdots & \ddots & \ddots & 0 \\ 0 & 0 & \cdots\cdots & 0 & 1 \\ a_0 & a_1 & \cdots\cdots & & a_{n-1} \end{bmatrix} \tag{5.51}$$

の最小多項式 $\psi(x) = x^n - a_{n-1}x^{n-1} - \cdots - a_1 x - a_0$ を因数分解したものを

$$\psi(x) = (x-\lambda_1)^{p_1} \cdots (x-\lambda_s)^{p_s} \qquad (i \neq j \text{ のとき } \lambda_i \neq \lambda_j) \tag{5.52}$$

とすれば，(5.50)の解空間の基底は系 4.5 により

$$\lambda_i{}^m,\ m\lambda_i{}^{m-1},\ \cdots,\ m^{p_i-1}\lambda_i{}^m \qquad (i=1,\cdots,s) \tag{5.53}$$

で与えられる．このとき，A のジョルダン標準形はジョルダン細胞 $J(p_1,\lambda_1)$, $\cdots$, $J(p_s,\lambda_s)$ の直和である．固有値 $\lambda_1,\cdots,\lambda_s$ の中に $|\lambda_i-\lambda_j|\lesssim|\varepsilon|^{1/2}$ であるような $\lambda_i,\lambda_j\,(i\neq j)$ が存在する場合には，ある ε の値に対して $\lambda_i=\lambda_j$ となりうる．このとき，$\lambda_0\equiv\lambda_i=\lambda_j$ の多重度は p_i+p_j となり，最小多項式(5.52)は

$$\phi_0(x)=(x-\lambda_0)^{p_i+p_j}\prod_{l\neq i,j}(x-\lambda_l)^{p_l} \tag{5.54}$$

という形のものになる．すると，$\phi_0(x)$ に随伴するコンパニオン行列 A_0 のジョルダン標準形のジョルダン細胞はもとの $J(p_1,\lambda_1)$, $\cdots$, $J(p_s,\lambda_s)$ から $J(p_i,\lambda_i)$, $J(p_j,\lambda_j)$ を除いて $J(p_i+p_j,\lambda_0)$ を加えたものになる．したがって，$|\lambda_i-\lambda_j|\lesssim|\varepsilon|^{1/2}$ であるような固有値が存在する場合には，係数行列 A のジョルダン標準形は構造不安定である．これに応じて解空間の基底(5.53)が不安定になり，したがって，方程式(5.50)の解の表現は不安定となる．

このような不安定性を避けるには，固有値 $\lambda_1,\cdots,\lambda_s$ の中でその差が摂動 ε の影響による変動のオーダーと同程度のものをすべて同一の値に調整しなおしておけばよい．すなわち，$\lambda_1,\cdots,\lambda_s$ を幾つかの組 $\Lambda_1,\cdots,\Lambda_r\,(r\leqq s)$ に分割して，$\lambda_i,\lambda_j\in\Lambda_k$ なら $|\lambda_i-\lambda_j|\lesssim|\varepsilon|^{1/r_k}$ で $\lambda_i\in\Lambda_k,\lambda_j\in\Lambda_l\,(k\neq l)$ なら $|\lambda_i-\lambda_j|\gg|\varepsilon|^{1/r_{kl}}$ $(r_{kl}=\max(r_k,r_l))$ であるようにしておき，各 $k=1,\cdots,r$ に対して Λ_k に属するすべての固有値にわたる算術平均を $\lambda_k{}^0$ とする(r_k は Λ_k に入る固有値の個数)．そして，(5.52)の右辺において $\lambda_i\in\Lambda_k$ を $\lambda_k{}^0$ でおきかえるという操作の結果得られる多項式を

$$\begin{aligned}\phi^*(x)&=(x-\lambda_1{}^0)^{q_1}(x-\lambda_2{}^0)^{q_2}\cdots(x-\lambda_r{}^0)^{q_r}\\&=x^n-a_{n-1}^0x^{n-1}-\cdots-a_1{}^0x-a_0{}^0\end{aligned} \tag{5.55}$$

として，方程式(5.50)の代りに

$$x(m+n)=a_0{}^0x(m)+a_1{}^0x(m+1)+\cdots+a_{n-1}^0x(m+n-1) \tag{5.56}$$

を解くことを考える．$\Lambda_1,\cdots,\Lambda_r$ の作り方からわかるように，この組分けはオーダー ε の摂動に対して安定している．したがって，(5.55)の右辺に現れる因数の数 r および次数 $q_1,\cdots,q_r$，すなわち，(5.56)に随伴するコンパニオン行列 A_0 のジョルダン標準形のジョルダン型も安定している．すると，(5.56)の解空間の基底も安定するので，(5.50)の解に対する表現の不安定性を避けることができる．

線形微分方程式の解の表現の安定性についても同様の議論を行うことができるが，線形差分方程式の場合とほとんど同じことなのでその詳細は省略するが，一例だけを挙げておく．

例 5.9　質量 m をもつ質点が方程式

$$m\ddot{x}+r\dot{x}+kx=0 \tag{5.57}$$

に従って運動している場合を考える．ここに，$m>0, r>0, k>0$ で，x は質点の座標，$r\dot{x}, kx$ はそれぞれ抵抗力と原点への復元力を表わしている（˙ は時間微分である）．$x_1=x, x_2=\dot{x}$ とおけば，(5.57) は

$$\begin{pmatrix}\dot{x}_1\\ \dot{x}_2\end{pmatrix}=\begin{pmatrix}0 & 1\\ -k/m & -r/m\end{pmatrix}\begin{pmatrix}x_1\\ x_2\end{pmatrix}$$

と表わされる．右辺に現われる 2×2 行列はコンパニオン行列（の転置）になっているので，そのジョルダン標準形は本節の最初に述べた (I) 型か (II) 型に限られる．したがって，この行列の固有値を

$$\lambda_1=\frac{-r+\sqrt{r^2-4km}}{2m},\quad \lambda_2=\frac{-r-\sqrt{r^2-4km}}{2m}$$

とおけば，初期条件 $x(0)=\dot{x}(0)=1$ のもとでの解は

$$x(t)=\frac{\lambda_2-1}{\lambda_2-\lambda_1}e^{\lambda_1 t}+\frac{1-\lambda_1}{\lambda_2-\lambda_1}e^{\lambda_2 t}\qquad(\lambda_1\neq\lambda_2), \tag{5.58}$$

$$x(t)=(1+(1-\lambda)t)e^{\lambda t}\qquad(\lambda=\lambda_1=\lambda_2) \tag{5.59}$$

で与えられる．t があまり大きくない範囲での解の表現としては，$|\lambda_1-\lambda_2|\gg|\varepsilon|^{1/2}$ であるか $|\lambda_1-\lambda_2|\lesssim|\varepsilon|^{1/2}$ であるかに従って，(5.58) あるいは (5.59) をとればよい（ただし，後者の場合には λ を $(\lambda_1+\lambda_2)/2$ で置きかえる）．$t\to\infty$ のときの解の挙動，すなわち解が振動的であるか否か，は $|\lambda_1-\lambda_2|\lesssim|\varepsilon|^{1/2}$ という条件下では確実に知ることはできない．▌

第5章の問題

問題 1　次の行列に対して $A+\varepsilon F$ のジョルダン標準形 $J(\varepsilon)$ およびその変換行列 $S(\varepsilon)$ を求めよ．また，A の構造安定性について調べよ．

$$A=\begin{bmatrix}1&0&0\\0&1&0\\0&0&1\end{bmatrix},\qquad F=\begin{bmatrix}-2&2&1\\-1&-1&1\\-1&2&0\end{bmatrix}.$$

問題 2　次の行列に対して $A+\varepsilon F$ のジョルダン標準形 $J(\varepsilon)$ およびその変換行列 $S(\varepsilon)$ を求めよ．また，Aの構造安定性について調べよ．

$$A=\begin{bmatrix} 1 & 1 & -1 \\ -1 & 2 & 0 \\ -1 & 1 & 1 \end{bmatrix}, \qquad F(\varepsilon)=\begin{bmatrix} 2 & -1 & 0 \\ 2 & 0 & -1 \\ 3 & -1 & -1 \end{bmatrix}.$$

問題 3　問2の行列に対して $A+\varepsilon F$ の一般固有ベクトル空間への射影子を求めよ．また，A の一般固有ベクトル空間を求めよ．

問題 4　A, F はともに2次行列とする．$A+\varepsilon F$ の異なる固有値 $\lambda_1(\varepsilon), \lambda_2(\varepsilon)$ が $\varepsilon\to 0$ のとき同一の固有値(A の2重根)に収束しても，$\lambda_1(\varepsilon)$ と $\lambda_2(\varepsilon)$ が周期1の別々のサイクルをなせば，それぞれの固有値に属する一般固有ベクトル空間に対応する $A+\varepsilon F$ の射影子 $P_1(\varepsilon), P_2(\varepsilon)$ は $\varepsilon\to 0$ のとき発散するとは限らない．このような例を挙げよ(定理5.4を参照せよ；また，本文中の例5.2は，$\lambda_1(\varepsilon), \lambda_2(\varepsilon)$ が上述の条件を満たす場合に $P_1(\varepsilon)$, $P_2(\varepsilon)$ が発散する例になっている)．

参考文献

本書を書くに際して参考にした文献や本書の内容をさらに深めて理解しようとするときに役立つと思われる文献をいくつか挙げておく．

[1] 古屋 茂，"行列と行列式"，培風館(1973)．

[2] ファン・デア・ヴァルデン著・銀林 浩訳，"現代代数学 1, 2"，東京図書(1959)．

[3] 竹内 啓，"線型数学"，培風館(1966)．

[4] 伊理正夫・韓 太舜，"線形代数——行列とその標準形"，教育出版(1977)．

[5] 佐竹一郎，"線型代数学"，裳華房(1974)．

[6] ア・イ・マリツェフ著・柴岡泰光訳，"線形代数学 1, 2"，東京図書(1965)．

[7] F. R. Gantmacher, "The Theory of Matrices", "Application of the Theory of Matrices", Interscience Publication (1959).

[8] A. Ben-Israel and T. N. E. Greville, "Generalized Inverses", Wiley-Interscience Publication, New York (1974).

[9] 杉浦光夫，"Jordan 標準形と単因子論 I, II"，岩波講座・基礎数学，岩波書店(1977)．

[10] 竹内端三，"函数論" 上・下，裳華房(1925)．

[11] T. Kato, "Perturbation Theory for Linear Operators", Springer-Verlag (1966).

[1]～[6]は線形代数一般について記述した書物で入門書として読みやすいであろう．第1章で述べた行列とベクトル空間に関する基礎事項の証明についてはこれらの書物を参考にされるとよい．[4], [6]では特に本書ではほとんど触れなかったベクトル空間の計量に関する部分が詳しい．[7]は線形代数学の古典的著作でジョルダン標準形に関する記述も相当に丁寧である．第4章の多くの部分はこの著作を参考にしている．[8]は一般逆行列を主題としたものであるが，射影行列に関する詳細な記述もある．[9]はジョルダン標準形そのものを主題にした書物で行列の成分が複素数とは限らない一般の体の要素である場合を詳細に取扱かっている．また，[3]では行列をいったん三角行列にしてからジョルダン標準形を導く方法が述べられている．第5章に関する文献はまとまったものが少ないが，[11]も参考にした．ジョルダン標準形に関する数値計算を主題とするものではないが，行列に関する数値計算の技法一般をまとめたものとしては

[12] ファジェーエフ・ファジーエバ著・小国 力訳，“線型代数の計算法(上)，(下)”，産業図書(1970)

がある．第3章で述べた有理標準形を導くアルゴリズムは[4]の方法を基本変形の形に翻訳したものである．第5章の前半，とくに，§5.1，§5.2で述べた事柄を$F(\varepsilon)=\varepsilon F$とは限らないより一般の摂動行列に対して，詳しく知りたい読者は[11]を参照されるとよい．

問題の解答

第2章の問題

1. a) $C=AB$ とおき B の列ベクトルを $\boldsymbol{b}_1, \cdots, \boldsymbol{b}_n$ とすれば C の列ベクトルは $A\boldsymbol{b}_1, \cdots, A\boldsymbol{b}_n$ である．いま，B の列ベクトル $\boldsymbol{b}_{i_1}, \cdots, \boldsymbol{b}_{i_p}$ が一次従属であるとすると $c_1\boldsymbol{b}_{i_1}+\cdots+c_p\boldsymbol{b}_{i_p}=\boldsymbol{o}$ ($c_1, \cdots, c_p$ は全部は 0 でない)．ゆえに，$c_1A\boldsymbol{b}_{i_1}+\cdots+c_pA\boldsymbol{b}_{i_p}=\boldsymbol{o}$ となり $A\boldsymbol{b}_{i_1}, \cdots, A\boldsymbol{b}_{i_p}$ も一次従属である．したがって，定理 1.10 により $\mathrm{rank}(AB)\leq\mathrm{rank}\,B$. 行ベクトルについて同様の議論を行なえば $\mathrm{rank}(AB)\leq\mathrm{rank}\,A$. b) $A=[\boldsymbol{a}_1, \cdots, \boldsymbol{a}_m]$, $B=[\boldsymbol{b}_1, \cdots, \boldsymbol{b}_m]$ とおけば $A+B=[\boldsymbol{a}_1+\boldsymbol{b}_1, \cdots, \boldsymbol{a}_m+\boldsymbol{b}_m]$. $\boldsymbol{a}_1, \cdots, \boldsymbol{a}_m$ の極大な一次独立ベクトルを $\boldsymbol{a}_{i_1}, \cdots, \boldsymbol{a}_{i_r}$ ($\mathrm{rank}\,A=r$) とし $\boldsymbol{b}_1, \cdots, \boldsymbol{b}_m$ の極大な一次独立ベクトルを $\boldsymbol{b}_{j_1}, \cdots, \boldsymbol{b}_{j_s}$ ($\mathrm{rank}\,B=s$) とすれば，$A+B$ のすべての列ベクトルは $\boldsymbol{a}_{i_1}, \cdots, \boldsymbol{a}_{i_r}, \boldsymbol{b}_{j_1}, \cdots, \boldsymbol{b}_{j_s}$ に一次従属である．よって，$L(\boldsymbol{a}_1+\boldsymbol{b}_1, \cdots, \boldsymbol{a}_m+\boldsymbol{b}_m)\subset L(\boldsymbol{a}_{i_1}, \cdots, \boldsymbol{a}_{i_r}, \boldsymbol{b}_{j_1}, \cdots, \boldsymbol{b}_{j_s})$ となり $\mathrm{rank}(A+B)=\dim L(\boldsymbol{a}_1+\boldsymbol{b}_1, \cdots, \boldsymbol{a}_m+\boldsymbol{b}_m)\leq r+s=\mathrm{rank}\,A+\mathrm{rank}\,B$.

2. A, B をそれぞれ $A:K^n\to K^m$, $B:K^l\to K^n$ なる一次変換とみなす．A から $\mathrm{Im}\,B$ の上に誘導される一次変換 A_0 を考えると，定理 2.3 から $\dim(\mathrm{Im}\,B)=\dim(\mathrm{Im}\,A_0)+\dim(\mathrm{Ker}\,A_0)=\dim(\mathrm{Im}(AB))+\dim(\mathrm{Im}\,B\cap\mathrm{Ker}\,A)$. そこで，$\mathrm{rank}(AB)=\dim(\mathrm{Im}(AB))$ に注意すればよい．

3. 前問から $\dim(\mathrm{Im}\,B\cap\mathrm{Ker}\,A)=\mathrm{rank}\,B-\mathrm{rank}(AB)$, $\dim(\mathrm{Im}(BC)\cap\mathrm{Ker}\,A)=\mathrm{rank}\,BC-\mathrm{rank}(ABC)$. また，$\mathrm{Im}(BC)\subset\mathrm{Im}\,B$ より $\dim(\mathrm{Im}(BC)\cap\mathrm{Ker}\,A)\leq\dim(\mathrm{Im}\,B\cap\mathrm{Ker}\,\mathrm{A})$. ゆえに，$\mathrm{rank}(AB)+\mathrm{rank}(BC)\leq\mathrm{rank}\,B+\mathrm{rank}(ABC)$.

4. 1)⇔2) は定理 1.19, 2.3 より明らか．1)⇒3)：$\boldsymbol{A}^2(\boldsymbol{x})=\boldsymbol{0}$ とすると $\boldsymbol{A}(\boldsymbol{A}(\boldsymbol{x}))=\boldsymbol{0}$ であるから $\boldsymbol{A}(\boldsymbol{x})\in\mathrm{Ker}\,\boldsymbol{A}\cap\mathrm{Im}\,\boldsymbol{A}$. ゆえに 2) から $\boldsymbol{A}(\boldsymbol{x})=\boldsymbol{0}$. よって $\boldsymbol{x}\in\mathrm{Ker}\,\boldsymbol{A}$ となり $\mathrm{Ker}\,\boldsymbol{A}^2\subset\mathrm{Ker}\,\boldsymbol{A}$. 一方，一般に $\mathrm{Ker}\,\boldsymbol{A}^2\supset\mathrm{Ker}\,\boldsymbol{A}$ であるから $\mathrm{Ker}\,\boldsymbol{A}^2=\mathrm{Ker}\,\boldsymbol{A}$. よって，定理 2.3 から $\mathrm{rank}\,\boldsymbol{A}^2=\mathrm{rank}\,\boldsymbol{A}$. 3)⇒2)：$\mathrm{Ker}\,\boldsymbol{A}^2\supset\mathrm{Ker}\,\boldsymbol{A}$ と $\mathrm{rank}\,\boldsymbol{A}^2=\mathrm{rank}\,\boldsymbol{A}$ により $\mathrm{Ker}\,\boldsymbol{A}^2=\mathrm{Ker}\,\boldsymbol{A}$. $\boldsymbol{A}(\boldsymbol{x})\in\mathrm{Ker}\,\boldsymbol{A}$ とすると $\boldsymbol{A}^2(\boldsymbol{x})=\boldsymbol{0}$ となり $\boldsymbol{x}\in\mathrm{Ker}\,\boldsymbol{A}^2$. ゆえに $\boldsymbol{x}\in\mathrm{Ker}\,\boldsymbol{A}$. したがって $\boldsymbol{A}(\boldsymbol{x})=\boldsymbol{0}$ を得て $\mathrm{Im}\,\boldsymbol{A}\cap\mathrm{Ker}\,\boldsymbol{A}=\{\boldsymbol{0}\}$.

5. 1) 省略．2) 省略．3) $f(x)=c_nx^n+\cdots+c_1x+c_0\in p(n)$ に対して $\dfrac{d}{dx}f(x)=nc_nx^{n-1}+\cdots+c_1$. ゆえに，表現行列 A は

$$A=\begin{bmatrix} 0 & 1 & 0 & \cdots & 0 \\ 0 & 0 & 2 & \ddots & \vdots \\ \vdots & \ddots & \ddots & \ddots & 0 \\ \vdots & & \ddots & \ddots & n \\ 0 & \cdots & \cdots & 0 & 0 \end{bmatrix}.$$

6. 1)省略. 2) $f(x)=a_2x^2+a_1x+a_0\in p(2)$ に対して $f(x+c)=a_2(x+c)^2+a_1(x+c)+a_0=a_2x^2+(2ca_2+a_1)x_0+a_2c^2+a_1c+a_0$ であるから $[a_0, a_1, a_2]^T$ に $[a_0+ca_1+c^2a_2, a_1+2ca_2, a_2]^T$ が対応する．よって，基底 B に関する $\boldsymbol{A}$ の表現行列 A は

$$A=\begin{bmatrix}1 & c & c^2\\ 0 & 1 & 2c\\ 0 & 0 & 1\end{bmatrix}.$$

3) $x+1=(x)+(1)$, $x-1=(x)-(1)$, $x^2+1=(x^2)+(1)$ であるから，変換行列 S は $S=\begin{bmatrix}1 & -1 & 1\\ 1 & 1 & 0\\ 0 & 0 & 1\end{bmatrix}$ である．したがって，基底 B' に関する表現行列 A' は

$$A'=S^{-1}AS=\frac{1}{2}\begin{bmatrix}c+2 & c & c^2+2c\\ -c & -c+2 & -c^2+2c\\ 0 & 0 & 2\end{bmatrix}.$$

7. $\|U(\boldsymbol{x}+\boldsymbol{y})\|_G{}^2=\|\boldsymbol{x}+\boldsymbol{y}\|_G{}^2$ の両辺を書きかえて

$$\|\boldsymbol{x}+\boldsymbol{y}\|_G{}^2=\|\boldsymbol{x}\|_G{}^2+(\boldsymbol{x}, \boldsymbol{y})_G+\overline{(\boldsymbol{x}, \boldsymbol{y})_G}+\|\boldsymbol{y}\|_G{}^2,$$
$$\|U(\boldsymbol{x}+\boldsymbol{y})\|_G{}^2=\|U\boldsymbol{x}\|_G{}^2+(U\boldsymbol{x}, U\boldsymbol{y})_G+\overline{(U\boldsymbol{x}, U\boldsymbol{y})_G}+\|U\boldsymbol{y}\|_G{}^2.$$

$\|U\boldsymbol{x}\|_G{}^2=\|\boldsymbol{x}\|_G{}^2$, $\|U\boldsymbol{y}\|_G{}^2=\|\boldsymbol{y}\|_G{}^2$ を代入すると

$$(\boldsymbol{x}, \boldsymbol{y})_G+\overline{(\boldsymbol{x}, \boldsymbol{y})_G}=(U\boldsymbol{x}, U\boldsymbol{y})_G+\overline{(U\boldsymbol{x}, U\boldsymbol{y})_G}.$$

この式で $\boldsymbol{y}$ を $i\boldsymbol{y}\,(i^2=-1)$ でおきかえると $i((\boldsymbol{x}, \boldsymbol{y})_G-\overline{(\boldsymbol{x}, \boldsymbol{y})_G})=i((U\boldsymbol{x}, U\boldsymbol{y})_G-\overline{(U\boldsymbol{x}, U\boldsymbol{y})_G})$ となる．この2式から $(\boldsymbol{x}, \boldsymbol{y})_G=(U\boldsymbol{x}, U\boldsymbol{y})_G$ が得られる．

8. 1) $\varphi(x)=-(x^3-2x^2-5x-12)$, $\psi(x)=x^2+2x+3$. 2) $\varphi(x)=-(x^3+x^2-2x+2)$, $\psi(x)=x^3+x^2-2x+2$.

9. $|A-xE|$ において第 n 行に第1行から第 $n-1$ 行までを加えると

$$|A-xE|=\begin{vmatrix}1-x & 1 & \cdots\cdots 1\\ 1 & 1-x & \cdots\cdots 1\\ \vdots & \vdots & \ddots \quad \vdots\\ \vdots & \vdots & \quad 1\\ n-x & n-x & \cdots n-x\end{vmatrix}=(n-x)\begin{vmatrix}1-x & 1 & \cdots\cdots 1\\ 1 & 1-x & \cdots\cdots 1\\ \vdots & \vdots & \ddots \quad \vdots\\ \vdots & \vdots & \quad 1\\ 1 & 1 & \cdots\cdots\cdots 1\end{vmatrix}.$$

そこで，第1行，…，第 $n-1$ 行のそれぞれから第 n 行を引き第1列，…，第 $n-1$ 列から第 n 列を引けば $\varphi(x)=|A-xE|=(-1)^n(x-n)x^{n-1}$ を得る．一方，$(A-nE)A=O$ であるから $\psi(x)=(x-n)x$.

10. B が正則なら $\varphi_{AB}(x)=|AB-xE|=|A-xB^{-1}|\cdot|B|=|B|\cdot|A-xB^{-1}|=|BA-xE|=\varphi_{BA}(x)$. B が正則でないときは $|B|=0$. ゆえに $\varphi_B(0)=0$. B の0以外の固有値の絶対値の最小のものを λ_0 とすると $0<\varepsilon<\lambda_0$ に対して $\varphi_{B+\varepsilon E}(x)=(-1)^n(x-\varepsilon-\lambda_1)(x-\varepsilon-\lambda_2)\cdots(x-\varepsilon-\lambda_n)$. ただし，$\lambda_1, \cdots, \lambda_n$ は B の固有値．ゆえに，$B+\varepsilon E$ の固有値は $\varepsilon+\lambda_1, \cdots, \varepsilon+\lambda_n$ でいずれも0でない．したがって，例2.9により $|B+\varepsilon E|\neq 0$. ゆえに，

$\varphi_{A(B+\varepsilon E)}(x)=\varphi_{(B+\varepsilon E)A}(x)$. この式は ε に関して連続であるから，$\varepsilon\to0$ とした極限 $\varphi_{AB}(x)=\varphi_{BA}(x)$ も成り立つ.

11. Cayley-Hamilton の定理により，A の特性多項式を $\varphi(x)=c_nx^n+\cdots+c_1x+c_0$ とすると $c_nA^n+\cdots+c_1A+c_0E=O$. A が正則なら $c_0\neq0$. したがって，$f(x)=-(c_n/c_0)x^{n-1}\cdots(c_2/c_0)x-(c_1/c_0)$ とすれば $Af(A)=E$. ゆえに，$f(A)=A^{-1}$.

12. rank $A=1$ ならば A はある列ベクトル $\boldsymbol{a}\neq\boldsymbol{o}$ と係数 $c_1,\cdots,c_n$ によって $A=[c_1\boldsymbol{a},\cdots,c_n\boldsymbol{a}]$ と表わされる. A^2 を計算すると $A^2=[ac_1\boldsymbol{a},\cdots,ac_n\boldsymbol{a}]$ という形に表わされる. ゆえに，$A^2-aA=O$. 一方 $A-bE\neq O$ であるから. A の最小多項式は x^2-ax となる.

13. $C(\boldsymbol{b})=C(\boldsymbol{a})$ なら $\boldsymbol{b}\in C(\boldsymbol{a})$ すなわちある多項式 $g(x)$ を用いて $\boldsymbol{b}=g(\boldsymbol{A})(\boldsymbol{a})$. このとき $\psi_0(\boldsymbol{A})(\boldsymbol{b})=\psi_0(\boldsymbol{A})g(\boldsymbol{A})(\boldsymbol{a})=g(\boldsymbol{A})\psi_0(\boldsymbol{A})(\boldsymbol{a})=\boldsymbol{o}$ であるから，$\psi_0(x)$ は $\psi_1(x)$ で割り切られる. $\boldsymbol{a}$ と $\boldsymbol{b}$ の役割を入れかえれば $\psi_0(x)=\psi_1(x)$ となる. $g(x)$ が $\psi_0(x)$ と定数でない共通因子 $h(x)$ をもてば $\psi_0'(x)=\psi_0(x)/h(x)$ とすると $\psi_0'(\boldsymbol{A})(\boldsymbol{b})=\boldsymbol{o}$ となるから $g(x)$ と $\psi_0(x)$ は素でなければならない. 逆に，$\psi_0(x)$ と $g(x)$ が素で $\boldsymbol{b}=g(\boldsymbol{A})(\boldsymbol{a})$ ならある多項式 $p_1(x)$, $p_2(x)$ に対して $1=p_1(x)\psi_0(x)+p_2(x)g(x)$. ゆえに，$\boldsymbol{a}=(p_1(\boldsymbol{A})\psi_0(\boldsymbol{A})+p_2(\boldsymbol{A})g(\boldsymbol{A}))(\boldsymbol{a})=p_2(\boldsymbol{A})g(\boldsymbol{A})(\boldsymbol{a})=p_2(\boldsymbol{A})(\boldsymbol{b})$. したがって，$\boldsymbol{b}\in C(\boldsymbol{a})$ かつ $\boldsymbol{a}\in C(\boldsymbol{b})$. ゆえに $C(\boldsymbol{a})=C(\boldsymbol{b})$.

第3章の問題

1.

1) $\begin{bmatrix}3&1&0&0\\0&3&1&0\\0&0&3&1\\0&0&0&3\end{bmatrix}$　　2) $\left[\begin{array}{cc:cc}-2&1&0&0\\0&-2&0&0\\\hdashline 0&0&2&1\\0&0&0&2\end{array}\right]$

3) $\left[\begin{array}{c:c:c}2&0&0\\\hdashline 0&5&0\\\hdashline 0&0&4\end{array}\right]$　　4) $\left[\begin{array}{c:ccc}2&0&0&0\\\hdashline 0&1&1&0\\0&0&1&1\\0&0&0&1\end{array}\right]$

2.

1) $\begin{bmatrix}1&1&0&0\\0&1&1&0\\0&0&1&1\\0&0&0&1\end{bmatrix}$　　2) $\left[\begin{array}{cc:cc}3&1&0&0\\0&3&0&0\\\hdashline 0&0&3&1\\0&0&0&3\end{array}\right]$

3) $\begin{bmatrix}1&1&0&0\\0&1&1&0\\0&0&1&1\\0&0&0&1\end{bmatrix}$　　4) $\left[\begin{array}{ccc:c}2&1&0&0\\0&2&1&0\\0&0&2&0\\\hdashline 0&0&0&2\end{array}\right]$

3. $\left[\begin{array}{cc|c} -2 & 1 & 0 \\ 0 & -2 & 0 \\ \hline 0 & 0 & 2 \end{array}\right]$

4. 1) $\begin{bmatrix} 0 & 0 & 1 \\ 1 & 0 & -1 \\ 0 & 1 & 2 \end{bmatrix}$ 2) $\begin{bmatrix} 0 & 0 & 6 \\ 1 & 0 & -11 \\ 0 & 1 & 6 \end{bmatrix}$ 3) $\begin{bmatrix} 0 & 0 & 0 & -1 \\ 1 & 0 & 0 & 4 \\ 0 & 1 & 0 & -6 \\ 0 & 0 & 1 & 4 \end{bmatrix}$

4) $\begin{bmatrix} 0 & 0 & 0 & 0 & 6 \\ 1 & 0 & 0 & 0 & 13 \\ 0 & 1 & 0 & 0 & -12 \\ 0 & 0 & 1 & 0 & -7 \\ 0 & 0 & 0 & 1 & 7 \end{bmatrix}$

5. 1) $1, 1, (x+1)^2$ 2) $1, x+1, (x+1)^2$ 3) $1, 1, x-1, (x-1)^2(x+1)$ 4) $1, x, x(x+1), x(x^2-1)$.

6. $K^n=\mathrm{Ker}\,A\oplus\mathrm{Im}\,A$ として A が固有値0をもつときには，固有値0に属する高さ $t\geq 2$ の一般固有ベクトル $\boldsymbol{b}$ が存在するとすると $A^t\boldsymbol{b}=\boldsymbol{o}$ かつ $A^{t-1}\boldsymbol{b}\neq\boldsymbol{o}$. そこで $\boldsymbol{c}=A^{t-1}\boldsymbol{b}$ とすると $A\boldsymbol{c}=\boldsymbol{o}$ であるから $\boldsymbol{c}\in\mathrm{Ker}\,A$ かつ $\boldsymbol{c}\in\mathrm{Im}\,A$. ゆえに $\boldsymbol{c}=\boldsymbol{o}$ となる. したがって，固有値0に属する一般固有ベクトル空間は固有ベクトル空間 $\mathrm{Ker}\,A$ そのものに一致する. 一方，固有値0が A の最小多項式=0の単根でないと仮定すれば，定理2.19により $x^t\,(t\geq 2)$ を最小消去多項式とするベクトル $\boldsymbol{d}\in K^n$ が存在する. すると，$A^t\boldsymbol{d}=\boldsymbol{o}$ かつ $A^{t-1}\boldsymbol{d}\neq\boldsymbol{o}$ であるから $\boldsymbol{d}$ は固有値0に属する高さ $t\geq 2$ の一般固有ベクトルとなり矛盾が起こる. よって，固有値0は A の最小多項式 $=0$ の単根でなければならない. 逆に，A が固有値0をもたなければ A は正則であるから $K^n=\mathrm{Ker}\,A\oplus\mathrm{Im}\,A$ ($\mathrm{Ker}\,A=\{\boldsymbol{o}\}$) は明らか. また，固有値0が A の最小多項式 $=0$ の単根であれば，上で述べたように，0に属する A の一般固有ベクトル空間は $\mathrm{Ker}\,A$ と一致する. そこで，$\boldsymbol{c}\in\mathrm{Ker}\,A$ かつ $\boldsymbol{c}\in\mathrm{Im}\,A$ とすると，後者から $\boldsymbol{c}=A\boldsymbol{b}(\boldsymbol{b}\in K^n)$ が得られ，したがって前者から $A^2\boldsymbol{b}=\boldsymbol{o}$. ゆえに $A\boldsymbol{b}=\boldsymbol{o}$ となり $\boldsymbol{c}=\boldsymbol{o}$ である. したがって，$\mathrm{Ker}\,A+\mathrm{Im}\,A$ は直和である. すると定理1.20と定理2.3により $\dim(\mathrm{Ker}\,A\oplus\mathrm{Im}\,A)=\dim\mathrm{Ker}\,A+\dim\mathrm{Im}\,A=n$ であるから，$K^n=\mathrm{Ker}A\oplus\mathrm{Im}\,A$ となる.

7. 明らかに A の固有値は $\lambda,\cdots,\lambda$ の n 個である. $A-\lambda E, (A-\lambda E)^2, \cdots$ を順に計算すると

$$A-\lambda E=\begin{bmatrix} 0 & a_1 & & * \\ & 0 & a_2 & \\ & & \ddots & \ddots \\ & & & a_{n-1} \\ O & & & 0 \end{bmatrix},\quad (A-\lambda E)^2=\begin{bmatrix} 0 & 0 & a_1a_2 & & * \\ & \ddots & & a_2a_3 & \\ & & \ddots & & \ddots \\ & & & \ddots & a_{n-2}a_{n-1} \\ & & & & 0 \\ O & & & & 0 \end{bmatrix},\cdots,$$

$$(A-\lambda E)^{n-1}=\begin{bmatrix} 0 & \cdots\cdots & 0 & a_1\cdots a_{n-1} \\ \vdots & & & 0 \\ \vdots & & & \vdots \\ 0 & \cdots\cdots & & 0 \end{bmatrix},\quad (A-\lambda E)^n=O.$$

したがって，$\mathrm{rank}(A-\lambda E)=n-1$，$\mathrm{rank}(A-\lambda E)^2=n-2$，…，$\mathrm{rank}(A-\lambda E)^{n-1}=1$，$\mathrm{rank}(A-\lambda E)^n=0$．したがって，$M_i=\mathrm{Ker}(A-\lambda E)^i$ とおけば $\dim M_i=i\ (i=1,\cdots,n)$．ゆえに，定理3.1の証明の7)で述べたことから，A のジョルダン標準形は $J(n,\lambda)$ である．

8. n 次の置換行列を P とすれば $P^2=P$ であることが容易に確かめられる．したがって，P は射影行列である．ゆえに，例3.7により P のジョルダン標準形は対角成分が1か0の対角行列である．一方，$\det P=\pm1$ であるから P は固有値0をもたない．よって，P のジョルダン標準形は単位行列である．

9. a) λ を A の任意の固有値，$\boldsymbol{x}\neq\boldsymbol{o}$ を λ に属する固有ベクトルとすると $A\boldsymbol{x}=\lambda\boldsymbol{x}$．ゆえに，$A^2\boldsymbol{x}=A(\lambda\boldsymbol{x})=\lambda^2\boldsymbol{x},\cdots,A^m\boldsymbol{x}=\lambda^m\boldsymbol{x}$．ここで $A^m=E$ を代入して $\boldsymbol{x}=\lambda^m\boldsymbol{x}$．$\boldsymbol{x}\neq\boldsymbol{0}$ であるから $\lambda^m=1$．b) $\lambda^m=1$ の根は $e^{2\pi ki/m}(i^2=-1;\ k=0,1,\cdots,m-1)$ の m 個であるが $k\neq0$ なる任意の k に対して $\sum_{p=1}^{m}e^{2\pi kpi/m}=0$ である．そこで，$\mathrm{tr}(A+A^2+\cdots+A^m)=\mathrm{tr}\,A+\mathrm{tr}\,A^2+\cdots+\mathrm{tr}\,A^m$ であるが，一般に $\mathrm{tr}\,B$ は B の固有値の和であることと A の固有値を $e^{2\pi k_ti/m}(t=1,\cdots,r)$ としたとき A^p の固有値は多重度も同一で $e^{2\pi pk_ti/m}(t=1,\cdots,r)$ で与えられることを用いれば所期の結果を得る．

10. $A\boldsymbol{x}=\boldsymbol{b}$ の両辺に左から $\det P=\pm1$ なる m 次の整数行列 P を掛けると $(PA)\boldsymbol{x}=P\boldsymbol{b}$．さらに $\boldsymbol{x}$ を $\det Q=\pm1$ なる n 次の整数行列 Q を用いて $\boldsymbol{x}=Q\boldsymbol{y}$ と変数変換すると $(PAQ)\boldsymbol{y}=P\boldsymbol{b}$ を得る．Q^{-1} はやはり整数行列であるので方程式 $A\boldsymbol{x}=\boldsymbol{b}$ と $(PAQ)\boldsymbol{y}=P\boldsymbol{b}$ は等価でありしかも $\boldsymbol{x}$ が $A\boldsymbol{x}=\boldsymbol{b}$ の整数解であることと $\boldsymbol{y}$ が $(PAQ)\boldsymbol{y}=P\boldsymbol{b}$ の整数解であることとは同値である．したがって，P,Q を適当に選んで方程式 $(PAQ)\boldsymbol{y}=P\boldsymbol{b}$ を解きやすい形にすることを考える．すなわち，P,Q を PAQ が単因子標準形になるように選び

$$PAQ=\begin{bmatrix} e_1 & & & 0 \\ & \ddots & & \\ & & e_r & \\ & & & 0 \\ & & & & \ddots \\ 0 & & & & & 0 \end{bmatrix}$$

とすれば，$(PAQ)\boldsymbol{y}=P\boldsymbol{b}$ は

$$e_1y_1 = b_1, \cdots, e_ry_r = b_r; \ 0 = b_{r+1}, \cdots, 0 = b_m \qquad (*)$$

という形の方程式になる($P\boldsymbol{b}=[b_1, \cdots, b_m]^T$). これが整数解をもつならば，$e_i$ が b_i を割り切り($i=1, \cdots, r$)さらに $b_{r+1}=\cdots=b_m=0$ でなければならない．そこで，$[PAQ, P\boldsymbol{b}]$ の第 $n+1$ から第1列の b_1/e_1 倍，…，第 r 列の b_r/e_r 倍を引くと $[A, \boldsymbol{b}]$ の単因子が $e_1, \cdots, e_r$ となり A の単因子と一致する($[A, \boldsymbol{b}]$ から $[PAQ, P\boldsymbol{b}]$ への変形は基本変形だけによって実現できることに注意せよ)．一方，$[A, \boldsymbol{b}]$ と A の単因子が一致する場合には $A\boldsymbol{x}=\boldsymbol{b}$ を(*)の形の方程式に変形したとき e_i が b_i を割り($i=1, \cdots, r$)さらに(*)の後半の条件が成立していなければならない(そうでなければ $[A, \boldsymbol{b}]$ と A の行列式因子が一致しないようにできる)．よって，$(PAQ)\boldsymbol{y}=P\boldsymbol{b}$ は整数解をもち，ゆえに $A\boldsymbol{x}=\boldsymbol{b}$ は整数解をもつ．

11. 1) 1, 1, 2, 4　　2) 1, 2, 6, 12

12. 問10の方法によって解けばよい．　1) $x_1=1, x_2=0, x_3=1$　　2) k を任意の整数として $x_1=-3, x_2=2-k, x_3=3+k$.

第4章の問題

1.

1) $$A^m = \begin{bmatrix} 2\cdot3^m-5^m & (3+2m)3^{m-1}-5^m & (2m-3)3^{m-1}+5^m \\ -3^m+5^m & -m3^{m-1}+5^m & (3-m)3^{m-1}-5^m \\ 3^m-5^m & (3+m)3^{m-1}-5^m & m3^{m-1}+5^m \end{bmatrix},$$

$$e^{tA} = \begin{bmatrix} 2e^{3t}-e^{5t} & (1+2t)e^{3t}-e^{5t} & (2t-1)e^{3t}+e^{5t} \\ -e^{3t}+e^{5t} & -te^{3t}+e^{5t} & (1-t)e^{3t}-e^{5t} \\ e^{3t}-e^{5t} & (1+t)e^{3t}-e^{5t} & te^{3t}+e^{5t} \end{bmatrix}.$$

2) $$A^m = \begin{bmatrix} (4+5m-m^2)2^{m-2} & m2^{m-1} & (-9m+m^2)2^{m-3} \\ 2(3m-m^2)2^{m-2} & 2(1+m)2^{m-1} & (-7m+m^2)2^{m-2} \\ 2(5m-m^2)2^{m-2} & 2m2^{m-1} & (4-9m+m^2)2^{m-2} \end{bmatrix},$$

$$e^{tA} = \begin{bmatrix} (1+2t-t^2)e^{2t} & te^{2t} & (-2t+t^2/2)e^{2t} \\ 2(t-t^2)e^{2t} & (1+2t)e^{2t} & (-3t+t^2)e^{2t} \\ 2(2t-t^2)e^{2t} & 2te^{2t} & (1-4t+t^2)e^{2t} \end{bmatrix}.$$

2. $S^{-1}AS=J$ をジョルダン標準形とすると $A^m=E$ により $J^m=E$. J のジョルダン細胞の一つを $J(\lambda_1, p_1)$ とすると $J^m=J^m(\lambda_1, p_1)\oplus\cdots$ となる．$J(\lambda_1, p_1)=\lambda_1E+N$ とおけば $J^m(\lambda_1, p_1)=\lambda_1{}^mE+m\lambda_1{}^mN+\cdots$ であるから，右辺が単位行列であるためには $p_1=1$ かつ $\lambda_1{}^m=1$ でなければならない．後者の条件は $A^m=E$ により成立しているが，前者の $p_1=1$ は J が対角行列であることを意味している．

3. $x_1(m)=(-2)^{m+1}-(-3)^{m+1}$,　$x_2(m)=(4-m)(-2)^m+(-3)^{m+1}$,　$x_3(m)=(m-2)(-2)^m-(-3)^{m+1}$.

4. $x_1(t)=e^{-2t}, x_2(t)=2e^{2t}-e^{-2t}, x_3(t)=2e^{2t}-e^{-2t}$.

5. $S^{-1}AS=D$, $S^{-1}BS=F$ が共に対角行列なら $AB=(SDS^{-1})(SFS^{-1})=SDFS^{-1}=SFDS^{-1}=(SFS^{-1})(SDS^{-1})=BA$. 逆に, A, B が交換可能であるとすれば, A, B を K^n の中の一次変換とみなしたとき, 定理4.6と定理4.3により, A, B の表現行列はある基底 B に関して同時に対角行列になる. したがって, ある正則行列に対して $S^{-1}AS$, $S^{-1}BS$ は共に対角行列になる. このとき, 定理4.6の証明からわかるように S の列ベクトル $\boldsymbol{s}_1, \cdots, \boldsymbol{s}_n$ を $(\boldsymbol{s}_i, \boldsymbol{s}_j)_G=0\ (i\neq j)$, $(\boldsymbol{s}_i, \boldsymbol{s}_j)_G=1\ (i=j)$ であるように選ぶことができる(正規直交系). このことを行列表示すれば $S^*GS=E$ である.

6.

$$f_1(A)=\begin{bmatrix} \dfrac{1}{a} & -\dfrac{1}{a^2} & \dfrac{1}{a^3} \\ 0 & \dfrac{1}{a} & -\dfrac{1}{a^2} \\ 0 & 0 & \dfrac{1}{a} \end{bmatrix},\quad f_2(A)=\begin{bmatrix} \sqrt{a} & \dfrac{1}{2\sqrt{a}} & -\dfrac{1}{8a\sqrt{a}} \\ 0 & \sqrt{a} & \dfrac{1}{2\sqrt{a}} \\ 0 & 0 & \sqrt{a} \end{bmatrix},$$

$$f_3(A)=\begin{bmatrix} \log a & \dfrac{1}{a} & -\dfrac{1}{2a^2} \\ 0 & \log a & \dfrac{1}{a} \\ 0 & 0 & \log a \end{bmatrix},$$

7. 1) 存在しない. 2) $\lim_{m\to\infty} A^m=O$. 3) $\begin{bmatrix} 2 & -1 & -1 \\ 1 & 0 & -1 \\ 1 & -1 & 0 \end{bmatrix}$.

8. A, B は同時に対角化できるから, $S^{-1}AS=D$, $S^{-1}BS=F$ (D, F は対角行列) と書ける. $A=SDS^{-1}$, $B=SFS^{-1}$ と書きかえると, $f(A)=Sf(D)S^{-1}$ であるので $f(D)=F$ を示せばよい. ところが, このことは $f(\alpha_i)=\beta_i\ (i=1, \cdots, n)$ と等価である.

9. A^m の (i, j) 成分を $a_{ij}^{(m)}$ と書けば $\lim_{m\to\infty} A^m/m=0$ は各 $i, j=1, \cdots, n$ に対して $\lim_{m\to\infty} a_{ij}^{(m)}/m=0$ であることと同値である. ゆえに, $\lim_{m\to\infty} \sum_{k=0}^{m} a_{ij}^{(m)}/(m+1)$ は極限をもつ. ゆえに, $\lim_{m\to\infty} \sum_{k=0}^{m} A^k/(m+1)=B$ が存在する. この両辺に左から A を掛けて $\lim_{m\to\infty} A^0/(m+1)=O$ を用いれば $AB=B$ を得る.

10. 定理3.10により A の実ジョルダン標準形を考えると, A のジョルダン標準形 $S^{-1}AS$ は(3.61)の形の2次行列 A_j の直和である(例4.3により直交行列は対角化可能行列であるから). ところが, 例2.7により A の固有値はすべて絶対値1であるから A_j の成分 μ_j, ν_j は $\mu_j=\cos\theta_j$, $\nu_j=\sin\theta_j$ と表わされる. あとは $\theta_j=0$ のとき $\mu_j=1$, $\nu_j=0$; $\theta_j=\pi$ のとき $\mu_j=-1$, $\nu_j=0$ であることに注意すればよい.

11. A^2 を直接計算すると, A^2 は (i, i) 成分が $\alpha_i\alpha_{n-i+1}\ (i=1, \cdots, n)$ なる対角行列である. したがって, $\alpha_i\,\alpha_{n-i+1}=c(i=1, \cdots, n)$ なら $A^2=cE$. ゆえに, 問2と同様にして A

は対角化可能行列であることがわかる．

第5章の問題

1.

1) $\varepsilon=0$ のとき，$J(0)=\begin{bmatrix}1&0&0\\0&1&0\\0&0&1\end{bmatrix}$，$S(0)=E$.

2) $\varepsilon\neq0$ のとき，$J(\varepsilon)=\begin{bmatrix}1-\varepsilon&1&0\\0&1-\varepsilon&1\\0&0&1-\varepsilon\end{bmatrix}$，

$$S(\varepsilon)=\begin{bmatrix}-2\varepsilon^2&-\varepsilon&1\\0&-\varepsilon&0\\-2\varepsilon^2&-\varepsilon&0\end{bmatrix},\quad S^{-1}(\varepsilon)=\begin{bmatrix}0&1/2\varepsilon^2&-1/2\varepsilon^2\\0&-1/\varepsilon&0\\1&0&-1\end{bmatrix}.$$

3) A のジョルダン標準形は構造不安定である．

2.

1) $J(\varepsilon)=\begin{bmatrix}1+\varepsilon&1&0\\0&1+\varepsilon&0\\0&0&2-\varepsilon\end{bmatrix}$，

$$S(\varepsilon)=\begin{bmatrix}\varepsilon-1&1&\varepsilon^2\\\varepsilon-1&0&3\varepsilon^2-3\varepsilon+1\\\varepsilon-1&1&5\varepsilon^2-4\varepsilon+1\end{bmatrix},$$

$$S^{-1}(\varepsilon)=\begin{bmatrix}\dfrac{-3\varepsilon^2+3\varepsilon-1}{(2\varepsilon-1)^2(1-\varepsilon)}&\dfrac{-4\varepsilon^2+4\varepsilon-1}{(2\varepsilon-1)^2(1-\varepsilon)}&\dfrac{3\varepsilon^2-3\varepsilon+1}{(2\varepsilon-1)^2(1-\varepsilon)}\\\dfrac{\varepsilon}{2\varepsilon-1}&-1&\dfrac{\varepsilon-1}{2\varepsilon-1}\\\dfrac{1}{(2\varepsilon-1)^2}&0&\dfrac{1}{(2\varepsilon-1)^2}\end{bmatrix}.$$

2) A のジョルダン標準形は構造安定である $(|\varepsilon|<1/2)$.

3. 1) $A+\varepsilon F$ の固有値は $\lambda_1=1+\varepsilon$（重根）と $\lambda_2=2-\varepsilon$ である．λ_1, λ_2 に属する一般固有ベクトル空間への射影子をそれぞれ $P_1(\varepsilon), P_2(\varepsilon)$ とすれば，

$$P_1(\varepsilon)=\frac{1}{(1-2\varepsilon)^2}\begin{bmatrix}5\varepsilon^2-4\varepsilon+1&0&-\varepsilon^2\\3\varepsilon^2-3\varepsilon+1&4\varepsilon^2-4\varepsilon+1&-3\varepsilon^2+3\varepsilon-1\\5\varepsilon^2-4\varepsilon+1&0&-\varepsilon^2\end{bmatrix},$$

$$P_2(\varepsilon)=\frac{1}{(1-2\varepsilon)^2}\begin{bmatrix}-\varepsilon^2&0&\varepsilon^2\\-3\varepsilon^2+3\varepsilon-1&0&3\varepsilon^2-3\varepsilon+1\\-5\varepsilon^2+4\varepsilon-1&0&5\varepsilon^2-4\varepsilon-1\end{bmatrix}.$$

2)

$$\lim_{\varepsilon\to0}P_1(\varepsilon)=\begin{bmatrix}1&0&0\\1&1&-1\\1&0&0\end{bmatrix},\quad \lim_{\varepsilon\to0}P_2(\varepsilon)=\begin{bmatrix}0&0&0\\-1&0&1\\-1&0&1\end{bmatrix}$$

であるから，A の固有値 1 に属する一般固有ベクトル空間は$[1,1,1]^T$ と$[0,1,0]^T$ で張られる 2 次元空間，Aの固有値 2 に属する一般固有ベクトル空間（＝固有ベクトル空間）は$[0,1,1]^T$ で張られる 1 次元空間である．

4. $$A=\begin{bmatrix} 0 & 0 \\ 0 & 0 \end{bmatrix},\ F=\begin{bmatrix} 1 & -1 \\ 0 & -1 \end{bmatrix}.$$

$A+\varepsilon F$ の固有値は $\lambda_1(\varepsilon)=\varepsilon$，$\lambda_2(\varepsilon)=-\varepsilon$ であるから，$\lambda_1(\varepsilon), \lambda_2(\varepsilon)\to 0(\varepsilon\to 0)$．また，$\lambda_1(\varepsilon)$，$\lambda(\varepsilon)$ の周期ともに 1 である．対応する射影子 $P_1(\varepsilon), P_2(\varepsilon)$ は

$$P_1(\varepsilon)=\begin{bmatrix} 1 & -1/2 \\ 0 & 0 \end{bmatrix},\ P_2(\varepsilon)=\begin{bmatrix} 0 & 1/2 \\ 0 & 1 \end{bmatrix}$$

で与えられ，ともに ε によらない定数行列である．自明に，$\varepsilon\to 0$ のとき $P_1(\varepsilon), P_2(\varepsilon)$ は収束する．

索　引

あ 行

一次結合(linear combination) 11
　——の係数 11
一次従属(linearly dependent) 12
一次独立(linearly independent) 12
一次変換(linear transformation, linear operator) 17
　——の階数 18
　——の積 18
　——の表現行列 19
　——の零度 18
　——の和 18
　対角型—— 101
　不変な—— 30
　ベキ零—— 101
　誘導された—— 32
一般固有ベクトル(generalized eigen vector) 40
　——の高さ 40
　——空間 41
エルミート行列(Hermitian matrix) 3, 106
　正定値な—— 16
　非負定値な—— 16

か 行

解空間(solution space) 120, 137
階数(rank) 7, 18
階数標準形(rank canonical form) 6
可逆な行列(invertible matrix) 77
奇順列(odd permutation) 7
基底(basis) 12
　ベクトル空間の—— 12
　自然—— 13
　正規直交—— 16
共通部分(intersection) 14
　ベクトル空間の—— 14
行ベクトル(row vector) 1
行列(matrix) 1
　——の関数 125
　——の基本変形 5, 79
　——の級数 132
　——の収束 117
　——のスカラー倍 2
　——のスペクトル 125
　——の成分 1
　——の積 2
　——の直和 4
　——のブロック 4
　——のベキ 109
　——の和 2
　エルミート—— 3, 106
　可逆な—— 77
　基本—— 121, 141
　逆—— 5
　共役転置—— 3
　コンパニオン—— 36
　三角—— 4
　射影—— 24
　随伴—— 9
　実数—— 1
　正規—— 106, 107
　正則な—— 5
　正方—— 1
　相似な—— 22
　対角—— 3
　対角化可能—— 46

対称—— 3, 107
単位—— 3
置換—— 4
直交—— 3, 107
転置—— 3
特異な—— 5
複素—— 1
複素共役—— 3
ベキ零—— 56, 101
ユニタリ—— 3, 107
余因子—— 9
零—— 2
行列式(determinant) 7
——因子 77
行列多項式(polynomial of a matrix) 3
極大(maximal) 12
偶順列(even permutation) 7
ケイリー・ハミルトンの定理(Cayley-Hamilton theorem) 33
計量(metric) 16
構造安定性(structural stability) 159, 174, 185
ジョルダン標準形の—— 159, 174
有理標準形の—— 185
恒等変換(identity transformation) 22
合同変換(congruence transformation) 108
互換(interchange) 7
固有値(eigen value) 27
——のサイクル 168
——の重複度 28
固有ベクトル(eigen vector) 27
——の摂動 171
コンパニオン型(indices of the rational canonical form) 185
コンパニオン行列(companion matrix) 36

さ 行

最小多項式(minimal polynomial) 34
最小消去多項式(minimal annihilator) 36
細分(refinement) 156
三角行列(triangular matrix) 4
次元(dimension) 12
指数関数(exponential function) 134
自然基底(natural basis) 13
実ジョルダン標準形(real Jordan canonical form) 93
実ベクトル空間(real vector space) 10
実数行列(real matrix) 1
射影行列(projection matrix) 24
射影子(projector, projection operator) 24
周期(cycle) 168
終結式(resultant) 185
収束(convergence) 117
主座小行列式(principal minor) 29
巡回部分空間(cyclic subspace) 31
順列(permutation) 7
——の符号 7
奇—— 7
偶—— 7
小行列式(minor) 9
主座—— 29
初期値(initial value) 119
ジョルダン型(indices of Jordan canonical form) 156
ジョルダン細胞(Jordan cell) 35, 46
ジョルダン標準形(Jordan canonical form) 45, 89, 101
——の構造安定性 159, 174
ジョルダン分解(Jordan decomposition) 105
随伴行列(adjoint matrix) 9
数ベクトル(numerical vector) 11

——空間 11
スカラー倍(scalar multiple) 2
スペクトル(spectrum) 125
正規行列(normal matrix) 106, 107
正規直交基底(orthonormal basis) 16
正規直交系(orthonormal system) 16
整数行列(integer matrix) 93
——の単因子 93
正則な行列(regular matrix, nonsingular matrix) 5
正定値(positive definite) 16
成分(element) 2
対角—— 2
非対角—— 3
積(product)
一次変換の—— 18
行列の—— 2
摂動(perturbation) 159
——行列 160
——方向行列 160
固有ベクトルの—— 171
線形空間(linear space) 10
線形差分方程式(linear difference equation) 119
線形微分方程式(linear differential equation) 136
双一次形式(bilinear form) 16
双曲線(hyperbola) 149
相似な行列(similar matrices) 22
相似変換(similarity transformation) 22

た 行

対角化可能行列(diagonalizable matrix) 46
対角型一次変換(diagonal linear transformation) 101
対角行列(diagonal matrix) 2
ブロック—— 4
対角成分(diagonal element) 2
対称行列(symmetric matrix) 3, 107
対数関数(logarithmic function) 134
対数螺線(logarithmic spiral) 152
高さ(height) 40
多項式行列(polynomial matrix) 77
単位行列(unit matrix) 3
単因子(elementary divisor) 79
整数行列の—— 83
多項式行列の—— 79
単因子標準形(elementary-divisor canonical form) 79
置換行列(permutation matrix) 4
重複度(multiplicity) 28
直和(direct sum)
行列の—— 4
ベクトル空間の—— 14
直交行列(orthogonal matrix) 3, 107
定数行列(constant matrix) 77
転置行列(transposed matrix, transpose) 3
同型(isomorphic) 13
——なベクトル空間 13
同心円(cocentric circles) 152
同値な行列(equivalent matrices) 77
同値変換(equivalence transformation) 77
特異な行列(singular matrix) 5
特性多項式(characteristic polynomial) 28
特性方程式(characteristic equation) 28

な 行

内積(inner product) 16
二次形式(quadratic form) 16
ノイマン級数(Neumann series) 134

は 行

張る(to span)
ベクトル空間を—— 14

非対角成分(off-diagonal element) 3
左下三角行列(lower triangular matrix) 4
非負定値(nonnegative definite) 16
微分(derivative) 135
表現行列(representation matrix) 19
フィボナッチ数列(Fibonacci series) 119
複素共役行列(complex conjugate matrix) 3
複素行列(complex matrix) 1
複素ベクトル空間(complex vector space) 10
符号(sign)
　順列の—— 7
部分ベクトル空間(vector subspace) 13
不変な(invariant) 30
　——一次変換 30
ブロック(block) 4
　——対角行列 4
　行列の—— 4
ベキ零一次変換(nilpotent linear transformation) 101
ベキ零行列(nilpotent matrix) 56, 101
ベキ零次数(index of nilpotency) 56
ベクトル(vector) 1
　——の一次結合 11
　——の和 10
　行—— 1
　固有—— 27
　数—— 11
　零—— 10
　列—— 1
ベクトル空間(vector space) 10
　——の基底 12
　——の共通部分 14
　——の次元 12
　——の直和 14
　——の和 14
ヘビサイドの演算子(Heaviside operator) 144
補間多項式(interpolation polynomial) 126
補空間(complementary space) 15

ま 行

右上三角行列(upper triangular matrix) 4

や 行

誘導された一次変換(induced linear transformation) 32
有理標準形(rational canonical form) 57, 89
　——の構造安定性 185
ユニタリ行列(unitary matrix) 3, 107
余因子(co-factor) 9
余因子行列(co-factor matrix) 9

ら 行

零行列(null matrix) 2
零度(nullity) 18
零ベクトル(null vector) 10
レゾルベント(resolvent) 160
レゾルベント方程式(resolvent equation) 160
列ベクトル(column vector) 1

わ 行

和(sum)
　一次変換の—— 18
　ベクトルの—— 10
　ベクトル空間の—— 14

著者略歴

韓　太　舜

1941年　群馬県に生れる
1964年　東京大学工学部応用物理学科卒業（数理工学専修）
1971年　同大学院修了，工学博士
現　在　電気通信大学名誉教授
主要著書　ベクトルとテンソル（共著，教育出版，1973）
　　　　線形代数（共著，教育出版，1977）

伊　理　正　夫

1933年　東京に生れる
1955年　東京大学工学部応用物理学科卒業（理数工学専修）
1960年　同大学院修了，工学博士
　　　　東京大学名誉教授
2018年　逝去
主要著書　*Network Flow, Transportation and Scheduling—Theory and Algorithms*. Academic Press, 1969.
　　　　数値計算（朝倉書店，1981）
　　　　一般線形代数（岩波書店，2003）

ジョルダン標準形［新装版］
UP応用数学選書 8

1982年10月25日　初　版
2018年 9 月20日　新装版第 1 刷
2022年 6 月 1 日　新装版第 2 刷

［検印廃止］

著　者　韓(かん)　太舜(たいしゅん)・伊理正夫(いりまさお)

発行所　一般財団法人　東京大学出版会
代表者　吉見俊哉
153-0041 東京都目黒区駒場 4-5-29
http://www.utp.or.jp/
電話　03-6407-1069　Fax 03-6407-1991
振替　00160-6-59964

印刷所　株式会社理想社
製本所　誠製本株式会社

ISBN 978-4-13-065316-9　Printed in Japan